高等教育城市与房地产管理系列教材

城市给水排水基础与实务

孙凤海　杨　辉　编著

中国建筑工业出版社

图书在版编目（CIP）数据

城市给水排水基础与实务/孙凤海，杨辉编著. —北京：中国建筑工业出版社，2015.12

高等教育城市与房地产管理系列教材

ISBN 978-7-112-18735-5

Ⅰ.①城⋯　Ⅱ.①孙⋯②杨⋯　Ⅲ.①给排水系统-城市规划-高等学校-教材　Ⅳ.①TU991

中国版本图书馆 CIP 数据核字（2015）第 278284 号

本书着重介绍城市给水和排水系统的基础工程及设施。其主要内容包括城市取水工程、城市给水处理工程、城市管道工程、城市排水工程、水环境保护及相关法律法规。立足于对城市给水排水工程基础知识的阐述，重点突出基本概念及原理理论，介绍基本的工艺设备和典型的工艺流程，列举出主要的行业标准规范及相关的法律法规。通过本书的学习，能了解城市给水排水工程的体系和所涵盖的主要专业知识。

本书可供给水、排水及相关工程规划、设计、建设等技术人员使用，也可供大专院校师生使用。

责任编辑：胡明安　姚荣华
责任设计：李志立
责任校对：李欣慰　赵　颖

高等教育城市与房地产管理系列教材
城市给水排水基础与实务
孙凤海　杨　辉　编著

*

中国建筑工业出版社出版、发行（北京西郊百万庄）
各地新华书店、建筑书店经销
霸州市顺浩图文科技发展有限公司制版
北京同文印刷有限责任公司印刷

*

开本：787×1092 毫米　1/16　印张：13¾　字数：337 千字
2016 年 2 月第一版　2016 年 2 月第一次印刷
定价：**36.00** 元
ISBN 978-7-112-18735-5
（28012）

高等教育城市与房地产管理系列教材

编写委员会

　　主任委员：刘亚臣

　　委　　员（按姓氏笔画为序）：

　　　　于　瑾　王　军　王　静　包红霏　毕天平

　　　　刘亚臣　汤铭潭　李丽红　战　松　薛　立

编审委员会

　　主任委员：王　军

　　副主任委员：韩　毅（辽宁大学）

　　　　　　　　　汤铭潭

　　　　　　　　　李忠富（大连理工大学）

　　委　　员（按姓氏笔画为序）：

　　　　于　瑾　马延玉　王　军　王立国（东北财经大学）

　　　　刘亚臣　刘志虹　汤铭潭　李忠富（大连理工大学）

　　　　陈起俊（山东建筑大学）　周静海　韩　毅

系列教材序

沈阳建筑大学是我国最早独立设置房地产开发与管理（房地产经营与管理、房地产经营管理）本科专业的高等院校之一。早在1993年沈阳建筑大学管理学院就与大连理工大学出版社共同策划出版了《房地产开发与管理系列教材》。

随着我国房地产业发展，以及学校相关教学理论研究与实践的不断深入，至2013年这套精品教材已经6版，已成为我国高校中颇具影响力的房地产经营管理系列经典教材，并于2013年整体列入辽宁省"十二五"首批规划教材。

教材与时俱进和不断创新是学校学科发展的重要基础。这次沈阳建筑大学又与中国建筑工业出版社共同策划了本套《高等教育房地产与城市管理系列教材》，使这一领域教材进一步创新与完善。

教材，是高等教育的重要资源，在高等专业教育、人才培养等各个方面都有着举足轻重的地位和作用。目前，在教材建设中同质化、空洞化和陈旧化现象非常严重，对于有些直接面向社会生产实际的应用人才培养的高等学校和专业来说更缺乏合适的教材，为不同层次的专业和不同类型的高校提供适合优质的教材一直是我们多年追求的目标，正是基于以上的思考和认识，本着面向应用、把握核心、力求优质、适度创新的思想原则，本套教材力求体现以下特点：

1. 突出基础性。系列教材以城镇化为大背景，以城市管理和城市房地产开发与管理专业基础知识为基础，精选专业基础课和专业课，既着眼于关键知识点、基本方法和基本技能，又照顾知识结构体系的系统。

2. 突出实用性。系列教材的每本书除介绍大量案例外，并在每章的课后都安排了现实性很强的思考题和实训题，旨在让读者学习理论知识的同时，启发读者对房地产以及城市管理的若干热点问题和未来发展方向加以分析，提高学生认识现实问题、解决实际问题的能力。

3. 突出普适性。系列教材很多知识点及其阐述方式都源于实践或实际需要。并以基础性和核心性为出发点，尽力增加教材在应用上的普遍性和广泛适用性。教材编者在多年从事房地产和城市管理类专业教学和专业实践指导的基础上，力求内容深入浅出、图文并茂，适合作为普通高等院校管理类本科生教材及其他专业选修教材；还可作为基层房地产开发及管理人员研修学习用书。

本套系列教材一共有13本，它们是《住宅与房地产概论》、《房地产配套设施工程》、《城市管理概论》、《工程项目咨询》、《城市信息化管理》、《高层住区物业管理与服务》、《社区发展与管理》、《市政工程统筹规划与管理》、《生态地产》、《城市公共管理概论》、《城市公共经济管理》、《城市给水排水基础与实务》、《地籍管理与地籍测量简介》。

本套系列教材在编写过程中参考了大量的文献资料，借鉴和吸收了国内外众多学者的研究成果，对他们的辛勤工作深表谢意。由于编写时间仓促，编者水平有限，错漏之处在所难免，恳请广大读者批评指正。

前　言

　　城市给水排水主要以"水的社会循环"中，水质和水量的运动变化规律及相关的工程技术为研究对象，满足城市对水的需求，实现水的良性社会循环和水资源的可持续利用。水的社会循环即是从水源取水，经过净化达到《生活饮用水卫生标准》GB 5749—2006后，由输水管线和配水管网送向用户，用户的生活和生产活动所产生的生活污水及工业废水经排水管网送至污水处理设施，污水经处理达到标准后，排入水体、灌溉农田或回收利用。水在社会循环中所涉及的设备、构筑物、管网、建筑物等，构成城市给水排水系统。

　　给水排水工程是城市主要基础设施之一，是城市经济、社会和生活的基本保障。对于水资源匮乏的地区，合理利用水资源、有效净化原水，并将污（废）水进行处理，对避免水环境污染、节约水资源、维持生态平衡，极其重要。

　　随着社会经济和城市建设的不断发展，城市基础设施及功能的不断完善，人们环保意识的不断增强，城市给水排水技术的基本知识也需要逐渐普及。

　　本书着重介绍城市给水和排水系统的工程及设施，包括取水、净水、输配水和排水、污水处理及综合利用等。立足于对城市给水排水工程基础知识的阐述，重点突出基本概念及基本原理，介绍基本的工艺方法与原理、设备、设计要点和典型的水处理工艺流程，列举出主要的水质标准、设计规范及相关的法律法规，并注重理论联系实际。全书内容力求通俗易懂、文字简洁，通过本书的学习，非专业人员及初涉给水排水领域的学生、技术人员，能了解城市给水排水工程的体系和所涵盖的基本知识，并对城市给水排水工程的新理论和新技术有所认知。

　　本书全书共分 6 章，1 城市给水排水总论，主要内容包括：城市给水排水系统概述、规划原则及任务、水环境保护及相关的法律法规；2 城市取水工程，主要内容包括：城市水资源、取水工程；3 城市给水处理工程，主要内容包括：给水水质标准、给水处理方法、给水处理工艺流程、给水处理厂设计；4 城市给水排水管道系统，主要内容包括：给水管道、排水管道；5 污水处理工程，主要内容包括：污水水质与排放标准、污水处理方法、城市污水工艺流程及污水处理厂设计；6 污水厂污泥处理系统，主要内容包括：污泥的分类与性质、污泥的处理与处置。

　　本书可作为工科类科普性教学参考书，也可以作为给水排水及相关工程规划、设计、建设等技术人员，高等院校教师、本科生和专科生的参考书。

　　本书由沈阳建筑大学孙凤海教授、杨辉副教授编著，柴新在个别章节中参与了编写工作。

　　本书在编著过程中参考引用了许多的参考文献，也得到了沈阳建筑大学市政与环境工程学院的大力支持，在此一并表示感谢。

　　由于编写人员知识水平有限，书中缺点和错误之处在所难免，恳请读者提出宝贵意见。

编　者

目　　录

1 城市给水排水总论

1.1 城市给水排水系统概述

城市给水排水系统是以水的社会循环为研究对象，以水质为中心，通过一系列工程设施来实现水的开采、净化、供给、保护、利用和再生。城市给水排水系统包括城市给水系统和城市排水系统。

1.1.1 城市给水系统

1.1.1.1 城市给水系统组成

给水系统是自水源取水，按照水源水质、用户对水质和用水量的要求，选择合理的处理工艺净化原水，在满足用户对水压要求的前提下通过输配水管网将水输送至用户。

给水系统通常由取水工程、给水处理系统及输配水系统组成。

（1）取水工程

取水工程是自水源提取原水的工程设施。根据用户对水质、水量、水压的要求，结合当地水资源状况，经济合理地从天然水体用一定构筑物取水并输送至水厂或用户。一般包括取水构筑物和取水泵房。

地下水取水的构筑物按照含水层的厚度、埋藏深度和含水条件可选用管井、大口井、辐射井、复合井、渗渠及相应的取水泵站。

地表水取水构筑物按照地表水水源种类、水位变幅、径流条件和河床特征等可选用固定式取水构筑物（岸边式、河床式）、活动式取水构筑物（浮船式、缆车式）、斗槽式取水构筑物；山区河流可以选用低坝式取水构筑物或底栏栅式取水构筑物；在缺水型饮水困难的地区还有雨水集取构筑物。

（2）给水处理系统

给水处理系统是把取来的原水进行适当的净化和消毒处理，使得水质满足用户要求。主要包括净水构筑物及消毒设备。

净水构筑物是对取来的原水进行净化处理，达到用户对水质要求的构筑物和设备。一般以地下水为水源的净水构筑物比较简单或不需要净水构筑物。以地表水为水源的净水构筑物主要去除天然水中的悬浮物、胶体和溶解物等杂质及致病微生物。

（3）输配水系统

输配水系统是把净化处理后的水以一定的压力，通过管道系统输送到各用水点。一般包括泵房、调节构筑物和输配水管道。

输水管道将取水构筑物取集的天然水输送至净水构筑物以及将净化后的水输往用水区。配水管网是将输水管送到用水区的水通过管网分配到各用户。

1.1.1.2 给水系统分类

按照水源的种类不同，给水系统主要分为以地表水（江河水、湖泊水及水库水、海水）为水源的给水系统和以地下水（潜水、承压水、泉水）为水源的给水系统。

（1）以地表水为水源的给水系统

1）以河水或湖水为水源的给水系统。地表水经取水构筑物、一泵站提升到净水厂，经净化后由二泵站经输配水管网送至用户。

2）以雨水为水源的小型分散系统。降雨产生的径流流入地表集水管（渠），经沉淀池、过滤池（过滤层）进入储水窖，再由微型水泵或手压泵取水供用户使用。在缺水或苦咸水地区可选择此系统。结构简单、施工方便、投资少、净化使用方便、便于维修管理。

（2）以地下水为水源的给水系统

1）山区以泉水为水源的给水系统。在山区有泉水出露处，选择水量充足、稳定的泉水出口处建泉室，再利用地形修建高位水池，最后通过管道依靠重力将泉水引至用户。取泉水为饮用水，水质一般无需处理，但要求泉水位置应远离污染源或进行必要的防护。

2）单井取水的给水系统。当含水层埋深小于 12m、含水层厚度在 5～20m 时可建大口井或辐射井。该系统一般采用离心泵从井中吸水，送入气压罐（或水塔），调节供水水压。

3）井群取水的给水系统。管井群集取地下水送至集水池，经加氯消毒后由泵站提升，通过输水管道送往用水区，由配水管网送至用户。适用于地下水水源充足的地区，供水工程简单，投资较省，但需对水源地进行详尽的水文地质勘察。

4）渗渠取水的给水系统。在含水层中铺设水平管渠用于集取地下水，汇集于集水井中，经水泵提升供给用户。适于修建在有弱透水层地区和山区河流的中、下游，河床砂卵石透水性强，地下水位浅且有一定流量的地方。

1.1.2 城市排水系统

1.1.2.1 城市排水分类

污水是人类的生活和生产活动中产生的被废弃外排的水。根据污水的来源，可将其分为生活污水、工业废水和被污染的雨水。

生活污水是指人们在日常生活过程中使用过的，并被生活废弃物所污染的水。城市污水的水质具有生活污水的特征，主要含有悬浮物和有机物。

工业废水是指在工矿企业生产活动中使用过的水。工业废水可分为生产污水和工业废水两类。生产污水是指在生产过程中形成、并被生产原料、半成品或成品等废料所污染，也包括热污染；生产废水是指在生产过程中形成的，但未直接参与生产工艺，未被生产原料、半成品或成品污染只是温度稍有上升的水。生产污水需要净化处理；生产废水不需要净化处理或仅需简单的处理，如冷却处理。

被污染的雨水，主要指初期雨水。由于初期雨水冲刷了地表的各种污物，污染程度很高，故宜作净化处理。

1.1.2.2 城市排水组成

排水系统是处理、排除城市污水和雨水的工程设施系统。城市排水系统通常由排水管道、污水处理厂和出水口组成，见图 1.1-1。

废水收集设施是排水系统的起始点。用户排出的污、废水一般直接排到用户的室外检查井，通过连接检查井的排水支管将废水收集到排水管道系统中；雨水的收集是通过屋面雨水管道系统及设备或设在地面的雨水口将雨水收集到雨水排水支管。

排水管渠是将收集到的污水、废水或雨水等输送到处理地点或排放口，以便集中处理或排放。包括支管、干管、主干管、附属构筑物及提升泵站等。

污水处理厂是将城市污水进行处理，达标后污水排放或回收利用。污水处理过程中产生的污泥也需在污水厂中进行处理，处理后的污泥填埋或焚烧。

出水口是使污水、废水或雨水排入水体并与水体很好地混合的工程设施。

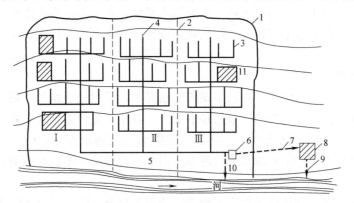

图 1.1-1　排水系统平面图

1—城市边界；2—排水流域分界线；3—支管；4—干管；5—主干管；
6—泵站；7—压力管道；8—污水厂；9—出水口；10—事故排出口；11—工厂

1.1.2.3　城市排水体制

生活污水、工业废水和降水径流的收集与排除方式称为排水体制。城市排水体制一般分为合流制和分流制。合流制排水系统是将生活污水、工业废水和雨水用同一套管渠排除的系统；分流制排水系统是将生活污水、工业废水和雨水采用两套或两套以上的管渠系统进行排放的排水系统。其中汇集输送生活污水和工业废水的排水系统称为污水排水系统；排除雨水的排水系统为雨水排水系统；只排除工业废水的排水系统成为工业废水排水系统。

1.2　城市给水排水系统规划原则

1.2.1　城市给水系统规划原则

城市给水工程规划应符合国家的建筑方针政策，在城市总体规划的基础上，提出技术先进，经济合理、安全可靠的方案。城市给水工程规划原则如下：

（1）给水工程规划中必须正确处理城镇、工业、农业用水的关系。合理安排水资源利用，节约用地，少占农田，节约能耗和节省劳动力。给水系统的选择应根据当地地形、水源情况、城镇规划、供水规模、水质及水压要求，以及原有工程设施等条件，从全局出发，经过经济技术全面比较后确定。

（2）给水系统总布局（统一、分区、分质或分压等）的选择应根据水源、地形，城市和工业企业用水要求及原有给水工程等条件综合考虑后确定，必要时提出不同方案进行技术经济比较。

（3）城市给水工程应按近期设计，考虑长期发展，远近期结合作出全面规划。近期设计年限宜采用 5～10 年，远期设计年限宜采用 10～20 年。对于扩建、改建工程，应充分发挥原有工程设施的效能。

（4）城市给水工程规划应能保证供应所需水量，符合对水质、水压的要求，并当消防或紧急事故时能及时供应必要的用水。生活用水的给水系统，其供水水质必须符合现行生活饮用水卫生标准要求；专用的工业用水的给水系统，其水质应根据用户的要求确定。

（5）城市中工业企业生产用水系统的规划设计应充分考虑复用率，不仅要从经济效用上研究，还要从充分利用水资源和减少工业废水排放量上研究。保证水资源的可持续利用，保证生态环境。

（6）水源的选择应在保证水量满足供应的前提下，采用优质水源以确保居民健康，即使有时基建费用较高也是值得的。采用地下水为水源时，应慎重估计可供开采的储量，以防过度开采而造成地面下沉或水质变坏。确定取水构筑物地点时，应注意水源保护的要求。在符合卫生用水条件下，取水地点越靠近用水区越经济，不仅投资省，而且维护管理费用也经济。

（7）输配水管道工程往往是给水工程投资的主要部分，应作多方案比较。

（8）给水工程规划应积极采用经科学试验和生产实践所证明的行之有效的新技术、新工艺、新材料和新设备。提高供水水质、保障供水安全、优化运行管理，降低工程造价。

（9）给水工程的自动化程度，应从科学价值水平和增加经济效益出发，根据需要和可能妥善确定。

（10）给水工程规划执行《室外给水设计规范》GB 50013—2006，并且符合国家与地方城乡建设，同时还要符合卫生、电力、公安、环保、农业、水利、铁道和交通等部门现行的有关规范或规定。在地震、湿陷性黄土、多年冻土以及其他特殊地区的给水工程规划设计中，应按现行的有关规范和规定执行。

1.2.2　城市排水系统规划原则

（1）排水工程规划要求应在城镇、工业区和居住区总体规划的基础上进行，符合整体建设的要求。

（2）符合环境保护要求。

（3）考虑与邻近区域内污水和污泥的处理和处置。

（4）处理好污染源治理与集中处理的关系。

（5）考虑污水的再生利用。

（6）综合考虑给水和防洪问题，与邻近区域及区域内给水系统、洪水和雨水的排除系统相协调。

（7）排水制度（分流制或合流制）的选择，应根据城镇、工业区和居住区的总体规划，结合当地的地形特点、水文条件、水体状况、气候特征、原有排水设施、污水处理程度及尾水利用等综合考虑确定。

（8）应全面规划，按近期设计，考虑远期发展。

（9）在地震、湿陷性黄土、膨胀土、多年冻土以及其他特殊地区，必须按国家和地方有关部门制定的现行有关标准、规范或规定规划与设计排水工程。

1.3 城市给水排水系统任务

1.3.1 城市给水系统任务

（1）根据城市和区域水资源的状况，合理选择水源，确定水资源综合利用与保护措施。

（2）确定用水量标准，预测生活、生产需水量。

（3）确定城市给水厂的工艺流程与水质保证措施、规模和布局。

（4）确定给水设施的位置，对各级供水管网系统进行布置与定线。

（5）对给水工程的技术经济比较，包括经济、环境和社会效益分析。

1.3.2 城市排水系统任务

（1）根据城市用水状况和自然环境条件，确定排水系统的服务范围，确定规划期内污水处理量，对各级污水管道系统布置与定线。

（2）确定污水的处置方案、污水处理设施的规模与布局，进行环境影响评价。

（3）确定城市雨水排除与利用系统、确定雨水排除出路、雨水排放与利用设施的规模与布局。

1.4 城市水环境保护及相关法律法规

1.4.1 污染源及其评价

污染源是指造成水环境污染的污染物发生源，通常指向水环境排放有害物质或对环境产生有害影响的场所、设备、装置或人体。污染物可能来自家庭排水、工厂排水、家畜排水、农田排水，森林和土壤中溶解物质及降雨所携带的污染物质。当排入水体中的污染物质负荷过量时，水体生态系统的物质循环被破坏，会发生水质污染。

按照污染物的形态，污染源分为气体污染物、液体污染物、固体废弃物。

按照污染物的性质，污染源分为化学污染物、物理污染物、生物污染物，见表1.4-1。

主要水污染类型 表 1.4-1

分类	污染物质	污染原因与危害
化学类污染	酸、碱和一些无机盐类	酸碱污染物引起水体的 pH 值发生变化，妨碍水体自净，腐蚀水下建筑物，影响渔业
	汞、镉、铅、砷等有毒重金属	来源于工业企业废水的排放，对水体有潜在长期影响
	有机农药、多环芳烃、芳香烃等有毒物质	来源于工业企业废水的排放，此类污染物难以被生物降解

分类	污染物质	污染原因与危害
化学类污染	碳水化合物、蛋白质、脂肪和酚、醇等需氧污染物	来源于生活污水和工业企业废水的排放,此类污染物在微生物分解的过程需要大量氧气,影响水生生物的繁殖
	含氮、磷等植物营养物质	来源于生活污水、工业废水和农田排水残余,引起水体富营养化
	石油污染物质	多数是由海洋采油和油轮事故产生
物理类污染	固体物质和泡沫塑料等漂浮物	来源于生活污水、工业企业产生的废物泄入水中和农田的水土流失,影响水生植物的光合作用
	水温不正常升高的热污染	来源于工业冷却水的排放,使得水中溶解氧降低,危害水生生物的生长
	放射性污染	来源于医学、工业、研究中的同位素,放射性矿藏的开采,对接触人体产生放射性作用
生物类污染	原存在于人畜肠道中的病原细菌引起的生物性污染	来源于生活污水、医院污水和工业废水的污染

污染源评价是在污染源和污染物调查的基础上进行的。污染源评价的目的是确定主要污染物和主要污染源,提供环境质量水平的成因;为环境质量评价提供基础数据,为污染源治理和区域治理规划提供依据。

污染源评价方法如下:

(1) 计算等标污染指数,即某种污染物的浓度与污染源排放标准的比值,又称超标倍数。它反映的是污染物的排放浓度和评价所采用的排放标准之间的关系。

(2) 计算等标污染负荷,即等标污染指数与介质(如污水)排放量的乘积,反映污染物总量排放指标。

(3) 计算污染物或污染源的污染负荷比,即某个污染源或某种污染物在总体中的分数,用以确定污染源中的主要污染物。

(4) 按污染负荷比的大小对污染源和污染物排序,位于前面的为主要污染源或主要污染物。通常给定一特征百分数,按污染负荷比由大至小叠加,当其达到或超过该数时的污染源和污染物称为主要污染源或主要污染物。

1.4.2 水环境质量及其评价

1.4.2.1 水体自净机理及过程

水环境对污染物质都具有一定的承受能力,即环境容量。水体能够在其环境容量的范围内,经过水的物理、化学和生物作用,使排入的污染物质的浓度,随着时间的推移在向下游流动的过程中自然降低,即水体的自净作用。

(1) 水体自净机理

水体自净的过程非常复杂,按照净化机理可分为三类,即物理净化、化学净化和生物净化。

1) 物理净化是通过稀释、混合、扩散、挥发、沉淀等作用,水中污染物质浓度得以降低。其中,稀释和混合是主要因素。河水流量与废水流量的比值、废水排放口的形式和河流水文条件都会影响水体的稀释混合。

2）化学净化是通过氧化、还原、中和、分解合成等作用，水中污染物存在形态发生变化及浓度降低。

3）生物净化是由于水中生物活动，尤其水中微生物的代谢作用，水中有机污染物质氧化分解，污染物质浓度降低。这一过程能使有机污染物质无机化，浓度降低，污染物总量减少，是水体自净的主要原因。为保证生化自净，污水中必须含有足够的溶解氧。

（2）水体自净过程

水体自净过程包括三个阶段，第一阶段是化学氧化分解，主要是指易被氧化的有机物自行分解。该阶段在污染物进入水体以后数小时之内即可完成。第二阶段是生物化学氧化分解，即有机物在水中微生物作用下被分解，该阶段持续时间的长短随水温、有机物浓度、微生物种类与数量等而不同。一般要延续数天，但被生物化学氧化的物质一般在 5d 内可全部完成。第三阶段是含氮有机物的硝化过程。这个过程最慢，一般要延续一个月左右。

1.4.2.2　水环境评价方法

水环境评价方法有模糊评价法、指数评价法和灰色评价法。

（1）模糊评价法

模糊评价法是一种基于模糊数学的综合评标方法，用模糊数学对受到多种因素制约的事物或对象做出一个总体的评价。水环境中存在着一些模糊性和不确定性的客观性因素，因而使用模糊评价法对水环境进行评价，在理论上具有一定的合理性。但模糊评价法也存在一定的缺陷，在水源地水质类别判断不准确或者出现的结果没有比拟性的情况下，其判断结果往往会不准确，并且这种方法的过程比较繁琐，操作性不佳。运用模糊理论进行水环境评价时需要解决关键性问题、权重合理分配问题和可比性问题。

（2）指数评价法

指数评价法是用监测数据和评价标准之比作为分指数，用一个以数学综合运算算出的综合指数表示水体污染程度。只要项目、标准、监测结果可靠，综合评价可对整体水质量做出定量描述，基本反映出水体污染的性质与程度，并且方便同一水体在时间、空间上的基本污染情况和变化的比较。因此，这种方法在我国已经被广泛地运用到了水源地水质评价中。

（3）灰色评价法

灰色评价法是用灰色系统的方法来评价水源地水质。在有限的时间和空间范围得到的水环境监测数据信息是不完全或者不清晰的，因此水环境被认定是一个灰色系统，即使部分信息不确定或者未知，水环境评价者也可以利用部分已知的信息，以灰色系统的原理来综合评价水源地水质。

这种方法是计算断面水质中各个因子的实测浓度与各级水质标准的关联度，然后根据关联度大小确定断面水质的级别，根据同类水体与该类标准水体的关联度大小还可以进行优劣比较。

1.4.3　我国水环境法规和标准

我国自 1989 年颁布《中华人民共和国环境保护法》以来，环境保护工作有了很大进展，国家制定了预防为主、防治结合、污染者出资治理和强化环境管理的多项政策。有关部门和地方制定了水环境法规和标准，供规划、设计、管理、检测部门遵循。

基础法律法规包括《中华人民共和国水法》、《中华人民共和国环境保护法》、《中华人民共和国海洋环境保护法》。

行政法规包括《中华人民共和国水污染防治法》、《中华人民共和国突发事件应对法》、《城市供水条例》。

规章与规范性文件包括《生活饮用水卫生监督管理办法》、《生活饮用水集中式供水单位卫生规范》、《生活饮用水水源保护区污染防治管理规定》、《城镇排水与污水处理条例》。

《中华人民共和国水法》于 2002 年 8 月 29 日第九届全国人民代表大会常务委员会第二十九次会议通过。该法是为了合理开发、利用、节约和保护水资源，防治水害，实现水资源的可持续利用，适应国民经济和社会发展的需要而制定的国家法律。主要包括：总则，水资源规划，水资源开发利用，水资源、水域和水工程的保护，水资源配置和节约使用，水事纠纷处理与执法监督检查，法律责任，附则。

《中华人民共和国环境保护法》于 1989 年 12 月 26 日第七届全国人民代表大会常务委员会第十一次会议通过，2014 年 4 月 24 日第十二届全国人民代表大会常务委员会第八次会议修订。该法是为保护和改善环境，防治污染和其他公害，保障公众健康，推进生态文明建设，促进经济社会可持续发展而制定的国家法律。主要包括：总则、监督管理、保护和改善环境、防治污染和其他公害、信息公开和公众参与、法律责任，附则。

《中华人民共和国海洋环境保护法》于 1982 年 8 月 23 日第五届全国人民代表大会常务委员会第二十四次会议通过。在 1999 年 12 月 25 日、2013 年 12 月 28 日、2014 年 3 月 1 日由全国人民代表大会常务委员会修订，最新的版本，自 2014 年 3 月 1 日起施行。

该法是为保护和改善海洋环境，保护海洋资源，防治污染损害，维护生态平衡，保障人体健康，促进经济和社会的可持续发展而制定的国家法律。主要包括：总则，海洋环境监督管理，海洋生态保护，防治陆源污染物对海洋环境的污染损害，防治海岸工程建设项目对海洋环境的污染损害，防治海洋工程建设项目对海洋环境的污染损害，防治倾倒废弃物对海洋环境的污染损害，防治船舶及有关作业活动对海洋环境的污染损害，法律责任，附则。

《中华人民共和国水污染防治法》于 1984 年 5 月 11 日第六届全国人民代表大会常务委员会第五次会议通过。根据 1996 年 5 月 15 日第八届全国人民代表大会常务委员会第十九次会议《关于修订〈中华人民共和国水污染防治法〉的决定》修正，2008 年 2 月 28 日第十届全国人民代表大会常务委员会第三十二次会议修订。该法是为了防治水污染，保护和改善环境，保障饮用水安全，促进经济社会全面协调可持续发展而制定的国家法律。主要包括：总则，水污染防治的标准和规划，水污染防治的监督管理，水污染防治措施（一般规定、工业水污染防治、城镇水污染防治、农业和农村水污染防治、船舶水污染防治），饮用水水源和其他特殊水体保护，水污染事故处置，法律责任，附则。

《中华人民共和国突发事件应对法》于 2007 年 8 月 30 日第十届全国人民代表大会常务委员会第二十九次会议通过。该法是为了预防和减少突发事件的发生，控制、减轻和消除突发事件引起的严重社会危害，规范突发事件应对活动，保护人民生命财产安全，维护国家安全、公共安全、环境安全和社会秩序而制定的国家法律。主要包括：总则，预防与应急准备，监测与预警，应急处置与救援，事后恢复与重建，法律责任，附则。

《中华人民共和国城市供水条例》于 1994 年 7 月 19 日中华人民共和国国务院令第 158 号发布。该条例是为了加强城市公共供水和自建设施供水管理，发展城市供水事业，保障城市生活、生产用水和其他各项建设用水，实行开发水源和计划用水、节约用水相结合的原则而制定的国家行政法规。主要包括：总则，城市供水水源，城市供水工程建设，城市供水经营，城市供水设施维护，罚则，附则。

《生活饮用水卫生监督管理办法》于 1996 年 7 月 9 日建设部、卫生部令第 53 号发布。该办法是为了保证生活饮用水卫生安全，保障人体健康，根据《中华人民共和国传染病防治法》及《城市供水条例》的有关规定而制定的国家行政规章。适用于集中式供水、二次供水单位和涉及饮用水卫生安全的产品的卫生监督管理。主要包括：总则，卫生管理，卫生监督，罚则，附则。

《生活饮用水集中式供水单位卫生规范》于 2001 年 9 月 1 日由卫生部颁布。该规范是为了加强生活饮用水集中式供水单位的卫生监督管理，保证饮用水符合有关卫生规范，根据《生活饮用水卫生监督管理办法》而制定的。规范规定了集中式供水单位的水源选择与卫生防护，生活饮用水生产和污染事件处理、水质检验、从业人员等方面的卫生要求。主要包括：总则，水源选择和卫生防护，生活饮用水生产的卫生要求和污染事件的报告处理，水质检验，从业人员的卫生要求，附则。

《生活饮用水水源保护区污染防治管理规定》于 2010 年 12 月 22 日环境保护部令第 16 号发布。该规定是为了保护好饮用水水源，根据《中华人民共和国水污染防治法》而制定的国家规章，适用于全国所有集中式供水的饮用水地表水源和地下水源的污染防治管理。主要包括：总则，饮用水地表水源保护区的划分和防护，饮用水地下水源保护区的划分和防护，饮用水水源保护区污染防治的监督管理，奖励与惩罚，附则。

《城镇排水与污水处理条例》于 2013 年 10 月 2 日中华人民共和国国务院令第 641 号公布。该条例是为了加强对城镇排水与污水处理的管理，保障城镇排水与污水处理设施安全运行，防治城镇水污染和内涝灾害，保障公民生命、财产安全和公共安全，保护环境而制定的国家行政法规。城镇排水与污水处理的规划，城镇排水与污水处理设施的建设、维护与保护，向城镇排水设施排水与污水处理，以及城镇内涝防治，适用本条例。条例主要包括：总则，规划与建设，排水，污水处理，设施维护与保护，法律责任，附则。

水环境质量标准包括《地面水环境质量标准》GB 3838—2002、《渔业水质标准》GB 11607—89、《农田灌溉水质标准》GB 5084—2005。

污水排放标准包括一般标准和行业标准。一般标准有《污水综合排放标准》GB 8978—96、《城镇污水处理厂污染物排放标准》GB 18918—2002、《农用污泥中污染物控制标准》GB 4284—84；行业标准有《制革及毛皮加工工业水污染物排放标准》GB 30486—2013、《肉类加工工业水污染物排放标准》GB 13457—92、《石油炼制工业水污染物排放标准》GB 31570—2015、《石油化工水污染物排放标准》GB 31571—2015、《钢铁工业水污染物排放标准》GB 13456—2012、《合成氨工业水污染物排放标准》GB 13458—2013、《制浆造纸工业水污染物排放标准》GB 3544—2008、《纺织染整工业水污染排放标准》GB 4287—2012、《医疗机构水污染物排放标准》GB 18466—2005 等。

1.4.4 案例分析

案例1：兰州局部自来水苯超标事件

2014年4月10日17时至11日凌晨2时，兰州市威立雅水务集团公司检测发现，其出厂水苯含量高达 $118\mu g/L$ 至 $200\mu g/L$，远超出国家限值的 $10\mu g/L$ 达20倍。苯是一种石油化工基本原料，在常温下为透明液体，有毒，也是一种致癌物质。

4月11日5时，兰州市接到兰州威立雅水务公司自来水苯超标的报告；5时30分，市委值班秘书长接到报告后立即核实，并向市委值班常委报告情况；7时，市委书记，市长接到报告后，立即赶往威立雅自来水公司所在的西固区；期间，分别电话向省委、省政府主要领导报告情况。

上午8时，市委书记在威立雅公司主持会议，研究部署应急应对工作，启动应急预案，全力开展应急处置工作；10时，市委书记、市长从西固区赶赴省委、省政府汇报苯超标情况和兰州市应急处置措施。

11时开始，对初步判定可能被苯渗入的自来水一厂至二厂自流沟立即实施停运，并采取紧急措施排空苯超标的自来水、对水厂泵房实施清洗作业。

12时30分，市委书记在西固区主持召开会议，就进一步做好应急处置工作做出部署；14时，兰州市政府也发布公告：未来24小时居民不宜饮用自来水；16时30分，召开新闻发布会，市长发布兰州市发生自来水苯指标超标事件的消息。

15时18分，兰州市对市区4个检测点进行抽样检测，其中城关区东岗和七里河区政府检测点未发现苯超标，安宁区培黎广场点检测出苯含量 $27\mu g/L$，西固区检测出 $40\mu g/L$。

（1）事故原因

兰州市自来水主要水源来自黄河。发现自来水中苯超标后，立即对水质进行全面复检，并对苯来源进行排查。通过排查，黄河源水水质正常、第一水厂出厂水正常、南线水正常，造成兰州局部自来水苯超标的直接原因是兰州威立雅水务公司一分厂至二分厂之间的4号、3号自流沟内的水被污染。自流沟长约3km，建于20世纪50年代，全程封闭且沿途没有排污口。但周边部分化工企业的一些管线与自流沟有交叉，从自流沟下方穿过。由于超期服役，沟体伸缩缝防渗材料出现裂痕和缝隙，兰州石化公司历史积存的地下含油污水渗入自流沟，对输水水体造成苯污染。一分厂是二分厂的预处理厂，而二分厂供给全市居民的生活用水。

（2）事故危害

导致自来水苯超标的自流沟是在11日11时切断的，因此24h不宜饮用自来水的截止时间是12日11时。而不宜饮用的时间之所以确定为24h，是因为公司第一、第二水厂处理时间共需10h左右，第二水厂出来的自来水输送到兰州市区最东端的东岗地区需要8.5h。根据这个时间判断，含苯的自来水在24h内是不宜饮用的。

由于事故发生后受污染的自流沟被切断，主要供应兰州市市民日常用水的威立雅公司自来水二厂生产能力减了一半，全市降压供水，部分高坪、边远地区面临停水。导致了城区300多万人正常饮水出现了困难，最严重的西固区，从4月10日事发，直到4月14日才恢复正常。

（3）事故解决措施

4月11日凌晨3时，兰州威立雅水务公司向水厂沉淀池投加活性炭，投加活性炭是为了吸附有机物，降解苯对水体的污染。

事发后，地方开工建设铸铁管线，全封闭的铸铁管线代替原有的自流沟。兰州市启动第二水源建设项目。

政府为市民免费发放瓶装水、罐装水。

（4）事故分析

兰州威立雅水务公司是2007年8月由原兰州供水公司与法国威立雅水务（黄河）投资公司组建成立的中外合资企业。2007年1月，兰州市政府宣布，将兰州供水集团45％股权及污水处理项目以17.1亿元的价格转让给法国威立雅水务集团公司，期限为30年，兰州市国资委占有55％股权。兰州在2014年4月15日召开的发布会上坦诚，合资后存在监管不够到位的问题，也暴露出城市管理上的一些薄弱环节。因此，引入外资的同时，更要引进国外先进的城市水务管理模式，坚持所有权和经营权的分离，找专业的管理运营团队来经营。完善体制机制，依法依规加强监管。

这次事件折射出兰州市自来水供应仍存在隐患，特别是没有第二水源，对城市的饮水安全构成了极大的挑战。国务院《关于加强城市供水节水和水污染防治工作的通知》要求，凡50万人口以上的城市，均要开辟第二水源。兰州市常住人口362万人，流动人口近100万人。这次水危机事件也为兰州敲响了警钟。

兰州局部自来水苯超标事件后，几位市民代表对自来水供给单位兰州威立雅水务集团有限责任公司提起侵权诉讼，要求威立雅公司对自来水苯污染事件造成的经济损失和精神损害进行赔偿。2015年3月9日，受兰州水污染事件影响的兰州5位市民正式委托，北京市义派律师事务所环境法律中心提供法律援助。2015年2月17日，此案在兰州城关区法院正式立案。

案例2：松花江水污染事件

2005年11月13日，吉林石化分公司双苯厂硝基苯精馏塔发生爆炸，约100t苯类物质（苯、硝基苯等）流入松花江，引发松花江水严重污染事件，并导致哈尔滨大停水，数百万居民的生活受到影响。

（1）事故原因

爆炸事故的直接原因是：硝基苯精制岗位外操人员违反操作规程，在停止粗硝基苯进料后，未关闭预热器蒸气阀门，导致预热器内物料气化；恢复硝基苯精制单元生产时，再次违反操作规程，先打开了预热器蒸汽阀门加热，后启动粗硝基苯进料泵进料，引起进入预热器的物料突沸并发生剧烈振动，使预热器及管线的法兰松动、密封失效，空气吸入系统，由于摩擦、静电等原因，导致硝基苯精馏塔发生爆炸，并引发其他装置、设施连续爆炸。

污染事件的直接原因是：双苯厂没有事故状态下防止受污染的水流入松花江的措施，爆炸事故发生后，未能及时采取有效措施，防止泄漏出来的部分物料和循环水及抢救事故现场消防水与残余物料的混合物流入松花江。

（2）水污染情况

中石油吉林石化公司爆炸事故发生后，监测发现苯类污染物流入第二松花江（松花江的一条支流），造成水质污染。

2005 年 11 月 13 日 16 时 30 分，环保部门对吉化公司东 10 号线周围及其入江口和吉林市出境断面进行监测。11 月 14 日 10 时监测显示，吉化公司东 10 号线入江口水样出现有强烈的苦杏仁气味，苯、苯胺、硝基苯、二甲苯等主要污染物指标都超过了国家规定标准。

随着水体流动，污染带逐渐向下游转移。污染带长约 80km，流经持续时间约 40h。黑龙江省水利部门预测，污染带前锋到达哈尔滨市上游"四方台"取水口的时间为 24 日 5 时左右；26 日凌晨，污染高峰基本流过哈尔滨市区江段。污染物由于沉降、吸附等作用，呈现逐步削减趋势。

在这次水污染事件当中，松花江里面污染团中硝基苯的浓度很高，到达吉林省松原市（注：松原市位于吉林省松花江边，是吉林省松花江边的最后一个市，过了省界是黑龙江省的赵县，然后是肇源县）的时候，硝基苯的浓度超标了约有 100 倍，松原市的自来水厂被迫停水。污染团到达哈尔滨市的时候，硝基苯的浓度最大超标了大约 30 倍，由于哈尔滨市各自来水厂都是以松花江为水源的，现有自来水的工艺无法处理高浓度的硝基苯。

（3）应急措施

11 月 18 日吉林省政府办公厅和环保局把爆炸事故可能对松花江水质产生污染的信息通报给了黑龙江省政府和环保局，黑龙江省政府启动了突发环境事件应急预案。

11 月 21 日，市政府以"市区市政供水管网设施进行全面检修临时停水"发出第一则通告。

11 月 21 日，哈尔滨市政府又发布了水体可能污染决定停水的第二则公告，停水时间约为 4 天。

11 月 22 日，哈尔滨市政府发布 23 日零时正式停水的第三则通告，到 23 日 23 点全市正式停水。

哈尔滨启动三级预案，地下水开采集中管理。哈尔滨原有 918 眼深井提供 32 万 t 地下水，为补充水源，增打新井 100 口，并且要求全市纯净水生产厂家在停水期间保持日最高生产能力 2500t 以上。与此同时，沈阳市援助 80 万桶纯净水，齐齐哈尔、牡丹江、佳木斯、大庆、绥化、五常等地解决桶装水 160 万桶，双城市从外地调运纯净水 30 万桶，娃哈哈集团捐赠瓶装水 2 万箱。

市政府拨款 500 万元，在各区设置 3～5 个供水点，平价供应桶装水和矿泉水，以平抑市场水价；拨款 100 万元，用于救助社会弱势群体。

制定水处理技术应急方案：

哈尔滨日供水量 60 多万吨，主要由三个净水厂供水：制水三厂 32 万 t，绍和水厂 23 万 t，制水四厂 7 万 t，另有制水一厂和制水二厂两座取水厂。因为哈尔滨各水厂从取水口到净水厂有 5～6km 的管线，源水的输送时间要 1～2h。11 月 24 日专家组提出在取水口投加粉末活性炭，在源水从取水口流到净水厂的输水管道中，用粉末活性炭去除绝大部分硝基苯。把水厂中的砂滤池改成炭砂滤池，以粒状活性炭为主，底下留 500mm 厚的砂，同时在厂内的混凝单元投加粉末活性炭，形成多重屏障，确保供水安全。

根据总体技术方案，生产性运行验证试验选择哈尔滨市制水四厂两个净水系统中的一个系统，该系统处理规模 3 万 m^3/d，净水工艺为混凝反应池—斜板沉淀池—无阀滤池

（无阀滤池因条件所限，未做炭砂滤池改造）。试验共分为两个阶段。第一阶段在 11 月 26 日 12 时整正式启动。制水二厂取水泵房取得源水水量为 850m³/h（2 万 m³/d）；制水二厂粉末活性炭投药系统投加量 40mg/L；记录源水进入制水四厂的准确时间；在源水进入制水四厂后，启动混凝药剂投加系统；制水四厂内部的水质跟踪监测系统同时启动，测定时间间隔为 1h，其中浊度项目为 0.5h；沉淀池出水暂不进滤池，直接排放。制水四厂至 15 时 40 分止运行集中在净水工艺的混凝沉淀部分，初步运行效果良好。

第一阶段 11 月 26 日 16 时至 18 时的运行按 850m³/h 的控制条件进行，并保持制水二厂取水口加炭量不变。同时从 26 日 16 时开始将制水四厂复合药剂投加量增至 0.5mg/L，停止投加活化硅酸。并开始测试制水四厂沉淀池出水水质，检测指标包括硝基苯、高锰酸盐指数、浊度、色度。检测表明，在水源水硝基苯浓度尚超标 3 倍左右的条件下，制水四厂进水口处硝基苯的含量（26 日 20 时，0.0034mg/L；26 日 21 时，0.0026mg/L）已远低于集中式生活饮用水地表水源地的水质标准，并且混凝沉淀效果良好，沉淀池出水浊度在 5NTU 以下，一般在 3NTU 左右，具备了进入过滤系统的基本条件。

制水四厂生产性验证运行第一阶段于 11 月 26 日 22 时 15 分结束，转入第二阶段运行，即进行制水四厂混凝沉淀过滤净水工艺的全流程满负荷运行，处理水量 1300m³/h（3 万 m³/d 规模）。全流程满负荷运行阶段一直保持稳定运行，出水水质良好，卫生防疫部门于 11 月 27 日 2 时进行制水四厂砂滤池出水的水质取样和水质卫生检测工作。

2005 年 11 月 27 日 8 时零分，黑龙江省公共卫生监测检验中心《检验报告》检验结论：该样品硝基苯检测结果符合标准规定，其余检测项目检测结果符合《生活饮用水水质卫生规范》（2001）和《生活饮用水卫生标准》GB 5749—2006 标准规定。检测结果的硝基苯的浓度为 0.00081mg/L，远低于《地表水环境质量标准》GB 3838—2002 中对集中式生活饮用水地表水水源的特定项目硝基苯浓度限值为 0.017mg/L 的要求。国家城市供水水质监测网哈尔滨监测站《检验报告》综合判定意见：经检测，所检项目均符合《生活饮用水卫生标准》GB 5749—2006。

哈尔滨市政府决定制水四厂于 2005 年 11 月 27 日 11 时 30 分起向市区管网试供水，初期的供水量为 1300m³/h（30000m³/d 规模）。基于制水四厂恢复供水后，其他几个水厂于 27 日下午陆续开始进水恢复生产，至此，27 日晚上哈尔滨市正式开始供水。

（4）事故问责

国务院认定这是一起特别重大水污染责任事件，明确要求各部门要按照有法必依、执法必严、违法必究的原则，做出严肃处理。

2005 年 11 月底，国家环保总局称，这次污染事故负主要责任的是吉化公司双苯厂。国家环保总局局长解振华因这起事件提出辞职，2005 年 12 月初，国务院同意他辞去局长职务。吉化公司双苯厂厂长、苯胺二车间主任、吉林石化分公司党委书记、总经理，先后于 2005 年 11 月底～同年 12 月初被责令停职，接受事故调查。先后对 12 名事故责任人做出党纪、政纪处理。

根据《中华人民共和国环境保护法》第 38 条、《中华人民共和国水污染防治法》第 53 条以及《中华人民共和国水污染防治法实施细则》第 43 条的规定，国家环保局对吉化公司施以 100 万元行政罚款。

案例 3：四川沱江水污染事件

（1）水污染事件

2004年2月28日开始，四川沱江简阳段出现水污染导致零星死鱼现象，到3月2日，致20万kg鱼死亡。主要污染物氨氮和亚硝酸盐在该江段形成约62km长的污染带。沿江两岸的简阳、资中与内江100万人生活饮用水出现困难，三地的自来水厂被迫停止取水和供水。使成都、资阳等5个城市的工业生产和人民生活遭受严重影响，直接经济损失高达2.19亿元。这是新中国成立以来首次特大水污染事件。

（2）事故原因

引起这次沱江水质特大污染事故的主要原因是在川化集团公司第二化肥厂的实施技改调试过程中，相关设备出现异常事故，导致氨氮严重超标排放，加上沱江枯水期水流量严重下降，水体自净能力差，导致了这次污染事故的发生。而在技改项目的水污染防治措施未经环保部门验收的情况下，就擅自投入生产，事故发生后，公司环安处一直上报假数据，直至3月2日被检查组查出。事发后四川省委省政府高度重视，并实施了有效的应急措施。

（3）事故问责

《中华人民共和国水污染防治法实施细则》第十九条明确规定，企业事业单位造成水污染事故时，必须立即采取措施，停止或减少排污，并在事故发生后48h内，向当地环保部门报告。川化公司明显违反了这一规定。依据《中华人民共和国水污染防治法》和《中华人民共和国水污染防治法实施细则》，2004年4月5日，四川环保局对川化集团做出了罚款100万元的顶格上线行政处罚。

《中华人民共和国刑法》第三百三十八条和第三百四十六条规定，"违反国家规定，向土地、水体、大气排放、倾倒或者处置放射性的废物、含传染病原体的废物、有毒物质或者其他危险废物，造成重大环境污染事故，致使公私财产遭受重大损失或者人身伤亡的严重后果的"，作为事故肇事者的企业法人和对其直接负责的主管人员和直接责任人员，都将追究刑事责任。2005年9月12日川化公司相关责任人被追究刑事责任。

2 城市取水工程

2.1 城市水资源

2.1.1 水的循环

2.1.1.1 水的自然循环

地球上水的循环，可分为水的自然循环和水的社会循环。

自然界中的水并不是静止不动的，各种水体在太阳辐射及地球引力的作用下，不断进行相互转换和周期性循环，即水的形态在液态—气态—液态间循环变化，并在海洋、大气和陆地之间不停息地运动，从而形成了水的自然循环。水的自然循环一般包括降水、径流、蒸发三个阶段，如图 2.1-1 所示。

水的循环途径分为大循环和小循环。大循环是发生在海洋与陆地之间全球范围的水分运动，即海洋中的水蒸发到空中形成云，随气流飘移到内陆，与冷气流相遇，凝结为雨雪后降落到地面，称为降水。一部分降水沿地表流动，汇入江河，另一部分渗入地下，形成地下水。在流动过程中，地表水和地下水不时地相互转化、补给，最后都回归大海。小循环是指仅发生在海洋或陆地本身范围内的水单循环的过程，即海洋或陆地的水汽上升到空中凝结后又各自降入海洋或陆地上，没有海陆之间的交换。

自然界水分的循环和运动是陆地淡水资源形成、存在和永续利用的基本条件。

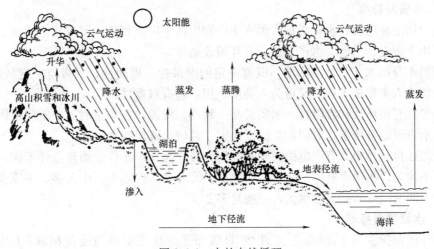

图 2.1-1 水的自然循环

2.1.1.2 水的社会循环

水的社会循环是指人类为了满足正常生活和生产的需要，不断取用天然水体中的水，经过使用一部分天然水被消耗，而绝大部分变成生活污水和生产废水排放，重新进入天然水体中。社会循环方式主要是通过城市给排水管网来实现，即通过取水设施从水源取水净化后，通过输配水管网送入千家万户及工业生产中，使用后水质受到不同程度的污染，再经城市排水管道送到指定位置，经处理后排回自然水体。如图 2.1-2 所示。

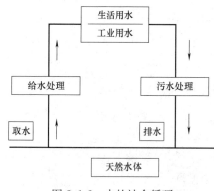

图 2.1-2　水的社会循环

在水的社会循环中，水的性质在不断地发生变化。生活污水和工农业生产废水的排放是形成自然界水污染的主要根源，也是水污染防治的主要对象。

2.1.2　地球上的水资源

2.1.2.1　水资源概念

因对水资源的研究和开发角度不同，人们对水资源的理解也不同，一般认为水资源有广义、狭义和工程概念之分。

从地学、水文学、气象学角度出发，广义水资源是地球上所有的水，即自然界中以固态、液态和气态形式广泛存在于地球表面和地球的岩石圈、大气圈、生物圈中的水，也包括海水。它们对人类都有着直接或者间接的利用价值。

从生态环境和水资源综合开发利用角度考虑，狭义水资源就是广义水资源范围内逐年得到恢复和更新的淡水。包括地表水、地下水和土壤水。其中，地表水为河流、冰川、湖泊、沼泽等水体，地下水为地下汇水的动态水量，土壤水为分散于岩石圈表面的疏松表层中的水。

工程水资源是指狭义水资源范围内，在一定经济技术条件下，可以被人类利用的水体和少量的海水。这一概念主要从城市和工业给水及农田水利工程角度考虑。

水资源可分为地表水源和地下水源。地表水源包括江河、湖泊、水库和海水；地下水源包括潜水、承压水和泉水。

2.1.2.2　水资源特点

水是一切生命之源，水资源被人类在生产和生活中广泛利用，不仅用于农业、工业和生活，还用于发电、水运、水产、旅游和环境改造等。

水资源本身的水文和气象本质，既有一定的因果性、周期性，又带有一定的随机性。水资源既能给人类带来灾难，又可为人类所利用，具有双重性。

水资源具有循环性和有限性。水资源是一种动态资源，在一定时间、空间范围内，大气降水对水资源的补给量是有限的，这就决定了区域水资源的有限性。

水资源在自然界中具有一定的时间和空间分布。因气候条件、地理条件不同，全球水资源分布不均匀。我国水资源东南多，西北少；沿海多，内陆少；山区多，平原少。在同一地区中不同时间分布差异性很大，一般夏多冬少。

2.1.2.3　水源质量标准

国家环境保护总局于 2002 年 4 月 26 日颁布了《地表水环境质量标准》GB 3838—2002。标准项目共计 109 项，其中地表水环境质量标准基本项目 24 项、集中式生活饮用水地表水源地补充项目 5 项、集中式生活饮用水地表水源地特定项目 80 项。标准规定了供水水质要求、水源水质要求、水质检验和监测、水质安全规定。依据地表水水域使用目的和保护目标将水源划分为 5 类，分别是：

Ⅰ类水，主要适用于源头水和国家级自然保护区。

Ⅱ类水，适用于集中式生活饮用水水源地以及保护区、珍贵鱼类保护区、鱼虾产卵场等。

Ⅲ类水，适用于集中式生活饮用水源地二级保护区、一般鱼类保护区及游泳区。

Ⅳ类水，适用于一般工业保护区及人体非直接接触的娱乐用水区。

Ⅴ类水，适用于农业用水区及一般景观要求水域。

超过Ⅴ类水质标准的水体基本上已无使用功能，通常以Ⅲ类水质标准评价地表水环境质量。

2.1.2.4 水源保护要求

生活饮用水的水源，必须设置卫生防护地带。集中式给水水源卫生防护地带的规定如下：

（1）取水点周围半径 100m 的水域内，严禁捕捞、停靠船只、游泳和从事可能污染水源的任何活动，并由供水单位设置明显的范围标志和严禁事项的告示牌。

（2）取水点上游 1000m 至下游 100m 的水域，不得排入工业废水和生活污水，其沿岸防护范围内不得堆放废渣，不得设立有害化学物品仓库、堆栈或装卸垃圾、粪便和有毒物品的码头，不得使用工业废水或生活污水灌溉及施用持久性或剧毒的农药，不得从事放牧等有可能污染该段水域水质的活动。

（3）水厂生产区的范围应明确划定并设立明显标志，在生产区外围不小于 10m 范围内不得设置生活居住区和修建禽畜饲养场、渗水厕所、渗水坑，不得堆放垃圾、粪便、废渣或铺设污水渠道，应保持良好的卫生状况和绿化。

（4）取水构筑物的防护范围，其防护措施与地面水的水厂生产区要求相同。

（5）在单井或井群的影响半径范围内，不得使用工业废水或生活污水灌溉和施用持久性或剧毒的农药，不得修建渗水厕所、渗水坑、堆放废渣滓或铺设污水渠道，并不得从事破坏深层土层的活动。如取水层在水井影响半径内不露出地面或取水层与地面水没有互相补充关系时，可根据具体情况设置较小的防护范围。

2.1.3 世界水资源概况

地球表面约有 70% 以上被水所覆盖，其余约占地球表面 30% 的陆地也有水的存在。地球总水量为 138.6×10^8 亿 m^3，其中淡水储量为 3.5×10^8 亿 m^3，占总储量的 2.53%。到目前为止，由于开发困难或技术经济的限制，海水、深层地下水、冰雪固态淡水等还很少被直接利用。比较容易开发利用的、与人类生活生产关系最为密切的湖泊、河流和浅层地下淡水资源，只占淡水总储量的 0.34%，还不到全球水总储量的万分之一。地球上的淡水资源并不丰富，全球水资源面临的主要问题是水量短缺，供需矛盾尖锐，水源污染严重，水质型缺水突出。

2.1.4 我国水资源概况

（1）水资源总量多，人均占有量少。

我国多年平均年水资源总量为 28124 亿 m^3。其中多年平均河川径流量为 27115

亿 m³，多年平均地下水资源量为 8288 亿 m³，重复计算水量为 7279 亿 m³。我国水资源总量不少，仅次于巴西、俄罗斯、加拿大居世界第四位。由于中国人口众多，人均水资源占有量低。我国黄河、淮河、海河流域人均水资源占有量在 350~750m³ 之间，松辽河流域人均水资源占有量只有 1700m³，这些地区的用水紧张情况将长期存在。

（2）河川径流年际、年内变化大。

我国河川径流量的年际变化大。在年径流量时序变化方面，北方主要河流都曾出现过连续丰水年和连续枯水年的现象。我国降雨年内分配也极不均匀，主要集中在汛期。长江以南地区河流汛期（4~7 月）的径流量占年径流总量 60% 左右，华北地区的部分河流汛期（6~9 月）可达 80% 以上

（3）水资源地区分布不均匀。我国水资源南多北少，东多西少，相差悬殊，与人口、耕地、矿产和经济的分布不相匹配。

2.1.5 水资源的可持续利用

水资源不是取之不尽、用之不竭的资源，在水文循环系统中其遵循一定的自然规律进行运动和迁移。目前，有必要科学地评价水资源的储量和可供开发利用的潜力，确保需水量—供水量—水资源开发利用的平衡，开源节流，既要达到发展经济的目的，又要保护好环境，合理使用自然资源。

集雨、海水淡化、微咸水的利用及调水是增加水的供应量的主要途径。收集雨水，用于补充杂水、冲洗厕所、浇灌菜园和洗车。虽然收集雨水往往需要建立另外的收集回用系统，会增加投资和水的使用成本，但由于雨水资源获得容易，对雨水的收集和利用也已日益成为各国增加水源的主要方式之一。

人类缺水情况日益严重并非是因为地球缺水，而是缺少可利用的淡水。随着科学技术的进步，淡化海水正在为全球淡水供应开辟广阔的前景。除海水外，还可有效利用微咸水进行农业灌溉解决水资源短缺。

随着科技进步和社会的不断发展，节水技术也在不断改进、提高，其中最有效的是使用农业灌溉节水技术、城市节水器具及防渗漏技术。大力推广清洁生产技术，在生产过程中采用节约能源与原材料的工艺和技术，以达到提高各类资源利用效率的目的。

对城市生活污水和工业污水进行处理，将处理过的水回用于生活和生产中对水质要求不高的一些地方，提高水的综合使用效率。

2.2 取水工程

2.2.1 取水工程概述

2.2.1.1 给水水源选择原则

选择给水水源，一般考虑以下原则：

（1）所选水源应当水质良好，水量充沛，便于卫生防护。水质良好，要求原水水质符合《生活饮用水卫生标准》GB 5749—2006 中的有关规定或符合《地表水环境质量标准》GB 3838—2002 的规定；水量充沛，要求地下水取水量小于等于允许开采量，地表水取水

量小于等于其枯水期的可取水量。水源可取水量既要保证近期用水量，也要满足远期用水量；便于卫生防护，要求所选水源卫生防护地带设置符合《生活饮用水卫生标准》GB 5749—2006 中的有关规定；

（2）符合卫生要求的地下水，宜优先作为生活饮用水水源；

（3）所选水源可使取水、输水、净化设施安全经济和维护方便；

（4）所选水源有条件时应集中与分散取水，地下与地表取水相结合；

（5）所选水源具有施工条件。

2.2.1.2 取水位置选择

选择取水位置尽可能充分利用有利取水条件，避开不利的取水条件。对于不同种类的水体，选择取水位置应考虑的因素有所不同。根据水文地质勘察资料，如水文地质图、水文地质剖面图、钻孔柱状图。河流水文、地质、冰冻、河床、地质等资料。综合考虑选位的各种因素，正确地确定取水位置。

取集地下水选位应考虑下列因素：

（1）取水点应位于城镇和工矿企业上游，特别是取集潜水含水层地下水更是如此；

（2）取水点应位于补给条件好，渗透性强，水质和卫生环境良好的地点；

（3）取水点应尽可能靠近用水区；

（4）取水井应尽可能垂直于地下水流向布置；

（5）取水点应尽可能考虑防洪；

（6）取水点的选择应可能考虑施工，维护，运转管理方便。

取集江河水选位应注意下列因素：

（1）取水点选在水质良好的河段，应避开污水排放口、泥沙沉积区、河水回流、死水区、咸水的影响；

（2）取水点应位于河岸、河床稳定，靠近主流，有足够水深的河段；

（3）取水点应具有良好的工程地质，地形和施工条件；

（4）取水点应尽量靠近用水区；

（5）取水点应避开人工或天然障碍物的影响；

（6）取水点应避开冰凌的影响。

2.2.2 地下水取水构筑物

给水水源可以分为地表水源和地下水源，其相应的取水构筑物根据给水水源的不同可以分为地下水取水构筑物和地表水取水构筑物。

地下水源主要有潜水、承压水、裂隙水和泉水等，根据水下地质情况和取水量的大小，地下水取水构筑物可分为：管井、大口井、复合井、辐射井和渗渠等，如图 2.2-1 所示。不同地下水取水构筑物适用范围见表 2.2-1。

（1）管井

管井是集取深层地下水取水构筑物，主要由井室、井壁管、过滤器、沉淀管等组成。其结构如图 2.2-2。管井的井孔深度、井孔直径、采用井壁管的种类、规格，过滤管的类型及安装位置，沉淀管的长度，填砾层厚度、规格、填入量，井口封闭，有害含水层封闭和抽水设备的型号等取决于取水地区的地质构造、水文地质条件及供水设计要求等。

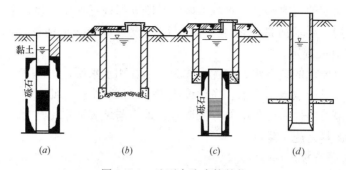

图 2.2-1　地下水取水构筑物

(*a*) 管井；(*b*) 大口井；(*c*) 复合井；(*d*) 辐射井

地下水取水构筑物的种类和适用范围　　　　　　　　　　表 2.2-1

形式	尺寸	深度	水文地质条件			出水量
			地下水埋深	含水层厚度	水文地质特征	
管井	井径为 50～1000mm，常用为 15～600mm	井深为 10～1000m，常用为 300m 以内	在抽水设备能解决的情况下不受限制	厚度一般在 5m 以上	适用于任何砂、卵、砾石层、构造裂隙、岩溶裂隙	单井出水量一般 500～6000m³/d，最大为 20000～30000m³/d
大口井	井径为 2～12m，常用为 4～8m	井深为 20m 以内，常用为 6～15m	埋深较浅，一般在 10m 以内	厚度一般在 5～15m	适用于任何砂、卵、砾石层。渗透系数最好在 20m/d 以上	单井出水量一般 500～10000m³/d，最大为 20000～30000m³/d
辐射井	同大口井	同大口井	同大口井	同大口井，能有效地开采水量丰富、含水层较薄的地下水和河床下渗透水	含水层最好为中粗砂或砾石。不得含有漂石	单井出水量一般为 5000～50000m³/d
渗渠	管径 0.4～1.5m，常用为 0.6～1.0m	埋深为 7m 以内，常用为 4～6m	埋深较浅，一般在 2m 以内	厚度较薄，一般约为 4～6m	适用于中砂、粗砂、砾石或卵石层	一般为 10～30m³/(d·m)，最大为 50～100m³/(d·m)

1) 井室

井室的作用是保护井口免受污染，安装维护设备的场所。

井室的形式有地面式、地下式和半地下式。

地面式井室造价低，建成投产迅速；通风条件好，室温一般比地下式的低 5～6℃；操作管理与检修方便；室内排水容易；水泵电机运行噪声扩散快，音量小。但是出水管弯头配件多，不便于工艺布置，水头损失较大。

半地下式井室比地面式造价高；出水管可以不用弯头配件，便于工艺布置；水力条件好，可以节省电耗及经常运行费用，人防条件好。但是通风条件差，夏季室温高；室内有楼梯，有效面积缩小；操作管理、检修人员上下、机器设备上下搬运均较不便；室内地坪低，不利排水；水泵电机运转时，声音不宜扩散，声量大；地下部分土建施工难。

地下式泵房造价最高，施工困难最多，防水处理复杂；室内排水困难；操作管理、检修不便；但是人防条件好；抗震条件好；因不受阳光照射，夏季室温较低。

2）井壁管

井壁管的作用是加固井壁、隔离不良水质的含水层。

井壁管多采用钢管和铸铁管，有时也可以采用其他非金属管材（钢筋混凝土管、塑料管等）。

3）过滤器

过滤器是管井的重要组成部分，其作用为阻砂集水。

过滤器结构形式分为圆孔过滤器、条孔过滤器、包网过滤器、缠丝过滤器、填砾过滤器、砾石水泥过滤器、无缠丝过滤器、贴砾过滤器等。一般常用的有缠丝过滤器、填砾过滤器和砾石水泥过滤器。

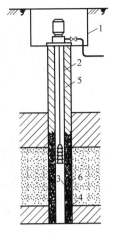

图 2.2-2　管井结构图
1—井室；2—井壁管；3—过滤器；
4—沉淀管；5—黏土封闭；6—规格填砾

管井过滤器一般选用钢管、铸铁管或其他非金属管材。其管材的质量要求与井壁管、沉淀管相同。要正确处理透水性和过滤性这一矛盾，就要正确选择滤水管的孔隙率。钢管孔隙率要求为 30%～35%，铸铁管孔隙率要求为 23%～25%，钢筋骨架孔隙率要求为 50%，石棉管、混凝土管等考虑到管壁强度，孔隙率要求为 15%～20%。

过滤管一般用 1.5～3.0mm 的镀锌铁丝，当遇有腐蚀性较强的地下水时，宜采用不锈钢丝、尼龙丝、尼龙胶丝和玻璃纤维增强滤水丝等。过滤管在缠丝时，必须垫筋。缠丝或滤网与管壁间的空隙应大于 3mm；缠丝间距必须均匀，误差不得超过 20%，孔隙率误差不得超过 10%。设计时应有规定，如果设计时没有规定缠丝间距时，可按含水层颗粒通过缠丝间隙的重量来确定；对大卵石、砾石（不含砂）层，一般采用 5～8mm；卵石、砾石（含砂）层，5kg 试样，按通过 20%～30%计；粗砂层，2kg 试样，按通过 40%～60%计；中、细砂层，2kg 试样，按通过 50%～70%计。

① 缠丝过滤器

缠丝过滤管适用于中砂、粗砂、砾石等含水层，按骨架材料分为铸铁过滤管、钢制过滤管、钢筋骨架过滤管和钢筋混凝土过滤管等。

铸铁过滤管，采用铸铁管，如图 2.2-3；常用在 250m 以内的深井中，抗腐蚀性强。

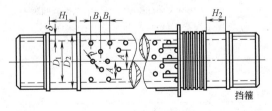

图 2.2-3　铸铁过滤管

钢制过滤管，由钻有圆孔或条孔的钢管、垫筋、挡箍、缠丝组成，如图 2.2-4。适用于较深的管井，强度大，抗腐蚀性不如铸铁管。

钢筋骨架过滤管，由圆钢作骨架制成管状，外缠绕金属丝组成，如图 2.2-5。其强度和耐腐蚀性较差，适用于较浅的管井。

钢筋混凝土过滤管，其骨架为钢筋混凝土带孔管，外缠玻璃纤维聚乙烯塑料丝，如图 2.2-6。钢筋混凝土过滤管耐腐蚀性强、价格便宜、使用寿命长。

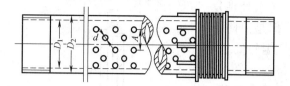

图 2.2-4 钢制穿孔过滤管

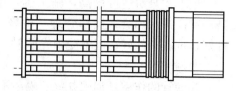

图 2.2-5 钢筋骨架过滤管

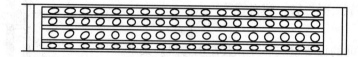

图 2.2-6 钢筋混凝土过滤管

② 砾石水泥过滤器

砾石水泥过滤管是以砾石为骨料，用强度等级 32.5 级以上普通水泥或矿渣水泥胶结而成的多孔管材。骨料一般用砾石、小卵石、坚硬岩石的碎石、烧结炉渣碎块、陶料等，骨料的粒径按照表 2.2-2 确定。浇筑过滤管的配合比按水泥：砾石：水（重量比）＝1：$(6\sim6.5)$：$(0.38\sim0.42)$。

骨料的粒径选择   表 2.2-2

水层颗粒不均匀系数 $n_0 = d_{50}/d_{10}$	≤2～3	3～5	5～7	7～10
砾石水泥过滤管骨料粒径和含水层砂的粒径比值 $n = D_{50}/d_{50}$	10	10～15	15～20	20～25

③ 填砾过滤器

对于砾石、粗砂、中砂、细砂等松散含水层，为防止细砂涌入井内，提高过滤管的有效孔隙率，增大管井出水量，延长管井的使用年限，在缠丝过滤管周围，应再充填一层粗砂和砾石。井管填砾滤料的规格、形状、化学成分和质量与管井的产水量和水质密切相关。滤料粒径过大，容易产生涌砂现象，粒径过小，会减少管井的出水量。施工时，应按含水层的颗粒级配，正确选择缠丝间距和填砾粒径，严格控制。填砾规格一般为含水层颗粒中 $d_{50}\sim d_{70}$ 的 $8\sim10$ 倍，也可以按表 2.2-3 选用。

填砾规格和缠丝间距   表 2.2-3

序号	含水层种类	筛分结果		填入砾石粒径（mm）	缠丝间距（mm）
		颗粒粒径(mm)	（%）		
1	卵石	＞3	90～100	24～30	5
2	砾石	＞2.25	85～90	18～22	5
3	砾砂	＞1	80～85	7.5～10	5
4	粗砂	＞0.75	70～80	6～7.5	5
5		＞0.5	70～80	5～6	4
6	中砂	＞0.5	60～70	3～4	2.5
7		＞0.3	60～70	2.5～3	2
8		＞0.25	60～70	2～2.5	1.5

序号	含水层种类	筛分结果		填入砾石粒径 （mm）	缠丝间距 （mm）
		颗粒粒径（mm）	（%）		
9	细砂	＞0.20	50～60	1.5～2	1
10		＞0.15	50～60	1～1.5	0.75
11	细砂含泥	＞0.15	40～50 含泥不大于50	1～1.5	0.75
12	粉砂	＞0.10	50～60	0.75～1	0.5～0.75
13	粉砂含泥	＞0.10	40～50 含泥不大于50	0.75～1	0.5～0.75

砾石应坚硬，磨圆度好，需严格筛分清洗，不含杂物，不合格的砾石不得超过15%，严禁使用碎石。一般宜采用石英质砾石，不宜采用石灰质砾石作滤料。填砾厚度一般单层填砾厚度为：粗砂以上地层为75mm，中、细、粉砂地层为100mm；双层填砾一般内层为30～50mm，外层为100mm，内层填砾的粒径一般为外层填砾粒径的4～6倍。填砾高度应高出过滤器管顶5～10m。

4）沉淀管

设于过滤器的下端，用于沉淀进入井内的泥砂颗粒和自地下水中析出的沉淀物。沉淀管与井壁管材质相同，一般长度为2～10m。

（2）大口井

大口井是一种集取浅层地下水的构筑物。一般由井口、井筒和进水部分组成。井深一般不大于15m。井径根据设计水量、抽水设备布置和便于施工因素确定，一般为4～8m，但不宜超过10m。大口井构造简单，取材容易，使用年限长，容积大可调节水量，但是井浅，不适宜水位变化大。

大口井按取水形式分为完整井和非完整井；按井筒结构材料分为钢筋混凝土井壁、无砂混凝土井壁、石砌井壁、砖砌井壁；按进水形式分为井壁进水、井底进水和井壁井底共同进水。

当含水层为承压水时，一般采用井底进水，在井底敷设反滤层；当含水层为潜水时，常采用井壁井底共同进水，井壁设进水孔，孔内填滤料或用无砂混凝土为井壁材料，井底敷设反滤层。

1）井壁进水孔

大口井采用井壁进水时，应在井壁上预留进水孔。进水孔形式有水平进水孔、斜形进水孔和无砂混凝土透水井壁，如图2-2-7。

水平进水孔一般做成直径 $\phi100～\phi200$mm 的圆形孔或 100mm×150mm～200mm×250mm 的矩形孔；斜形进水孔一般做成 $\phi50～\phi150$mm 的圆孔，孔的斜度按壁厚和钢筋布置考虑一般不超过45°。

2）井壁进水孔反滤层

滤料的质量必须符合设计要求。井壁进水孔的反滤层必须按设计要求分层铺设，层次分明，装填密实。

3）井底反滤层

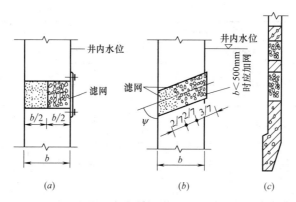

图 2.2-7 井壁进水形式

(a) 水平进水孔；(b) 斜形进水孔；(c) 无砂混凝土透水井壁

大口井井底宜做成凹弧形。反滤层可以做成 3～4 层，每层厚度宜为 200～300mm。与含水层相邻一层的滤料粒径可按下式计算：

$$\frac{d}{d_i} \leqslant 8 \qquad (2.2\text{-}1)$$

式中 d——反滤层滤料的粒径，mm；

d_i——含水层颗粒的计算粒径，mm。

当含水层为细砂或粉砂时，$d_i = d_{40}$；中砂时，$d_i = d_{30}$；粗砂时，$d_i = d_{20}$。两相邻反滤层的粒径比为 2～4。

4）大口井施工

大口井施工可使用沉井工程和大开槽法施工。大开槽法适于井深小于 9m，井径小于 4m 的地区。用砖、山石砌。沉井施工是沉井的井筒一般在地面上制作，而后就地沉放就位，然后在沉井的井筒内挖土，使井筒靠自重以克服其外壁与土间的摩擦力，而逐渐下沉至设计标高，然后平整筒内土面，浇筑混凝土垫层和混凝土底板，完成沉井的封底工作。

大口井应设置下列防止污染水质的措施：人孔应采用密封的盖板，高出地面不得小于 0.5m；井口周围应设不透水的散水坡，其宽度一般为 1.5m；在渗透土壤中，散水坡下面还应填厚度不小于 1.5m 的黏土层。

井筒下沉就位后应按设计要求整修井底，并经检验合格后方可进行下一工序。

当井底超挖时应回填，并填至井底设计高程。井底进水的大口井，可采用与基底相同的砂砾料或与基底相邻的滤料回填；封底的大口井，宜采用粗砂、砾石或卵石等粗颗粒材料回填。

大口井周围散水下填黏土层时，黏土应呈松散状态，不含有大于 5cm 的硬土块，且不含有卵石、木块等杂物；不得使用冻土；分层铺设压实，压实度不小于 95%；黏土与井壁贴紧，且不漏夯。

（3）渗渠

渗渠取水系统一般包括水平集水管、集水井、检查井和泵房等构筑物，如图 2.2-8。它是一种水平集水系统，一般铺设在河床或岸边的砂砾冲积层中，用以截取河床渗透水和潜流水。渗渠可用铸铁管、混凝土管或砖石砌筑而成，在渗水管外围填有人工滤层。

渗渠的规模和布置，应考虑在检修时仍能满足用水要求。集取河道表流渗透水的渗渠设计，应根据进水水质并结合使用年限等因素选用适当的阻塞系数。位于河床及河漫滩的渗渠，其反滤层上部，应根据河道冲刷情况设置防护措施。渗渠的端部、转角和断面变换处应设置检查井。直线部分检查井的间距，应视渗渠的长度和断面尺寸而定，一般可采用 50m。水流通过渗渠孔眼的流速不应大于 0.01m/s。管渠内的水流速度为0.5～0.8m/s，充满度为 0.4，内径或短边不小于 600mm。

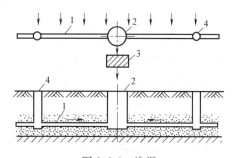

图 2.2-8　渗渠
1—集水管；2—集水井；3—泵房；4—检查井

1）集水管

集水管一般采用钢筋混凝土管、混凝土管、无砂混凝土管，有时也可采用铸铁管。当采用混凝土及钢筋混凝土集水管时，其混凝土强度不应低于 C10，并在其上部开设进水孔。

进水孔一般为内大外小的圆孔，沿管顶 1/2～2/3 圆周布置，呈梅花形。进水孔的面积一般为开孔部位水管面积的 5%～15%，孔眼间距一般为孔径的 2～5 倍。若采用矩形条孔时，宽为 20mm，长为宽的 3～5 倍，条孔纵向间距为 50～100mm，环向间距离为20～50mm。

2）人工反滤层

人工反滤层的质量直接影响水量、水质和集水管使用寿命。在河滩下集取潜流水时，一般敷设 3～4 层滤料，每层厚度 200～300mm，见图 2.2-9。接近进水孔的滤料的粒径要略大于进水孔眼直径。滤料的粒径可按下式计算：

$$d_{II}/d_{I}=d_{III}/d_{II}=2\sim4 \tag{2.2-2}$$

式中　d_I——含水层相邻的一层滤料粒径，mm，一般为含水层颗粒粒径的 7～8 倍；

d_{II}、d_{III}——各层滤料的粒径（自上而下分别为第二层、第三层），mm。

Ⅰ为滤层第一层，滤料粒径 $d_p=1.25\sim1.0$mm；

Ⅱ为滤层第二层，滤料粒径 $d_p=1\sim4$mm；

Ⅲ为滤层第三层，滤料粒径 $d_p=4\sim8$mm。

在河床下集取河床渗透水时，人工滤层的规格和要求，见图 2.2-10。

3）渗渠施工

渗渠施工的关键在于解决排水问题，特别是在河床砂砾层中埋设时，宜选择在枯水期进行。尽量利用河道地形，采取上游筑堤、改道或拦河等方法。施工时除在岸边及没有地面径流地区采用直接开挖法外，一般施工方法均采取修筑围堰后大开挖或水下作业法两种。

修筑围堰后大开挖法施工与一般地面取水构筑物围堰相似，实践中大多采用当地的土料，并修筑在河床的砂砾层上，因此应特别注意围堰的渗漏问题。施工中应准备足够的排水设备。在砂砾层中开挖槽沟，一般应有较大的边坡，必要时安设支护，以免发生塌方和滑坡现象。

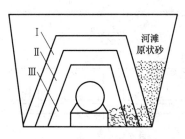

图 2.2-9 河滩下集水人工滤层

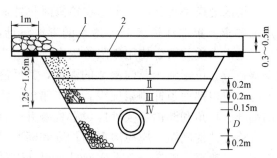

图 2.2-10 河床下集水人工滤层

1—防冲块石；2—$\phi5 \sim \phi10$mm 荆条编制的席垫；

Ⅰ—滤层第一层，滤料粒径 $d_p = 1.25 \sim 1.0$mm；

Ⅱ—滤层第二层，滤料粒径 $d_p = 1 \sim 4$mm；

Ⅲ—滤层第三层，滤料粒径 $d_p = 4 \sim 8$mm；

Ⅳ—滤层第四层，滤料粒径 $d_p = 8 \sim 22$mm；

D—集水管管径

水下作业法施工一般在河水较深、填筑围堰困难或不经济时采用。这种方法与水下埋管工程相似。但埋设渗渠时，必须保证一定的坡度，使水流能自流至吸水井中，再由水泵抽送出去。

（4）辐射井

辐射井是由集水井与水平辐射管组合而成的一种取水构筑物，如图 2.2-11。集水井似大口井，集水管管径<300mm，长度几十米。单体构筑物中，辐射井集水面积大、出水量最高。

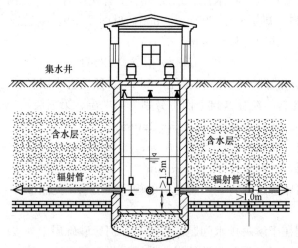

图 2.2-11 辐射井基本构造

辐射管的施工，应根据含水层的土类、辐射管的直径、长度、管材以及设备条件等进行综合比较，选用锤打法、顶管法、水射法、水射法与锤打法或顶管法的联合以及其他方法。

1）锤打法施工

采用锤打法埋设辐射管时，可用人工锤打或撞锤锤打等施工方法。

对于直径小于 75mm 的辐射管，通常采用人工锤打法。在辐射管锤打的一端安装上一个用厚 10mm 钢板制成的顶帽，另一端安装上钢制的锥帽，然后用 10kg 或更重的大锤接连不断地锤击顶帽，直至辐射管符合设计要求为止；对于直径大于 75mm 的辐射管，可采用撞锤打入法。

2）顶管法施工

顶管施工法一般适用于直径较大、长度较长的辐射管施工，通常采用千斤顶顶进法或射水掏链顶进法两种。

千斤顶顶进法主要是用 20～80t 液压或螺旋千斤顶配合喷水枪将辐射管顶入含水层；射水掏链顶进法则是以水压为 0.3～0.8MPa 的压力水冲孔，然后用掏链将辐射管顶入含水层。

3）机械水平钻进施工

含水层的地层比较坚硬时，可采用机械水平钻孔法施工。在大口井施工完毕后，强度达到设计要求，即可在井内安装水平钻机。

开动钻机时，同时开动水泵，使高压水从钻杆、钻头喷出，借以冲出钻进时产生的钻屑。随着钻进的不断进行，当钻机到达井壁附近时，即可停机回撤，然后接长钻杆，继续钻进。钻孔完成后，立即安装辐射管，以防井孔坍塌。如施工时井壁周围土层已被扰动，比较松散，水平钻进时无法成孔，可在钻进前先打入套管，然后再钻进施工。

2.2.3 地表水取水构筑物

地表水源主要有江河水、湖泊水、水库水和海水；相应的取水构筑物按照构造形式分为固定式、活动式和特种取水式。固定式地表水取水构筑物的种类较多，主要有岸边式、河床式、斗槽式。综合考虑取水河段的水深、水位及其变化幅度、岸坡、河床的形状、河水含沙量分布、冰冻与漂浮物、航运、取水量及安全度等因素确定江河水取水构筑物形式。

2.2.3.1 岸边式取水构筑物

岸边式取水构筑物是直接在岸边取水的构筑物。主要由进水间和泵房组成，见图 2.2-12。适于岸边地形陡峭、地质条件好，河流主流近岸，岸边水质好、水深足够，水位变幅不大时。岸边式取水构筑物形式、特点及适用条件见表 2.2-4。

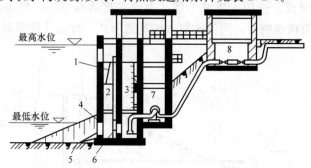

图 2.2-12 岸边式取水构筑物

1—进水间；2—进水室；3—吸水室；4—进水孔；5—格栅；

6—格网；7—泵房；8—阀门井

岸边式取水构筑物形式、特点和适用条件

表 2.2-4

形 式		特 点	适 用 条 件
合建式	合建式根据具体条件,一般有三种形式	(1)集水井与泵房合建设备布置紧凑,总建筑面积较小; (2)吸水管路短,运行安全,维护方便	(1)河岸坡度较陡,岸边水流较深,且地质条件好以及水位变幅和流速较大的河流; (2)取水量大和安全性要求较高的取水构筑物
	(1)底板呈阶梯布置	(1)集水井与泵房底板呈阶梯布置; (2)可减小泵房深度,减少投资; (3)水泵起动需采用抽真空方式,起动时间较长	具有岩石基础或其他较好的地质,可采用开挖施工
	(2)底板水平布置 (采用卧式泵)	(1)集水井与泵房布置在同一高程上; (2)水泵可设于低水位下,起动方便; (3)泵房较深,巡视检查不便,通风条件差	在地基条件较差,不宜作阶梯布置以及安全性要求较高、取水量较大的情况,可采用开挖或沉井法施工
	(3)底板水平布置 (采用立式泵)	(1)集水井与泵房布置在同一高程上; (2)电气设备可布置于最高水位以上,操作管理方便,通风条件好; (3)建筑面积小; (4)检修条件差	在地基条件较差,不宜作阶梯布置以及河道水位较低的情况下
分建式		(1)泵房可离开岸边,设于较好的地质条件下; (2)维护管理及运行安全性较差,一般吸水管布置不宜过长	(1)在河岸地质条件较差,不宜合建时; (2)建造合建式对河道断面及航道影响较大时; (3)水下施工有困难,施工装备力量较差时

2.2.3.2 河床式取水构筑物

河床式取水构筑物是到河心取水的一种构筑物,见图 2.2-13。主要由取水头部,进水管,集水间和泵房组成。适用于岸坡平缓,水流主流远离岸边,岸边水深不够,水质较差,或不宜岸边设置构筑物时。河床式取水构筑物形式、特点及适用条件见表 2.2-5。

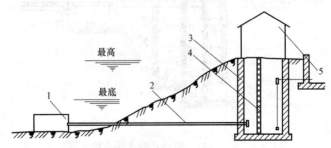

图 2.2-13 河床式取水构筑物

1—取水头部;2—进水管;3—集水井;4—格网;5—泵房

河床式取水构筑物形式、特点及适用条件 　　　　　　表 2.2-5

形 式	特 点	适 用 条 件
自流管取水	(1)集水井设于河岸上,可不受水流冲刷和冰凌碰击,亦不影响河床水流; (2)进水头部深入河床,检修和清洗方便; (3)在洪水期,河流底部泥沙较多,水质较差,于高浊度水河流的集水井,常沉积大量泥沙不易清除; (4)冬季保温,防冻条件比岸边好	(1)河床较稳定,河岸平坦,主流距河岸较远,河岸较浅; (2)岸边水质较差; (3)水中悬浮物较少
虹吸管取水	(1)减少水下施工工作量和自流管的大量挖方; (2)虹吸进水管的施工质量要求高,在运行管理上亦要求保持管内严密不漏气; (3)需装设一套真空管路系统,当虹吸管路较大时,起动时间长,运行不便	(1)在河流水位变化幅度较大,河滩宽阔,河岸又高,自流管埋深较深时; (2)枯水期时,主流离岸较远而水位较低; (3)受岸边地质条件限制,自流管需埋设在岩层时; (4)在防洪堤内建泵房又不可破坏防洪堤时
水泵吸水管直接取水	(1)不设集水井,施工简单,造价低; (2)要求施工质量高,不允许吸水管漏气; (3)在河流泥沙颗粒径较大时,易受堵塞,且水泵叶轮磨损较快; (4)吸水管不宜过长; (5)利用水泵吸高,可减小	(1)水泵允许吸高较大,河流漂浮物较少。水位变幅不大; (2)取水量小
桥墩式取水	(1)取水构筑物建在河心,需较长引桥,由于减少了水流断面,使构筑物附近造成冲刷,故基础埋置较深; (2)施工复杂,造价较高,维护管理不便; (3)影响航运	(1)取水量较大,岸坡较缓,不宜建岸边取水时; (2)河道内含沙量较高,水位变幅不大; (3)河床地质条件较好
淹没式泵房取水	(1)集水井、泵房位于常年洪水位以下,洪水期处于淹没状态; (2)泵房深度浅,土建投资较省; (3)建筑物隐蔽好; (4)泵房通风条件差,噪声大,操作管理及设备检修运输不方便; (5)洪水期格栅难以起吊,冲洗	(1)河岸地基较稳定; (2)水位变幅大,但洪水期时间较短,长时间为平枯水期水位的河流; (3)含沙量较少的河流
湿式泵房取水	(1)泵房下部为集水井,上部(洪水位以上)为电动机操作室,运行管理方便; (2)采用深井泵可减少泵房面积水泵检修麻烦,井筒淤沙难以清除; (3)在河水含沙量和沙粒粒径较大时,需采用防沙深井泵或采取相应措施(如用斜板取水头部)	水位变幅大(大于 10m)。尤其是骤长骤落(每小时水位变幅大于 2m),水流流速较大

(1) 设计计算依据

设计取水量为最高日用水量加水厂自用水量。河流取水断面的最高水位 $P=1\%$,最低水位 $P=90\%\sim97\%$。水位变化速度。取水断面的河岸、河床断面图,河床质组成。取水断面的泥沙,漂浮物的分布,冰冻情况等。

(2) 设计计算方法与内容

1) 取水头部设计

选定取水头部形式和外形。取水头部形式选择见表 2.2-6,外形选择见表 2.2-7。

固定式取水头部及适用条件 表 2.2-6

形 式	特点及设计要求	适 用 条 件
喇叭管取水头部	(1)构造简单; (2)造价较低; (3)施工方便; (4)喇叭口上应设置格栅或其他拦截粗大漂浮物的措施; (5)格栅的进水流速一般不宜过大,必要时还应考虑有反冲或清洗措施	(1)顺水流式:一般用于泥沙或漂浮物较多的河流; (2)水平式:一般用于纵坡较小的河段; (3)垂直式(喇叭口向上):一般用于河床较陡、河水较深处,无冰凌、漂浮物较少,而又较多推移质的河流; (4)垂直式(喇叭口向下):一般用于直吸式取水泵房
蘑菇取水头部	(1)头部高度较大,要求在枯水期仍有一定水深; (2)进水方向系自帽盖底下曲折流入,一般泥沙和漂浮物带入较少; (3)帽盖可作成装配式,便于拆卸检修; (4)施工安装较困难	适用于中小型取水构筑物
鱼形罩及鱼鳞式取水头部	(1)鱼形罩为圆孔进水,鱼鳞罩为条缝进水; (2)外形圆滑,水流阻力小,防漂浮物、草类效果较好	适用于水泵直接吸水式的中小型取水构筑物
箱式取水头部	钢筋混凝土箱体可采用预制构件,根据施工条件作为整体浮运或分成几部分在水下拼接	适用于水深较浅,含沙量较少,以及冬季潜冰较多的河流,且取水量较大时
岸边隧洞式喇叭口形取水头部	(1)倾斜喇叭口形的自流管管口做成与河岸相一致,进水部分采用插板式格栅; (2)根据岸坡基岩情况,自流管可采用隧洞掘进施工,最后再将取水口部分岩石进行爆破通水; (3)可减少水下工作量,施工方便,节省投资	适用于取水量大,取水河段主流近岸,岸坡较陡、地质条件较好时
桩架式取水头部	(1)可用木桩和钢筋混凝土桩,打入河底桩的深度视河床地质和冲刷条件决定; (2)框架周围宜加以防护,防止漂浮物进入; (3)大型取水头部一般水平安装,可向下弯	适用于河床地质宜打桩和水位变化不大时

取水头部外形 表 2.2-7

平面外形		要 点
长圆形	常用	$\frac{L}{D}$ 宜取 2.5~4.0,水力条件稍差,但施工条件、设备布置和安装方便
棱形		α 宜取 60°~90°,水力条件较好,施工条件、设备布置和安装方便
矩形		$\frac{L}{B}$ 宜取 2.5~4.0,水力条件差,但施工条件、设备布置和安装方便
方形		水力条件差,施工较方便
圆形		施工方便,适用于主流多变
尖圆形		水力条件好,适用于冰势较强,冰层厚度小于 0.75m 的河流。 外形尺寸要求:上游尖端角在岩石层时采用 90°~100°;在土质层时采用 70°~80°,其直线交角的圆弧半径不小于 0.5m;下游端作成半圆形
多边形		用于水库、湖泊取水
流线形		水力条件好,但施工不便
卵形		水力条件较好,可减少漂浮物挂堵,但施工不便
水滴形		水力条件较好,但施工和设备布置安装不便,α 宜取 20°

2）进水孔设计

① 进水孔布置。当河水含沙量大，且竖向分布不均匀，应顶部开孔；当有漂浮物或流冰应侧面开孔；当泥沙和漂浮物较少时应在背水面开孔；不宜在迎水面开孔。

② 进水孔高程。确定进水孔在最低水位下的淹没深度和进水孔下缘距河床的高度。

③ 进水孔、格栅面积计算。

$$F_0 = \frac{Q}{k_1 \cdot k_2 \cdot v_0} \tag{2.2-3}$$

式中　F_0——进水孔、格栅面积，m^2；

　　　Q——进水孔设计流量，m^3/s；

　　　v_0——进水孔设计流速，m/s，有冰絮时 $0.1 \sim 0.3 m/s$；无冰絮时 $0.2 \sim 0.6 m/s$。当取水量小，河水流速较小，泥沙漂浮物较多时取下限。反之取上限；

　　　k_1——栅条引起的过水断面面积减少系数，$k_1 = \dfrac{b}{b+s}$，b 为栅条净距；s 为栅条厚度（或直径）；

　　　k_2——格栅堵塞系数，$k_2 = 0.75$。

④ 确定取水头部构造尺寸

3）进水管设计

① 确定进水管形式。进水管有自流管和虹吸管两种。自流管取水可靠性较高，敷设管道土石方和水下施工量大。虹吸管取水头部可靠性不如自流管，敷设管道土石方和水下施工量小，可减少集水间深度。

② 进水管水力计算。计算确定管径及水头损失，按水力学简单管路水头损失计算方法计算。

③ 进水管校核计算。计算 70%设计取水量通过一根进水管时的水头损失。

④ 确定进水管安装高程。

4）集水间设计

① 确定集水间形式。集水间有淹没式和非淹没式，集水间也有合建式和分建式之分。

② 格网面积计算。

Ⅰ 平板格网

$$F_1 = \frac{Q}{k_1 \cdot k_2 \cdot \varepsilon \cdot v_1} \tag{2.2-4}$$

式中　F_1——平板格网面积，m^2；

　　　Q——通过格网的流量，m^3/s；

　　　v_1——通过格网的流速，m/s，一般取 $0.2 \sim 0.4 m/s$；

　　　k_1——网丝引起的面积减少系数，$k_1 = \dfrac{b^2}{(b+d)^2}$，$b$ 为网眼尺寸（mm），d 为网丝直径，mm；

　　　k_2——网格堵塞面积减少系数，一般采用 0.5；

　　　ε——水流收缩系数，一般采用 $0.64 \sim 0.8$。

Ⅱ 旋转格网

$$F_2 = \frac{Q}{k_1 \cdot k_2 \cdot k_3 \cdot \varepsilon \cdot v_2} \tag{2.2-5}$$

式中　F_2——旋转格网面积，m^2；

　　　Q——通过格网的流量，m^3/s；

　　　v_2——通过格网的流速，m/s，一般取 $0.7\sim1.0$m/s；

　　　k_2——网格堵塞面积减少系数，一般采用 0.75；

　　　k_3——由于框架引起的面积减小系数，可采取 0.75；

其余符号同式（2.2-4）。

③ 确定集水间平面尺寸，确定进、吸水室宽度和隔墙间距。

④ 集水间标高计算。计算集水间最低水位，底部，顶面标高。

⑤ 格网起吊设备计算。

$$P = (G + p \cdot F \cdot f)k \tag{2.2-6}$$

式中　P——起重量，10^3kg；

　　　G——格网重量，kg；

　　　p——格网前后水位差产生的压力，kPa；

　　　F——每个格网的面积：

　　　f——格网与导槽之间的摩擦系数，取 0.44；

　　　k——安全系数，取 1.5。

⑥ 起吊架标高计算，根据集水间顶面标高和格网高度和起吊设备最小高度计算。

⑦ 冲洗、排泥等设备选配。

2.2.3.3　斗槽式取水构筑物

在岸边式或河床式取水构筑物之前设置"斗槽"进水的固定式取水构筑物称为斗槽式取水构筑物。斗槽式取水构筑物形式、特点和适用条件见表 2.2-8。

斗槽式取水构筑物形式、特点和适用条件　　　　　　　　表 2.2-8

形式	特　点	适用条件
顺流式斗槽	(1) 斗槽中水流方向与河流流向一致； (2) 由于斗槽中流速小于河水的流速，当河水正向流入斗槽时，其动能迅速转化为位能，在斗槽进口处形成壅水与横向环流； (3) 由于大量的表层水流进入斗槽，流速较小，大部分悬浮质泥沙下沉；河底推移质泥沙能随底层水流出斗槽，故进入斗槽泥沙较少，潜冰较多	冰凌情况不严重，含沙量较高的河流
逆流式斗槽	(1) 斗槽中水流方向与河流流向相反； (2) 水流顺着堤坝流过时，由于水流的惯性，在斗槽进口处产生抽吸作用，使斗槽进口处水位低于河流水位； (3) 由于大量的底层水流进斗槽，故能防止漂浮物及冰凌进入槽内，并能使进入斗槽中的泥沙下沉，潜冰上浮，故泥沙较少，潜冰较少	冰凌情况严重，含沙量较少的河流
侧坝进水逆流式斗槽	(1) 在斗槽渠道的进口端建两个斜向的堤坝，伸向河心； (2) 斜向外侧堤坝能被洪水淹没，斜向内侧堤坝不能被洪水淹没； (3) 在洪水时，洪水流过外侧堤坝，在斗槽内产生顺时针方向的环流，将淤积于斗槽内的泥沙带出槽外，另一部分河水顺着斗槽流向取水构筑物	含沙量较高的河流

续表

形　式	特　　　点	适 用 条 件
双向进水斗槽	(1)具有顺流式和逆流式斗槽的特点; (2)当夏秋汛期河水含沙量大时,可利用顺流式斗槽进水,当冬春冰凌严重时,可利用逆流式斗槽进水	冰凌情况严重,同时含沙量亦较高的河流

2.2.3.4 移动式取水构筑物

移动式取水构筑物适用于水源水位变幅大,供水要求急,取水量不大时。主要包括浮船式取水构筑物和缆车式取水构筑物。移动式取水构筑物形式、特点和适用条件见表2.2-9。

移动式取水构筑物形式、特点和适用条件　　　　　　　　表2.2-9

形　式	特　　　点	适 用 条 件
缆车式取水	(1)施工较固定式简单,水下工程量小,施工期短; (2)投资小于固定式,但大于浮船式; (3)比浮船式稳定,能适应较大风浪; (4)生产管理人员较固定式多,移动困难,安全性差; (5)只能取岸边表层水,水质较差; (6)泵车内面积和空间较小,工作条件差	(1)河水水位涨落幅度较大(在10~35m之间),涨落速度不大于2m/h; (2)河床比较稳定,河岸工程地质条件较好,且岸坡有适宜的倾角(一般在10°~28°之间); (3)河流漂浮物较少,无冰凌,不易受漂木、浮筏、船只撞击; (4)河段顺直,靠近主流; (5)由于牵引设备的限制,泵车不宜过大,故取水量较小
浮船式取水	(1)工程用材少,投资小,无复杂水下工程,施工简便,上马快; (2)船体构造简单; (3)在河流水文和河床易变化的情况下,有较强的适应性; (4)水位涨落变化较大时,除摇臂式接头形式外,需要更换接头,移动船位,管理比较复杂,有短时停水的缺点; (5)船体维修养护频繁,怕冲撞,对风浪适应性差,供水安全性差	(1)河流水位变化幅度在10~35m或更大范围,水位变化速度不大于2m/h,枯水期水深大于1m,且流水平稳,风浪较小,停泊条件良好的河段; (2)河床较稳定,岸边有较适宜的倾角,当联络管采用阶梯式街头时,岸坡角度以20°~30°为宜;当联络管采用摇臂式接头时,岸坡角度可达60°或更陡些; (3)无冰凌,漂浮物少的河流。没有浮筏,船只和漂木等撞击的可能

2.2.3.5 山区河流取水构筑物

山区河流的特点是水位流量变化幅度大,水位猛涨猛落,洪水持续时间不长;水质变化大,枯水期水清,洪水期浊度高,沙多,漂浮物多;河床质坚硬;北方潜冰期长。

山区河流取水方式特点是取水量占枯水期流量的比例大(70%~90%);枯水期水浅,需修低坝抬高水位或底部进水;洪水期底沙多,颗粒大。

山区河流可以采用底栏栅式取水构筑物或低坝式取水构筑物,具体见表2.2-10、表2.2-11。当河床透水性良好的砂砾层,含水层较厚,水量丰富时,可用大口井或渗渠。

底栏栅式取水构筑物形式、特点和适用条件　　　　　　　　表2.2-10

形　式	特　　　点	适 用 条 件
底栏栅式取水	(1)利用带栏栅的引水廊道垂直于河流取水 (2)常发生坝前泥沙淤积,格栅堵塞	(1)适用于河床较窄,水深较浅,河底纵向坡较大,大颗粒推移质特别多的山溪河流 (2)要求截取河床上径流水及河床下潜流水之全部或大部分的流量

低坝式取水构筑物形式、特点和适用条件 表 2.2-11

形　式		特　点	适　用　条　件
固定低坝式		(1)在河水中作垂直于河床的固定式低坝,以提高水位,在坝上游岸边设置进水闸或取水泵房; (2)常发生坝前泥沙淤积	适用于枯水期流量特别小,水浅,不通航,不放筏,且推移质不多的小型山溪河流
活动低坝式	水力自动翻板闸低坝式取水	(1)利用水力自动启闭的活动阀门,洪水时能自动而迅速地开启,泄洪排沙,水退时有能迅速自动关闭,抬高水位满足取水需要; (2)大大减少了坝前泥沙淤积,取水安全可靠	适用于枯水期流量特别小,水浅,不通航,不放筏的小型山溪河流
	橡胶低坝	(1)利用柔性薄壁材料做成的橡胶坝改变挡水高度,充水(气)可挡水,以提高水位,满足取水要求,排水(气)可泄洪; (2)坝体可预先加工,重量轻,施工安装简便,可大大缩短工期,节省劳动力; (3)可节省大量建筑材料及投资; (4)止水效果好,抗震性能好; (5)坚固性及耐久性差,且易受机械损伤,破裂后水下粘补技术尚未解决,检修困难	适用于枯水期流量特别小,水浅,不通航,不放筏,且推移质较少的小型山溪河流

3 城市给水处理工程

3.1 给水水质标准

水质标准是用水对象（包括饮用水和工业用水等）所要求的各项水质参数应达到的指标和限值。不同用水对象要求的水质标准不同。随着科学技术的进步和水源污染日益严重，水质标准也是在不断修改、补充之中。

（1）生活饮用水卫生标准

生活饮用水水质与人类健康和生活使用直接相关，世界各国对饮用水水质标准极为重视。20 世纪初，饮用水水质标准主要包括水的外观和预防传染病的项目；以后开始重视重金属离子的危害；20 世纪 80 年代则侧重于有机污染物的防治。我国自 1956 年颁发《生活饮用水卫生标准（试行）》直至 1986 年实施的《生活饮用水卫生标准》GB 5749—85 的 30 年间，共进行了 4 次修订。2006 年对《生活饮用水卫生标准》GB 5749—85 第一次修订，《生活饮用水卫生标准》GB 5749—2006 于 2007 年 7 月 1 日实施。

生活饮用水水质应符合下列基本要求：保证用户饮水安全；生活饮用水的感官性状良好，生活饮用水中不应含有病原微生物；生活饮用水中化学物质、放射性物质不应危害人体健康；生活饮用水应经消毒处理。生活饮用水水质应符合表 3.1-1 和表 3.1-2 要求。集中式供水出厂水中消毒剂限值、出厂水和管网末梢水中消毒剂余量均应符合表 3.1-3 的要求。村镇集中式供水和分散式供水的水质因条件限制，部分指标可暂按照表 3.1-4 执行；其余指标仍按表 3.1-1、表 3.1-2 和表 3.1-3 执行。当发生影响水质的突发性公共事件时，经市级以上人民政府批准，感官性状和一般化学指标可适当放宽。其中常规指标是能反映生活饮用水水质基本状况的水质指标。非常规指标是根据地区、时间或特殊情况需要的生活饮用水水质指标。

水质常规指标及限值

表 3.1-1

指　标	限　值
1. 微生物指标[①]	
总大肠菌群（MPN/100mL 或 CFU/100mL）	不得检出
耐热大肠菌群（MPN/100mL 或 CFU/100mL）	不得检出
大肠埃希氏菌（MPN/100mL 或 CFU/100mL）	不得检出
菌落总数（CFU/mL）	100
2. 毒理指标	
砷（mg/L）	0.01
镉（mg/L）	0.005

续表

指　　　标	限　　　值
铬(六价,mg/L)	0.05
铅(mg/L)	0.01
汞(mg/L)	0.001
硒(mg/L)	0.01
氰化物(mg/L)	0.05
氟化物(mg/L)	1.0
硝酸盐(以 N 计,mg/L)	10,地下水源限制时为 20
三氯甲烷(mg/L)	0.06
四氯化碳(mg/L)	0.002
溴酸盐(使用臭氧时,mg/L)	0.01
甲醛(使用臭氧时,mg/L)	0.9
亚氯酸盐(使用二氧化氯消毒时,mg/L)	0.7
氯酸盐(使用复合二氧化氯消毒时,mg/L)	0.7
3. 感官性状和一般化学指标	
色度(铂钴色度单位)	15
浑浊度(NTU-散射浊度单位)	1,水源与净水技术条件限制时为 3
臭和味	无异臭、异味
肉眼可见物	无
pH (pH 单位)	不小于 6.5 且不大于 8.5
铝(mg/L)	0.2
铁(mg/L)	0.3
锰(mg/L)	0.1
铜(mg/L)	1.0
锌(mg/L)	1.0
氯化物(mg/L)	250
硫酸盐(mg/L)	250
溶解性总固体(mg/L)	1000
总硬度(以 CaCO$_3$ 计,mg/L)	450
耗氧量(COD$_{Mn}$法,以 O$_2$ 计,mg/L)	3;水源限制,原水耗氧量＞6mg/L 时为 5
挥发酚类(以苯酚计,mg/L)	0.002
阴离子合成洗涤剂(mg/L)	0.3
4. 放射性指标[②]	指导值
总 α 放射性(Bq/L)	0.5
总 β 放射性(Bq/L)	1

① MPN 表示最可能数;CFU 表示菌落形成单位。当水样检出总大肠菌群时,应进一步检验大肠埃希氏菌或耐热大肠菌群;水样未检出总大肠菌群,不必检验大肠埃希氏菌或耐热大肠菌群。

② 放射性指标超过指导值,应进行核素分析和评价,判定能否饮用。

水质非常规指标及限值 表 3.1-2

指 标	限 值
1. 微生物指标	
贾第鞭毛虫(个/10L)	<1
隐孢子虫(个/10L)	<1
2. 毒理指标	
锑(mg/L)	0.005
钡(mg/L)	0.7
铍(mg/L)	0.002
硼(mg/L)	0.5
钼(mg/L)	0.07
镍(mg/L)	0.02
银(mg/L)	0.05
铊(mg/L)	0.0001
氯化氰(以 CN^- 计,mg/L)	0.07
一氯二溴甲烷(mg/L)	0.1
二氯一溴甲烷(mg/L)	0.06
二氯乙酸(mg/L)	0.05
1,2-二氯乙烷(mg/L)	0.03
二氯甲烷(mg/L)	0.02
三卤甲烷(三氯甲烷、一氯二溴甲烷、二氯一溴甲烷、三溴甲烷的总和)	该类化合物中各种化合物的实测浓度与其各自限值的比值之和不超过 1
1,1,1-三氯乙烷(mg/L)	2
三氯乙酸(mg/L)	0.1
三氯乙醛(mg/L)	0.01
2,4,6-三氯酚(mg/L)	0.2
三溴甲烷(mg/L)	0.1
七氯(mg/L)	0.0004
马拉硫磷(mg/L)	0.25
五氯酚(mg/L)	0.009
六六六(总量,mg/L)	0.005
六氯苯(mg/L)	0.001
乐果(mg/L)	0.08
对硫磷(mg/L)	0.003
灭草松(mg/L)	0.3
甲基对硫磷(mg/L)	0.02
百菌清(mg/L)	0.01
呋喃丹(mg/L)	0.007
林丹(mg/L)	0.002

续表

指 标	限 值
毒死蜱(mg/L)	0.03
草甘膦(mg/L)	0.7
敌敌畏(mg/L)	0.001
莠去津(mg/L)	0.002
溴氰菊酯(mg/L)	0.02
2,4-滴(mg/L)	0.03
滴滴涕(mg/L)	0.001
乙苯(mg/L)	0.3
二甲苯(mg/L)	0.5
1,1-二氯乙烯(mg/L)	0.03
1,2-二氯乙烯(mg/L)	0.05
1,2-二氯苯(mg/L)	1
1,4-二氯苯(mg/L)	0.3
三氯乙烯(mg/L)	0.07
三氯苯(总量,mg/L)	0.02
六氯丁二烯(mg/L)	0.0006
丙烯酰胺(mg/L)	0.0005
四氯乙烯(mg/L)	0.04
甲苯(mg/L)	0.7
邻苯二甲酸二(2-乙基己基)酯(mg/L)	0.008
环氧氯丙烷(mg/L)	0.0004
苯(mg/L)	0.01
苯乙烯(mg/L)	0.02
苯并(a)芘(mg/L)	0.00001
氯乙烯(mg/L)	0.005
氯苯(mg/L)	0.3
微囊藻毒素-LR(mg/L)	0.001
3. 感官性状和一般化学指标	
氨氮(以 N 计,mg/L)	0.5
硫化物(mg/L)	0.02
钠(mg/L)	200

饮用水中消毒剂常规指标及要求 表 3.1-3

消毒剂名称	与水接触时间	出厂水中限值	出厂水中余量	管网末梢水中余量
氯气及游离氯制剂(游离氯,mg/L)	至少 30min	4	≥0.3	≥0.05
一氯胺(总氯,mg/L)	至少 120min	3	≥0.5	≥0.05
臭氧(O₃,mg/L)	至少 12min	0.3		0.02 如加氯,总氯≥0.05
二氧化氯(ClO₂,mg/L)	至少 30min	0.8	≥0.1	≥0.02

农村小型集中式供水和分散式供水部分水质指标及限值　　　表 3.1-4

指　　标	限　　值
1. 微生物指标	
菌落总数(CFU/mL)	500
2. 毒理指标	
砷(mg/L)	0.05
氟化物(mg/L)	1.2
硝酸盐(以 N 计,mg/L)	20
3. 感官性状和一般化学指标	
色度(铂钴色度单位)	20
浑浊度(NTU-散射浊度单位)	3 水源与净水技术条件限制时为 5
pH	不小于 6.5 且不大于 9.5
溶解性总固体(mg/L)	1500
总硬度 (以 CaCO₃ 计,mg/L)	550
耗氧量(COD$_{Mn}$法,以 O₂ 计,mg/L)	5
铁(mg/L)	0.5
锰(mg/L)	0.3
氯化物(mg/L)	300
硫酸盐(mg/L)	300

（2）企业用水水质标准

不同类型的企业，水质要求也各不相同，所要求的用水水质标准也就不同。一般工艺用水的水质要求高，不仅要求去除水中悬浮杂质和胶体杂质，而且需要不同程度地去除水中的溶解杂质。食品、酿造及饮料工业的原料用水，水质要求应当高于生活饮用水的要求。纺织、造纸工业用水，要求水质清澈，且对易于在产品上产生斑点从而影响印染质量或漂白度的杂质含量，加以严格限制。如铁和锰会使织物或纸张产生锈斑，水的硬度过高会使织物或纸张产生钙斑。在电子工业中，零件的清洗及药液的配制等都需要纯水。特别是半导体器件及大规模集成电路的生产，几乎每道主序均需"高纯水"进行清洗。

对锅炉补给水水质的基本要求是：凡能导致锅炉、给水系统及其他热力设备腐蚀、结垢及引起汽水共腾现象的各种杂质，都应大部或全部去除。锅炉压力和构造不同，水质要求也不同。锅炉压力愈高，水质要求也愈高。当水的硬度符合要求时，即可避免水垢的产生。此外，许多工业部门在生产过程中都需要大量冷却水，用以冷凝蒸汽以及工艺流体或设备降温。冷却水首先要求水温低，同时对水质也有要求，如水中存在悬浮物、藻类及微生物等，会堵塞管道和设备。因此，在循环冷却系统中，应控制在管道和设备中由于水质所引起的结垢、腐蚀和微生物繁殖。

企业用水种类繁多，各种企业用水对水质的要求由有关工业部门制定。

3.2 给水处理方法

从水源取得而未经过处理的水中不同程度地含有各种各样的杂质。杂质按尺寸大小可分成悬浮物、胶体和溶解物。

给水处理的任务是通过必要的处理方法去除水中杂质，使处理后的水质符合生活饮用或工业使用要求。水处理方法应根据水源水质和用水对象对水质的要求确定。在给水处理中，为了达到某一种处理目的，往往几种方法结合使用。

3.2.1 常规水处理方法

"混凝—沉淀—过滤—消毒"为生活饮用水的常规处理工艺，"混凝—沉淀—过滤"通常称为澄清工艺。以地表水为水源的水厂主要采用这种工艺流程，处理对象主要是水中悬浮物和胶体杂质。原水加药后，经混凝使水中悬浮物和胶体形成絮体，而后通过沉淀池进行重力分离，然后利用粒状滤料过滤截留水中杂质，用以进一步降低水的浑浊度。完善而有效的混凝、沉淀和过滤，不仅能有效地降低水的浊度，对水中某些有机物、细菌及病毒等的去除也是有一定的效果。消毒是灭活水中的致病微生物，通常在过滤以后进行。主要消毒方法是在水中投加消毒剂。当前我国采用的消毒剂是氯、二氧化氯、次氯酸钠、臭氧、漂白粉等。消毒工艺是保证饮用水安全的一道有力屏障。

1. 混凝

混凝处理是向水中加入混凝剂，通过混凝剂的水解或缩聚反应而形成的高聚物的强烈吸附与架桥作用，是胶粒被吸附粘结或者通过混凝剂的水解产物来压缩胶体颗粒的扩散层，达到胶粒脱稳而相互聚结的目的。混凝过程包括凝聚和絮凝两个阶段。混凝工艺与沉淀设备相结合可以去除原水中的悬浮物和胶体，减低出水的浊度、色度；能去除水中的微生物，污水中的磷、重金属等有机和无机污染物；可以改善水质，有利于后续处理。

混凝的工艺流程为：

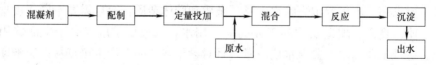

（1）混凝剂配制、投加

1）常用混凝剂

常用的混凝剂有铁盐混凝剂（硫酸亚铁 $FeSO_4 \cdot 7H_2O$、三氯化铁 $FeCl_3 \cdot 6H_2O$）、铝盐混凝剂（硫酸铝 $Al_2(SO_4)_3 \cdot 18H_2O$、明矾 $Al_2(SO_4)_3 \cdot K_2SO_4 \cdot 12H_2O$、碱式氯化铝 PAC）、合成高分子絮凝剂（聚丙烯酰胺 PAM）等。

2）混凝剂的配制

混凝剂的配制方法可以分为干式和湿式，配制方法可以采用水力搅拌、机械搅拌、压缩空气搅拌和机械粉碎。混凝剂溶液的配置在溶解池和溶液池中完成，混凝剂在溶解池中溶解，在溶液池中调配浓度。

3）混凝剂的投加

混凝剂可以采用干投或湿投的方法。

干式投加设备占地小，无腐蚀问题，药剂较新鲜。但是，药剂与水不宜混合均匀，劳动条件较差，不适用于吸湿性混凝剂。

湿式投加分为重力投加和压力投加。适用于各种混凝剂，药剂容易与水混合均匀，投加量容易调节，运行方便。但是，设备较复杂，容易受到腐蚀。

4）加药间及药库

加药间及药库的设计要求：加药间尽量设置在投药点的附近；加药间和药剂仓库可根据具体情况设置机械搬运设备；加药管可以采用塑料管、不锈钢管或橡皮管，溶药用的给水管选用镀锌钢管，排渣管采用塑料管；加药间要有室内冲洗设施，室内地面要有5‰的坡度坡向集水坑；加药间要通风良好，冬季有保温措施；加药间与仓库连在一起，仓库储量按最大投加量期间的1～3个月的用量计算。

（2）混合

原水中投加混凝剂后，需在短时间内将药剂充分、均匀地扩散于水体中，这一过程称为混合。

混合的方式主要有：管式混合、水力混合、机械搅拌混合以及水泵混合等。各种混合方式的特点及应用见表3.2-1。

各种混合方式的特点及应用 表 3.2-1

混合方式		特点	适用条件
管式混合	管式静态混合器	混合效果好，安装容易，维修工作量少； 水头损失较大，流量过小时效果下降	适于流量变化较小的水厂
	孔板式混合器	孔板混合器操作简单； 混合效果不稳定，管中流速低时，混合不充分	适于流量变化较小的水厂
	扩散混合器	孔板混合器前加一个锥形帽	适于流量变化较小的水厂
水力混合		设备简单，混合效果较好； 难以适应水量、水温的变化； 占地面积大，水头损失较大	适于大中型水厂
机械搅拌混合		机械混合可以在要求的混合时间内达到需要的搅拌强度，满足混合要求； 机械混合水头损失小； 可以适应水量、水温、水质等的变化，混合效果较好； 维护管理较复杂，消耗动能	适于各种规模的水厂
水泵混合		混合效果好，设备简单，节省动力； 管理较复杂，管道距离过长时不宜使用	适于各种规模的水厂

1）管式静态混合器

管式静态混合器是在管道内设置若干固定叶片，并按照一定角度交叉组成。水流通过混合器时形成对分流，同时产生涡旋反向旋转及交叉流动，达到混合效果。混合器内采用1～4个混合单元。其构造见图3.2-1。

2）孔板混合器

水泵压水管内设有孔板，将药剂直接投入其中，借助管中流速进行混合。

混合器内的局部水头损失不小于0.3～0.4m。管内的流速不小于1m/s。投药点至末端出口处距离不小于50倍管道直径。其构造见图3.2-2。

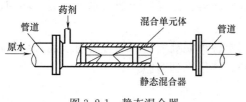

图 3.2-1　静态混合器

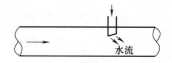

图 3.2-2　孔板混合器

3）扩散混合器

扩散混合器是在管式孔板混合器前加装一个锥形帽，锥形帽夹角为 90°。孔板的开孔面积为进水管截面积的 3/4。混合器管节长度≥500mm。孔板的流速采用 1.0～2.0m/s。水流通过混合器的水头损失为 0.3～0.4m。混合时间为 2～3s。其构造见图 3.2-3。

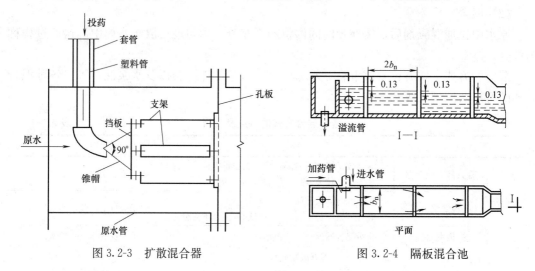

图 3.2-3　扩散混合器

图 3.2-4　隔板混合池

4）隔板混合池

隔板混合是利用水流的曲折行进所产生的湍流进行混合。其构造见图 3.2-4。

隔板混合池一般为设有三块隔板的窄长型水槽，两道隔板间间距为槽宽的 2 倍。最后一道隔板后的槽中水深不小于 0.4～0.5m，该处槽中流速为 0.6m/s。缝隙处的流速 v 为 1m/s。每个缝隙处的水头损失为 $0.13v^2$，一般总水头损失为 0.39m。为了避免进入空气，缝隙必须具有 100～150mm 的淹没水深。

5）来回隔板混合池

来回隔板混合池适用于水量大于 30000m³/d 的水厂。其构造见图 3.2-5。隔板数为 6～7 块，间距不小于 0.7m，停留时间为 1.5min。水在隔板间流速 v 为 0.9m/s。总水头损失为 $0.15v^2s$（s 为转弯次数）。

6）涡流式混合池

涡流式混合池平面为正方形或圆形，与之对应的下部为倒金字塔形或圆锥形，中心角为 30°～45°。其构造见图 3.2-6。

进口处上升流速为 1.0～1.5m/s，混合池上口处流速为 25mm/s。停留时间不大于 2min，一般可用 1.0～1.5min。

涡流式混合池适用于中小型水厂，特别适合于石灰乳的混合。单池处理能力不大于

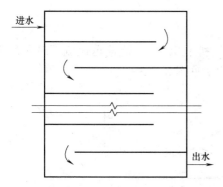

图 3.2-5 来回隔板混合池

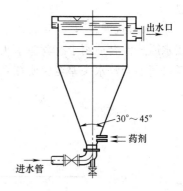

图 3.2-6 涡流式混合池

$1200\sim1500\text{m}^3/\text{h}$。

7）穿孔混合池

穿孔混合池一般为设有 3 块隔板的矩形水池，隔板上有较多的孔眼，以形成涡流。其构造见图 3.2-7。

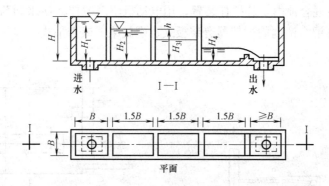

图 3.2-7 穿孔混合池图

最后一道隔板后的槽中水深不小于 $0.4\sim0.5\text{m}$，该槽中水流速度为 0.6m/s。两道隔板间间距等于槽宽。

为了避免进入空气，孔眼必须具有 $100\sim150\text{mm}$ 的淹没水深。孔眼的直径 $d=20\sim120\text{mm}$，孔眼间间距为 $(1.5\sim2.0)d$，流速为 1.0m/s。

穿孔混合池适用于 $1000\text{m}^3/\text{h}$ 以下的水厂，不适用于石灰乳或其他有较大渣子的药剂混合，以免孔口被堵塞。

8）跌水混合

跌水混合是利用水流在跌水过程中产生的巨大冲击达到混合的效果。

其构造为在混合池的输水管上加装一活动套管，混合的最佳效果可以由调节活动套管的高低来达到。见图 3.2-8。

套管内外水位差至少 $0.3\sim0.4\text{m}$，最大不

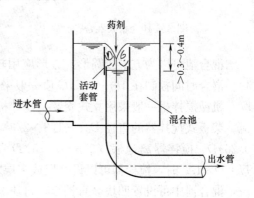

图 3.2-8 跌水混合

超过1m。

9）水跃式混合

水跃式混合适用于有较多水头的大中型水厂，利用 3m/s 的流速迅速流下时所产生的水跃进行混合。水头差至少要在 0.5m 以上。其构造见图 3.2-9。

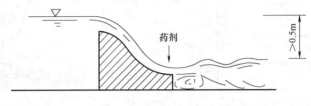

图 3.2-9　水跃式混合

10）水泵混合

水泵混合是将药剂投加在取水泵吸水管或吸水喇叭口处，利用水泵叶轮产生的涡流达到混合的一种方式。其构造见图 3.2-10。水泵混合近几年已经逐渐较少采用。

11）机械混合

机械混合是在混合池内安装搅拌装置，用电动机驱动搅拌器使水和药剂混合。其构造见图 3.2-11。机械混合池内的搅拌器有桨板式、螺旋桨式或透平式。

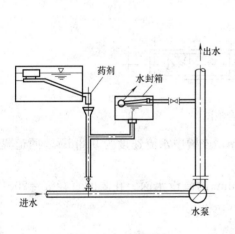

图 3.2-10　水泵混合

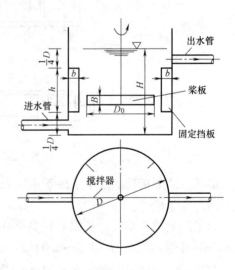

图 3.2-11　机械混合池

混合池可以为方形或圆形，方形应用较多。混合池池深与池宽之比为（1:3）～（1:4）。混合时间控制在 10～60s。G 值一般采用 500～1000s^{-1}。混合池可采用单格或多格串联。机械搅拌机一般采用立式安装，搅拌机轴中心适当偏离混合池的中心，可减少共同旋流。桨板式搅拌器的直径 $D_0 = (1/3 \sim 2/3) D$（D 为混合池直径）；搅拌器宽度 $B = (0.1 \sim 0.25)D$。搅拌器离池底（0.5～0.75）D。当 $H:D \leq 1.2 \sim 1.3$ 时，搅拌器设 1 层；当 $H:D \geq 1.3$ 时，搅拌器可以设 2 层或多层，每层间距（1.0～1.5）D。为避免产生共同旋流，混合池中可设置四块竖直挡板，每块宽度 b 采用（1/10～1/12）D。其上、下缘离水面和池底均为（1/4）D。

2. 絮凝

絮凝过程就是在外力作用下，具有絮凝性能的微絮粒相互接触碰撞，从而形成更大的稳定的絮粒，以适应沉降分离的要求。为了达到完善的絮凝效果，在絮凝过程中要给水流适当的能量，增加颗粒碰撞的机会，并且不使已经形成的絮粒破坏。絮凝过程需要足够的反应时间。在水处理构筑物中絮凝池是完成絮凝过程的设备，它接在混合池后面，是混凝过程的最终设备。通常与沉淀池合建。

絮凝池的形式近年来有很多，大致可以按照能量的输入方式不同分为水力絮凝和机械搅拌絮凝两类。

水力絮凝是利用水流自身的能量，通过流动过程中的阻力给液体输入能量。其水力式搅拌强度随水量的减小而变弱。目前，水力絮凝的形式主要有：隔板絮凝、折板絮凝、网格絮凝和穿孔旋流絮凝。相应的构筑物为隔板絮凝池、折板絮凝池、网格絮凝池、旋流絮凝池。

机械絮凝是通过电机或其他动力带动叶片进行搅动，使水流产生一定的速度梯度。絮凝过程不消耗水流自身的能量，其机械搅拌强度可以随水量的变化进行相应的调节。机械絮凝可以有水平轴絮凝和垂直轴絮凝。目前主要采用的是桨板式搅拌器的絮凝池。

选择絮凝池的形式主要考虑絮凝效果、处理水量规模、原水水质条件、工程造价和经常费用、水厂的运行经验等因素。

（1）隔板絮凝池

隔板絮凝池是较常用的一种絮凝池，分为往复式和回转式两种，分别见图 3.2-12 和图 3.2-13。

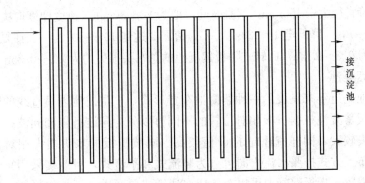

图 3.2-12　往复式隔板絮凝池

往复式隔板絮凝池中，水流以一定速度在隔板之间来回往复通过，水流在转折处作 180°转弯，水流速度由大逐渐减小。往复式隔板絮凝池在转折处局部水头损失较大，在絮凝后期絮凝体容易破碎。

回转式隔板絮凝池中，水流从池的中间进入，逐渐回流转向外侧，水流在转折处作 90°转弯。回转式隔板絮凝池的局部水头损失大大减小，有利于避免絮粒被破坏，但是减少了颗粒的碰撞机会。

考虑到上述两种絮凝池的优缺点及絮凝效果，可以将两种絮凝池相结合。水流先经过往复式隔板絮凝池，再进入回转式隔板絮凝池。

隔板絮凝池构造简单，管理方便，絮凝效果比较好。其缺点是絮凝时间较长，占地较

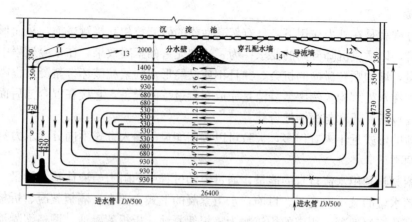

图 3.2-13 回转式隔板絮凝池

大，流量变化大时，效果不稳定。

适用于大、中型水厂，一般处理水量的规模大于 $30000m^3/d$，单个池的处理水量为 $10^3 \sim 10^4 m^3/d$。回转式隔板反应池更适合对原有水池提高水量时的改造。絮凝池一般与沉淀池合建，水流经穿孔墙进入沉淀池。

设计要点：絮凝池一般不少于 2 个或分成 2 格。絮凝池廊道中的流速，起端为 $0.6 \sim 0.5m/s$，末端为 $0.3 \sim 0.2m/s$，一般分为 $4 \sim 6$ 段确定各段的流速，流速逐渐由大到小变化。转弯处过水断面积为廊道过水断面积的 $1.2 \sim 1.5$ 倍。为方便施工与维护，隔板间净距一般应大于 $0.5m$。当采用活动隔板时，间距可以适当减小。絮凝池应有 $2\% \sim 3\%$ 的底坡，坡向排泥口，排泥管直径大于 $150mm$。絮凝时间一般为 $20 \sim 30min$。速度梯度取决于原水水质条件，一般由 $50 \sim 70s^{-1}$ 降低至 $10 \sim 20s^{-1}$。GT 值需要达到 $10^4 \sim 10^5$。一般往复式隔板絮凝池的总水头损失为 $0.3 \sim 0.5m$，回转式隔板絮凝池的总水头损失约为 $0.2 \sim 0.35m$。

（2）折板絮凝池

折板絮凝池是近年来发展的一种絮凝池布置形式，它是把池内呈直线的隔板改成呈折线的隔板。折板絮凝池根据折板相对位置的不同可以分为异波折板和同波折板两种。异波折板的水头损失较大，同样流速时的 G 值较高。同波折板的水头损失相对较小，G 值较低。絮凝池的布置方式按照水流方向可分为竖流式和平流式，目前多采用竖流式。按照水流通过折板间隙数，折板絮凝池可以布置成多通道或单通道。折板絮凝池一般在前段布置异向折板，中间布置同向折板，后段布置一般的竖流隔板，见图 3.2-14。

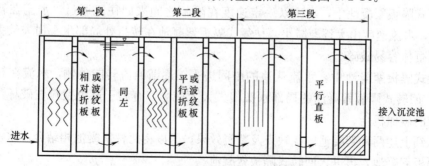

图 3.2-14 折板絮凝池

折板絮凝池中水流在同向折板之间曲折流动或在异向折板之间缩放流动，提高了颗粒碰撞的絮凝效果，缩短了絮凝时间，池的体积减小。折板絮凝池安装维修较困难，费用较高。

折板絮凝池适用于各种规模的水厂，但是需要水量变化不大。

设计要点：絮凝时间一般为 6～15min。折板通常采用平板，夹角有 90°和 120°。相对折板峰高为 0.3～0.4m，平行折板间距为 0.3～0.6m。折板宽度为 0.5～0.6m，长度为 0.8～2.0m。絮凝过程中的流速逐渐降低，隔板间距逐步增大。分段数一般不少于 3 段。各段的流速见表 3.2-2。波纹板适用于小水厂，絮凝池构造见图 3.2-15。波长为 131mm，波高为 33mm。波纹板的间距及流速见表 3.2-3。

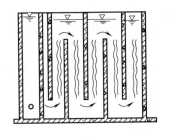

I—I

图 3.2-15 波纹板絮凝池

平板的设计参数   表 3.2-2

项 目	前 段	中 段	末 段
流速(m/s)	0.25～0.35	0.15～0.25	0.05～0.15
上下转弯和过水孔洞流速(m/s)	0.3	0.2	小于 0.1
$G(s^{-1})$	60～100	30～50	15～25
$T(s)$	120～150	120～150	120～150

波纹板设计参数   表 3.2-3

项 目	前 段	中 段	末 段
间距(mm)	100	150	200
流速(m/s)	0.12～0.18	0.09～0.14	0.08～0.12
$G(s^{-1})$	84～150	40～80	20～40
$T(s)$	136～216	136～216	136～216

（3）网格絮凝池

网格絮凝池是在池内沿流程一定距离的过水断面中设置网格。水流通过网格时，相继收缩、扩大，形成旋涡，造成絮粒碰撞。其构造一般由安装多层网格的多格竖井组成，各竖井之间的隔墙上面上、下交错开孔。各竖井的过水断面尺寸相同，平均流速相同。絮凝池的能耗由不同规格的网格及层数进行控制，一般分为三段，前段采用密网，中段采用疏网，末段不安装网，絮凝过程中 G 值发生变化。

网格絮凝池的絮凝效果较好，絮凝时间相对较少，水头损失小。其缺点是网眼易堵塞，池内平均流速较低，容易积泥。

设计要点：絮凝池宜与沉淀池合建，一般布置成两组或多组并联形式。单池的处理水量为 10000～25000m³/d。原水水温为 4.0～34.0℃，浊度为 25～2500NTU。网格材料可以采用木材、扁钢、铸铁或水泥预制件。池底可设长度小于 5m，直径为 150～200mm 的穿孔排泥管或单斗排泥。其他主要设计参数见表 3.2-4。

网格絮凝池主要设计参数　　　　　　　　　　　　　　　　表 3.2-4

絮凝池分段	网格孔眼尺寸 (mm×mm)	板条宽度 (mm)	竖井平均流速 (m/s)	过网流速 (m/s)	竖井之间孔洞流速 (m/s)	网格构件层距 (cm)	设计絮凝时间 (min)	速度梯度 (s^{-1})
前段(安放密网格)	80×80	35	0.12~0.14	0.25~0.30	0.30~0.20	60~70 (≥16层)	3~5	70~100
中段(安放疏网格)	100×100	35	0.12~0.14	0.22~0.25	0.20~0.15	60~70 (≥8层)	3~5	40~50
末段(不安放网格)			0.10~0.14		0.10~0.14		4~5	10~20

（4）机械絮凝池

机械絮凝池是利用电机经减速装置带动搅拌器对水流进行搅拌，使水中的颗粒相互碰撞，完成絮凝的絮凝池。目前我国的机械絮凝采用旋转的方式，搅拌器采用桨板式，搅拌轴有水平式和垂直式两种。其结构见图 3.2-16，图 3.2-17。机械搅拌絮凝池一般采用多格串联，适应 G 值的变化，提高絮凝效果。

机械絮凝池的絮凝效果好，可以根据水质、水量的变化随时改变桨板的转速，水头损失少。缺点是增加机械维修工作。

机械絮凝池适用各种水质、水量及变化较大的原水。可与其他类型的絮凝池组合使用。一般与沉淀池的宽度和深度相同。

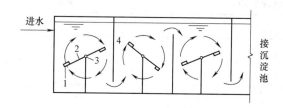

图 3.2-16　水平轴机械絮凝池

1—桨板；2—叶轮；3—旋转轴；4—隔墙

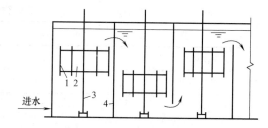

图 3.2-17　垂直轴机械絮凝池

1—桨板；2—叶轮；3—旋转轴；4—隔墙

设计要点：絮凝池一般不少于 2 组。每组絮凝池内一般放 3~6 挡搅拌机。各挡搅拌机之间用隔墙分开，隔墙上、下交错开孔。絮凝时间为 15~20min。机械絮凝池的深度一般为 3~4m。叶轮桨板中心处的线速度一般由第一挡 0.4~0.5m/s 逐渐减小，最后一挡为 0.1~0.2m/s。各挡搅拌速度梯度值 G 一般取 20~30s^{-1}。每一搅拌轴上的桨板总面积为絮凝池水流断面的 10%~20%。每块桨板的长度不大于叶轮直径的 75%，宽度一般为 100~300mm。垂直搅拌轴设于絮凝池的中间，上桨板顶端设在水面下 0.3m 处，下桨板底端设于池底 0.3~0.5m 处，桨板外缘距离池壁小于 0.25m。为避免产生水流短路，应设置固定挡板。水平搅拌轴设于池身一半处，搅拌机上的桨板直径小于池水深 0.3m，桨板的末端距池壁不大于 0.2m。

3. 沉淀

水中悬浮物颗粒依靠重力作用，从水中分离出来的过程称为沉淀。用于沉淀的构筑物称为沉淀池。原水经投药、混合与絮凝过程后，水中悬浮杂质已经形成粗大的絮凝体，在沉淀池中分离出来，使水达到澄清。沉淀池出水的浑浊度一般在10NTU以下。

给水处理中的沉淀池根据水在池中流动的方向不同分为平流式、辐流式和斜管（板）沉淀池。各种沉淀池的性能特点和适用条件见表3.2-5。

沉淀池形式 表3.2-5

池型	特点	适用条件
平流式	(1)可就地取材,造价低;操作管理方便,施工较简单;适应性强,潜力大,处理效果稳定;有机械排泥设备时,排泥效果好; (2)不采用机械排泥装置时,排泥较困难;机械排泥设备,维护较复杂;占地面积较大	一般用于大中型净水厂原水含砂量较大时,作预沉池
辐流式	(1)沉淀效果好,有机械排泥设备时,排泥效果好; (2)基建投资费用大;刮泥机维护管理较复杂,金属耗量大;施工较平流式困难	一般用于大中型净水厂原水含砂量较大时,作预沉池
斜管(板)	(1)沉淀效率高,池体小,占地少; (2)斜管(板)耗用材料多,价格高;排泥较困难	一般用于大中型净水厂

（1）平流式沉淀池

平流式沉淀池设计要点：

池数或分格数一般不少于2座。沉淀时间应根据水质情况确定，一般为1~3h，处理低温低浊水或高浊度水时，应适当延长沉淀时间。池内平均水平流速一般为10~25mm/s。有效水深一般为3.0~3.5m。池的长宽比应不小于4∶1，每格宽度或导流墙间距一般采用3~9m，最大15m。当采用机械排泥时，池子分格宽度应结合机械桁架的宽度（按系列设计标准跨度为4m、6m、8m、10m、12m、14m、16m、18m、20m）而定。池的长深比应不小于10∶1。采用吸泥机排泥时，池底为平坡。平流沉淀池宜采用穿孔墙配水和溢流堰集水，溢流率一般小于500$m^3/(m \cdot d)$。泄空时间一般不超过6h。弗劳德数一般控制在10^{-4}~10^{-5}之间，Re一般为4000~15000，应注意隔墙设置，以减少水力半径，降低Re。

设计平流式沉淀池的主要控制指标是表面负荷或停留时间。其计算方法大致有两种：按沉淀时间和水平流速计算；按表面负荷计算。我国在平流沉淀池的设计与运行方面已积累了大量经验和资料，一般采用第一种方法计算。

（2）斜管（板）沉淀池

斜管（板）沉淀池的设计要点：

斜管断面一般采用蜂窝六角形，内径一般采用25~35mm，斜管长度一般为800~1000mm。斜管水平倾角θ常采用60°。清水区高度不宜小于1.0m。布水区高度不宜小于1.5m。为使布水均匀，出口处应设整流措施积泥区高度应根据沉淀污泥量、浓缩程度和排泥方式等确定。出水集水系统可采用穿孔管或穿孔集水槽。表面负荷应按相似条件下的运行经验确定，一般可采用9.0~11.0$m^3/(m^2 \cdot h)$。

4. 澄清

澄清是利用原水中的颗粒和池中积聚的沉淀泥渣相互接触碰撞、混合、絮凝，形成絮凝体，与水分离，从而使原水得到澄清的过程。

澄清池是将絮凝和沉淀综合在一个池内完成的净水构筑物。澄清池基本上分为泥渣悬浮型澄清池和泥渣循环型澄清池两大类。

泥渣悬浮型的工作原理，是絮粒既不沉淀也不上升，处于悬浮状态，当絮粒集结到一定厚度时，形成泥渣悬浮层。加药后的原水由下向上通过时，水中的杂质充分与泥渣层的絮粒接触碰撞，并且被吸附、过滤而被截流下来。此种类型的澄清池常用的有脉冲澄清池和悬浮澄清池。

泥渣循环型澄清池是利用机械或水力的作用，部分沉淀泥渣循环回流增加和原水中的杂质接触碰撞和吸附的机会。泥渣一部分沉积到泥渣浓缩室，而大部分又被送到絮凝室重新工作，泥渣如此不断循环。机械搅拌澄清池中泥渣循环是借机械抽力形成的，水力循环澄清池中泥渣循环是借水力抽升形成的。

选择何种类型的澄清池，主要考虑原水水质、水温、出水水质要求，生产规模和水厂的总体布置、地形等因素。

澄清池种类及特点见表 3.2-6。

澄清池种类及特点　　　　　　　　　　　　　　　　　　　　　表 3.2-6

种类	特点	应用
机械搅拌澄清池	对原水的浊度、温度和处理水量的变化适应性较强，处理效率高，运行稳定； 单位面积产水量较大，出水浊度一般不大于 10NTU； 日常维修工作量大，维修技术要求高； 原水浊度常年较低时，形成泥渣层困难，将影响澄清池净水效果	适用于大、中型水厂
水力循环澄清池	结构简单，不需要复杂的机械设备； 第一絮凝室和第二絮凝室的容积较小，反应时间较短； 进水量和进水压力的变化，会在一定程度上影响净水过程的稳定性； 水力循环澄清池投药量较大，消耗较大的水头，对水质、水温的变化适应性较差	适用于中、小型水厂
脉冲澄清池	可适应大流量，池子较浅，一般为 4～5m； 混合均匀，布水较均匀； 无水下的机械设备，机械维修工作少； 对水质和水量的变化适应性较差，操作管理不易掌握； 处理效率较低	适用于大、中、小型水厂。 目前在新建工程中采不多
悬浮澄清池	进水悬浮物含量小于 3000mg/L 时宜用单层池；在 3000～10000mg/L 时宜用双层池，双层式池深较大。 需要设置气水分离器。 对进水量，水温等因素较敏感，处理效果不如加速澄清池稳定	适用于中、小型水厂。 目前在新建工程中采不多

（1）机械搅拌澄清池

机械搅拌澄清池由第一絮凝室和第二絮凝室及分离室组成。池体上部是圆筒形、下部是截头圆锥形，见图 3.2-18。它利用安装在同一根轴上的机械搅拌装置和提升叶轮，使加药后的原水通过环形三角配水槽的缝隙均匀进入第一絮凝室，通过搅拌叶片缓慢回转，水中的杂质和数倍于原水的回流活性泥渣凝聚吸附，处于悬浮状态，再通过提升叶轮将泥渣从第一絮凝室提升到第二絮凝室继续混凝反应，凝结成良好的絮粒。从第二絮凝室出来经过导流室进入分离区。在分离区内，由于过水断面突然扩大，流速急速降低，絮状颗粒靠重力下沉与水进行分离。沉下的泥渣大部分回流到第一絮凝室，循环流动，形成回流泥渣。回流流量为进水流量的 3～5 倍。小部分泥渣进入泥渣浓缩斗，定时经排泥管排至室外。

机械搅拌澄清池的单位面积产水量较大，出水浊度一般不大于 10NTU，适用于大、中型水厂。

无机械刮泥时，进水浊度一般不超过 500NTU，短时间内不超过 1000NTU；有机械刮泥时，进水浊度一般为 500～3000NTU，短时间内不超过 5000NTU。原水浊度常年较低时，形成泥渣层困难，将影响澄清池净水效果。

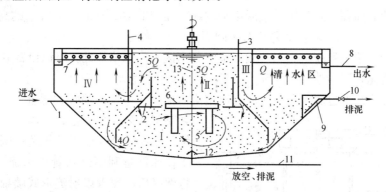

图 3.2-18　机械搅拌澄清池剖面示意

1—进水管；2—三角配水槽；3—透气管；4—投药管；5—搅拌桨；6—提升叶轮；
7—集水槽；8—出水管；9—泥渣浓缩室；10—排泥阀；11—放空管；12—排泥罩；13—搅拌轴

Ⅰ—第一絮凝室；Ⅱ—第二絮凝室；Ⅲ—导流室；Ⅳ—分离室

设计要点：

无机械刮泥时，进水浊度一般不超过 500NTU，短时间内不超过 1000NTU；有机械刮泥时，进水浊度一般为 500～3000NTU，短时间内不超过 5000NTU。

水在池中的总停留时间一般为 1.2～1.5h。第一絮凝室约需 20～30min，第二絮凝室一般为 0.5～1min，导流室中停留 2.5～5min。第二絮凝室上升流速为 40～70mm/s，导流室流速与其相同。

澄清池一般不考虑备用，池数宜在 2 座以上。

第二絮凝室、第一絮凝室、分离室的容积比参考值为 1∶2∶7。

回流量与设计净水量之比为 3∶1～5∶1。

进水管流速一般为 0.8～1.2m/s，三角槽出流流速为 0.5～1.0m/s。

为使进水分配均匀，多采用环形配水三角槽，在槽上设排气管，排除槽上空气。加药点一般设于进水管处或三角槽中。

清水区高度为 1.5～2.0m，池下部圆台坡角一般为 45°左右，池底以大于 5% 的坡度坡向中心倾斜。当装有刮泥设备时，也可以做成平底、弧形底等。泥渣回流缝流速为 100～200mm/s，分离区上升流速为 0.9～1.2mm/s。

集水可以采用淹没孔环形集水槽或三角堰集水槽，过孔流速控制在 0.6m/s 左右。池径较小时，采用环形集水槽，当池径较大时，可考虑另加辐射槽。一般池直径小于 6m 时，加设 4～6 条辐射槽；池直径 6～10m 时，可加设 6～8 条辐射槽。集水槽中流速 0.4～0.6m/s，出水管的流速为 1.0m/s 左右。

原水浊度小于 1000mg/L，且池径小于 24m 时，可采用污泥浓缩斗和底部排泥相结合的排泥形式，污泥浓缩斗可酌情设置 1～3 只，污泥斗的容积一般约为池容积的 1%～4%，小型水池也可以只用底部排泥；原水浊度大于 1000mg/L 或池径≥24m 时，一般都设置机械排泥装置。

机械搅拌用的叶轮直径，一般按第二絮凝室内径的 0.7～0.8 倍设计，搅拌叶片边缘线速度一般为 0.3～1.0m/s。提升叶轮的扬程为 0.1m 左右，提升叶轮外缘线速度为 0.5～1.5m/s，其进口流速多在 0.5m/s 左右。

搅拌叶片总面积一般为第一絮凝室平均纵剖面积的 10%～15%，叶片的高度为第一絮凝室高度的 1/3～1/2，叶片对称均布于圆周上。

在进水管、第一絮凝室、第二絮凝室、分离区、出水槽等处，可以设置取样管。

（2）水力循环澄清池

水力循环澄清池也属于泥渣循环分离型澄清池。它主要由喷嘴、混合室、喉管、第一絮凝室、第二絮凝室、分离室、进水集水系统与排泥系统组成。其构造见图 3.3-19。其工作原理是利用进水管中水流本身的动能，将絮凝后的原水以射流形式喷射出去，通过水射器的作用吸入回落的活性泥渣以加快吸附凝聚，最后经分离澄清后得到所需的净水。其工作流程为：投加絮凝剂后的原水从池底中心的进水管端喷嘴中高速射入喉管，在混合室形成负压，在负压作用下将数倍于原水的沉淀泥渣从池子的锥底吸入喉管，并在其中使之与原水以及加入原水中的药剂，

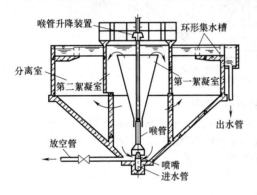

图 3.2-19　水力循环澄清池

进行剧烈而均匀的瞬间混合，从而大大增强了悬浮颗粒的接触碰撞。然后进入面积逐渐扩大的第一絮凝室，由于面积的扩大，流速也相应地减小。絮粒不断地凝聚增大，形成良好的团绒体进入分离室。在分离室内，水流速度急速下降，致使泥渣在重力作用下下沉与水流分离，清水继续向上流，溢流入集水槽。沉下的泥渣一部分沉积到泥渣浓缩室，定期经排泥管排走以保持泥渣平衡，大部分泥渣又被吸入喉管进行回流，如此周而复始，不断地将水净化流出。

设计要点：

水力循环澄清池一般为圆形池子。进水悬浮物的含量一般小于 2000mg/L，短时间内允许达到 5000 mg/L。

设计回流水量一般采用进水流量的 3～5 倍，原水浊度高时取下限，反之取上限。

喷嘴直径与喉管直径之比为（1:3）～（1:4），喉管截面积与喷嘴截面积之比为 12～13。

喷嘴流速为 7～8m/s，水头损失为 3～4m。喉管的进水喇叭口距离池底一般为 0.15m，喷嘴顶离池底的距离为 0.6m。

喉管流速为 2.0～3.0m/s，喉管处的水流混合时间为 0.5～1.0s。喉管喇叭口的扩散角为 45°，喉管长度为直径的 5～6 倍。

第一絮凝室的出口流速为 50～60mm/s，絮凝时间为 20～30s，锥形扩散角小于 30°。

第二絮凝室进口流速为30~40mm/s，絮凝时间为110~140s。絮凝室有效高度为3m。水流在池中总停留时间为1.2~1.5h。

清水区水流上升流速为0.7~1.0mm/s，低温低浊水可以取低值，水流停留时间为40min左右。清水区高度一般为2.5~3.0m，池子超高为0.3m。为保证出水水质，清水区高度最好取高值。在分离区内设斜板等设施能提高澄清效果，增加出水量和减少药耗。

水池的斜壁与水平的夹角一般为45°。

排泥装置同机械搅拌澄清池。排泥耗水量约为进水量的5%。池子底部设放空管。

（3）脉冲澄清池

脉冲澄清池属于悬浮澄清池，也是利用水流上升的能量来完成絮体的悬浮和搅拌作用。其构造见图3.2-20。它主要是利用脉冲发生器，将进入水池的原水，脉动地放入池底配水系统，在配水管的孔口处以高速喷出，并激烈地撞在人字稳流板上，使原水与混凝剂在配水管与稳流板之间的狭窄空间中，以极短的时间进行充分的混合和初步絮凝，形成微絮粒。然后通过稳流板缝隙整流后，以缓慢的速度垂直上升，在上升过程中，絮粒则进一步凝聚，逐渐变大变重而趋于下沉，但因上升水流的作用而被托住，形成了悬浮泥渣层。由于悬浮泥渣有一定的吸附性能，在进水"脉动"的作用下，悬浮泥渣层有规律地上下运动，时疏时密。这样有利于絮粒的继续碰撞和进一步接触絮凝，同时也能使悬浮泥渣层的分布更均匀。当水流上升至泥渣浓缩室顶部后，因断面突然扩大，水流速度变慢，因此，过剩的泥渣流入浓缩室，从而使原水得到澄清，并向上汇集于集水系统而流出。过剩的泥渣则在浓缩室浓缩后排出池外。

脉冲澄清池主要由脉冲发生器系统、配水稳流系统（中央落水渠、配水干渠、多孔配水支管、稳流板）、澄清系统（悬浮层、清水区、多孔集水管、集水槽）、排泥系统（泥渣浓缩室、排泥管）组成。

脉动澄清池可以适应大流量，池子较浅，一般为4~5m。混合均匀，布水较均匀。无水下的机械设备，机械维修工作少。对水质和水量的变化适应性较差，操作管理不易掌握。处理效率较低。目前在新建工程中采用不多。

脉冲澄清池池子体可为圆形、矩形或方形。进水悬浮物含量一般小于3000mg/L，短时间允许达到5000~10000mg/L。

设计要点：

脉冲发生器可以选用真空式、虹吸式、切门式，其设计的好坏关系到整个水池的净水效果。

配水系统一般采用穿孔管上设人字形稳流板。配水管最大孔口流速为2.5~3.0m/s，配水管中心距为0.4~1.0m，配水管管底距池底高度为0.2~0.3m，孔眼直径大于20mm，向下45°，两侧交叉开孔。稳流板缝隙流速为0.05~0.08m/s，稳流板夹角一般为60°~90°。

清水区上升流速一般为0.8~1.2mm/s，具体应根据原水水质、水温、脉冲发生器的形式来确定。

池中总停留时间一般为1.0~1.3h。

澄清池池体总高度为4~5m，悬浮层高度为1.5~2.0m，清水区的高度为1.5~2.0m，配水区的高度为1m，超高一般为0.3m。

排泥系统一般采用污泥浓缩室，其面积占澄清池面积的 15％～25％。原水浊度较高时，可采用自动排泥装置。

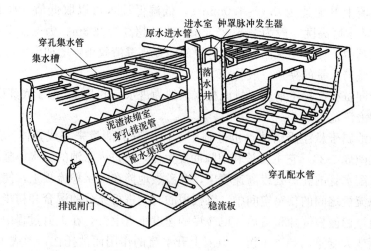

图 3.2-20 钟罩式脉冲澄清池

5. 过滤

过滤一般是指通过过滤介质的表面或滤层截留水体中悬浮固体和其他杂质的过程。对于大多数地面水处理来说，过滤是消毒工艺前的关键处理手段，对保证出水水质有十分重要的作用，特别是对浊度的去除。

按照滤池的冲洗方式，滤池分为水冲洗滤池和气水反冲洗滤池；按照滤池的布置，分为普通快滤池、双阀滤池、无阀滤池、虹吸滤池、移动冲洗罩滤池、V 形滤池等；按照滤池冲洗的配水系统，分为小阻力、中阻力、大阻力配水系统滤池。

（1）普通快滤池

普通快滤池又称为四阀滤池，是应用历史最久和应用较广泛的一种滤池。其构造主要包括池体、滤料层、承托层、配水系统、反冲洗排水系统，每格滤池的进水、出水、反冲洗进水和排水管上设置阀门，用以控制过滤和反冲洗交错进行。普通快滤池构造见图 3.2-21。

普通快滤池的工作过程包括过滤和冲洗两部分。过滤时，开启进水支管与清水支管的阀门，关闭冲洗支管阀门与排水阀。原水经进水总管、支管进入浑水渠后流入滤池，经过滤料层、承托层后，由配水系统的配水支管汇集起来，再流经配水系统干管

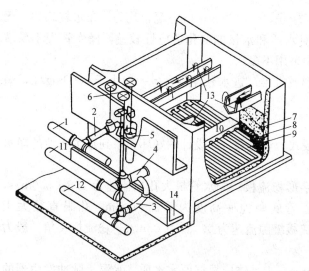

图 3.2-21 普通快滤池构造

1—进水总管；2—进水支管；3—清水支管；4—冲洗水支管；
5—排水阀；6—浑水渠；7—滤料层；8—承托层；9—配水支管；
10—配水干管；11—冲洗水总管；12—清水总管；
13—冲洗排水槽；14—废水渠

渠、清水支渠、清水总管进入清水池。随着过滤时间的增长，滤料层中的杂质数量不断增加，滤料间的孔隙不断减小，水流阻力不断增大。当水头损失增加到一定值时，滤池的滤速降低较多或者滤后水的水质较差不合格时，滤池进行反冲洗。

反冲洗时，关闭进水支管和清水支管的阀门。开启排水阀与冲洗支管阀门。冲洗水在压力作用下由冲洗水总管、支管、经配水系统的干管、支管及支管上的许多孔眼流出，由下而上穿过承托层及滤料层，均匀地分布于整个滤池平面上。滤料层在由下而上均匀分布的水流中处于悬浮状态，滤料得到清洗。冲洗废水流入冲洗排水槽，再经浑水渠、排水管、废水渠排掉。反冲洗一直进行到滤料基本洗净为止。反冲洗结束后，过滤重新开始。

根据单池面积的大小，普通快滤池可以采用大阻力、中阻力和小阻力配水系统。冲洗可以采用单水冲洗或气水反冲洗。普通快滤池的滤料大多采用单层滤料，也可用双层滤料。根据滤池规模的大小，可以采用单排或双排布置。普通快滤池的运转效果良好，反冲洗效果能够得到保证。但是由于阀门较多，操作较其他滤池稍复杂。

适用于大、中、小型水厂，每格池面积一般不宜超过 $100m^2$。

设计要点：

1) 滤速及滤料。滤池一般有设计滤速和强制滤速两种滤速。根据不同的滤料组成规定的设计滤速见表 3.2-7。滤池个数不少于 2 个，单池面积可以为正方形或矩形。滤池个数少于 5 个时，可单排布置，超过 5 个时可双排布置。

滤池的滤速及滤料组成 表 3.2-7

类 别	滤 料 组 成			正常滤速 (m/h)	强制滤速 (m/h)
	粒径(mm)	不均匀系数 K_{80}	厚度(mm)		
石英砂滤料	$d_{最小}=0.5$ $d_{最大}=1.2$	<2.0	700	8~10	10~14
双层滤料	无烟煤 $d_{最小}=0.8$ $d_{最大}=1.8$	<2.0	300~400	10~14	14~18
	石英砂 $d_{最小}=0.5$ $d_{最大}=1.2$	<2.0	400		

低温低浊水过滤时应选择较低滤速。工作周期宜采用 12~24h。滤池的长宽比约为 2~6。

2) 滤料膨胀度。一般普通快滤池冲洗前的期终水头损失控制在 3~4m。工作周期一般为 12~24h。根据经验，砂层膨胀率一般为 45% 左右，无烟煤－石英砂滤料膨胀率一般为 50% 左右。

3) 配水系统。普通快滤池一般采用大阻力配水系统。大阻力配水系统的孔眼总面积与滤池面积的比例为 0.2%~0.28%。大阻力配水系统干管的起端流速为 1.0~1.5m/s，支管的起端流速为 1.5~2.5m/s。支管的中心距离为 0.2~0.3m，支管的长度和直径之比小于 60。干管与支管的总断面积之比大于 1.75~2.0。支管的孔口流速为 5~6m/s，孔口的直径为 9~12mm，配水孔间距为 75~300mm。干管大于 300mm 时，干管的上部设管嘴。大阻力配水系统的水头损失一般为 3~4m。干管末端应装通气管。滤池面积小于

$25m^2$，通气管管径可以取 40mm。

中、小阻力配水系统类型很多。现在使用较多的是小阻力系统的钢筋混凝土孔板和中阻力系统的双层滤砖。配水系统上铺设一定厚度的承托层。承托层粒径及厚度见表 3.2-8。

承托层粒径和厚度（mm）
表 3.2-8

层次	粒径	大阻力系统	穿孔板尼龙网、滤砖	格栅
1	1～2	—	50～100	80
2	2～4	100	50～100	70
3	4～8	100	50～100	70
4	8～16	100	—	80
5	16～32	本层顶层高度高出配水系统孔眼100	—	—

钢筋混凝土孔板，每块滤板尺寸应小于 800×800mm，板厚一般为 100mm。孔眼可以上大下小成喇叭形，或者上下相同的圆孔，开孔率一般为 1％左右。孔眼流速为 1.0～1.5m/s，孔眼水头损失为 0.1～0.3m。孔板上铺 12 层 30～40 目/英寸的尼龙网、承托层和滤料。孔板高出池底 0.4m 以上。

双层滤砖长 600mm、宽 280mm、高 250mm。滤砖上层 96 个配水孔、孔径 4mm；下层 4 孔，孔径 25mm。水头损失为 0.5～0.6m。

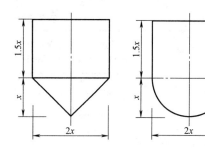

图 3.2-22　常用排水槽断面形状

4）排水槽。反冲洗废水自由跌入排水槽，排水槽中废水应自由跌入废水渠。排水槽口应尽量水平，一般要求误差小于±2mm。洗砂排水槽的水平总面积一般不大于滤池面积的 25％。排水槽长度不大于 6m。两槽的中心间距一般为 1.5～2.0m。排水槽底可以做成平坡，整条槽的断面相同。

排水槽断面形状见图 3.2-22。

5）反冲洗强度、时间。滤池反冲洗可以单独用水冲洗，或水冲洗加表面冲洗，也可以气水反冲洗。仅为水冲洗时，石英砂滤料过滤，冲洗强度为 $12～15L/(s \cdot m^2)$，冲洗时间为 5～7min；双层滤料过滤，冲洗强度为 $13～16 L/(s \cdot m^2)$，冲洗时间为 6～8min；三层滤料过滤，冲洗强度为 $16～17 L/(s \cdot m^2)$，冲洗时间 5～7min。大阻力配水系统气水同时冲洗时，气强度为 $12～18 L/(s \cdot m^2)$，水强度为 $3～4 L/(s \cdot m^2)$。

6）冲洗水供应设备。反冲洗水可由高位冲洗水箱供给或水泵供给。高位水箱供给时，水箱内水深不宜大于 3m。冲洗水箱的有效容积应大于一格滤池冲洗水量的 2 倍。水泵冲洗时，冲洗水泵扬程一般在 12～15m。

7）各种管渠。浑水进水管（渠）水流速度为 0.8～1.2m/s；清水管（渠）内水流速度为 1.0～1.5m/s；冲洗水管（渠）内水流速度为 2.0～2.5m/s；排水管（渠）内水流速度为 1.0～1.5m/s。

管廊从平面和高度上考虑设备、管配件安装和检修的位置。管廊要有良好的采光、通风、照明和排水设备，上下交通方便。

（2）虹吸滤池

一组虹吸滤池由 6～8 格组成，采用小阻力配水系统。利用真空系统控制滤池的进出水虹吸管，采用恒速过滤，变水头的方式。虹吸滤池构造见图 3.2-23。

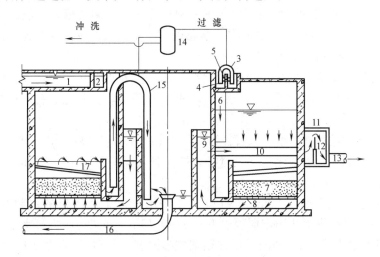

图 3.2-23　虹吸滤池构造

1—进水槽；2—配水槽；3—进水虹吸管；4—单格滤池进水槽；5—进水堰；6—布水管；
7—滤层；8—配水系统；9—集水槽；10—出水管；11—出水井；12—出水堰；13—清水管；
14—真空系统；15—冲洗虹吸管；16—冲洗排水管；17—冲洗排水槽

虹吸滤池的工作过程为：

过滤时，浑水通过进水槽进入环型配水槽，经过进水虹吸管流入单格滤池进水槽，再经过进水堰流入布水管进入滤池。进入滤池的水顺次通过滤料层，经过配水系统进入集水槽，再由出水管流到出水井，经过清水管流入清水池。由于各格的滤池进、出水量不变，随着过滤水头损失逐渐增大，滤池内的水位不断上升。当某一格的滤池内水位上升到最高设计水位时，过滤停止，反冲洗开始。反冲洗时，该格的进水虹吸管的真空被破坏，进水停止。滤池内水位逐渐下降，当滤池内水位下降显著变慢时，冲洗虹吸管抽真空形成虹吸。开始阶段，滤池内的剩余水通过冲洗虹吸管排出。当滤池水位低于集水槽的水位时，反冲洗开始。当滤池的水位降到冲洗排水槽的顶端时，反冲洗强度达到最大值。滤料冲洗干净后，破坏冲洗虹吸管的真空，反冲洗停止。进水虹吸管又开始工作，过滤重新开始。

滤池反冲洗时利用本身的出水及其水头进行冲洗，以代替高位水箱或冲洗水泵；不需要大型阀门及相应的开闭控制设备；滤后水水位高于滤料层，滤料层内不至于发生负水头现象；与普通快滤池相比池体较深，一般在 5m 左右；不能排出初滤水；冲洗强度随出水量的降低而降低，冲洗效果不稳定；虹吸滤池保持滤层的清洁和提高滤出水水质的能力不如普通快滤池。

虹吸滤池的滤料可以采用单层滤料或双层滤料。虹吸滤池平面可以布置成圆形或矩形、多边形，一般以矩形较好。

虹吸滤池适用于中型水厂，水量范围一般为 15000～100000m³/d。水厂地形平坦时，虹吸滤池常和澄清池配套使用。

设计要点：

1）过滤速度、滤料、冲洗强度。虹吸滤池的过滤速度、滤料和冲洗强度与普通快滤池相同。工作周期为 12～24h。虹吸滤池冲洗水头一般为 1.0～1.2m，并应有冲洗水头的设施。过滤时最大水头损失一般为 1.5～2.0m。

2）滤池面积。虹吸滤池平面可以布置成圆形或矩形、多边形，一般以矩形较好。滤池分格数按一格滤池冲洗水量不超过其余各格的过滤水量来确定，并考虑一格检修时和低水量运行时仍能满足冲洗水量的要求。

3）配水系统。虹吸滤池采用小阻力配水系统，较多使用钢筋混凝土孔板。每块滤板应小于 800mm×800mm。滤板上设有孔眼，开孔率为 1% 左右，孔眼水头损失 0.1～0.3m。

4）虹吸系统。进水辅助虹吸管管径为 40～50mm，垂直安装，出口对准排水槽，顶端安装孔板，其孔口直径为 0.6～0.7 倍管径。抽气管直径一般为 15～20mm，尽量少转弯。破坏管直径采用 15～20mm。

排水辅助虹吸管管径为 50mm，进口在冲洗水位以下 [出口的水封高度＋(0.1～0.15)]（m），出口在排水井固定堰顶以下 0.1～0.15m。如果为压力排水渠，应该另加套管，并伸入排水渠内 0.1m。辅助虹吸管顶端安装孔板。抽气管管径为 15～20mm。破坏管管径为 20～25mm，下端伸入计时水箱内。

每组滤池设一套抽气装置，通过抽气管强制形成虹吸。

5）气水反冲洗设备。气水反冲洗时，空气和水的冲洗强度为 7～9L/(s·m²)。排水槽口高出滤层表面 0.3～0.4m。反冲洗时，清水虹吸管中的流速应小于 0.7m/s。配气干管直径为 50～100mm，起端空气流速为 20～25m/s。配气支管间距 250mm，直径为 15～20mm，起端空气流速为 15～20m/s。孔口空气流速为 60～65m/s。配气系统总水头损失为 0.74～0.87m。

储气罐的有效容积等于一格滤池冲洗 1～2min 所需的空气量。储气罐到滤池的输气干管管径为 50～100mm，空气流速为 40～50m/s，压力坡降为 12%～30%。到各个滤池的输气支管直径可与配气支管的直径相同。

空气压缩机设 2 台，其中 1 台备用。额定压力为 0.6～0.9MPa，排气量为 0.3～6m³/min。

（3）虹吸式双阀滤池

虹吸双阀滤池是进水和冲洗水排水的阀门由虹吸管来代替，只用滤后水和反冲洗进水两座阀门，其他构造基本上与普通快滤池相同。虹吸双阀滤池保持了大阻力配水系统的特点，适用于大中型滤池。由于省去了两座阀门，降低了工程的造价。其配水、冲洗方式，设计数据等设计要求与普通快滤池相同。

双阀滤池的进水、排水虹吸管可以分设在滤池的两侧，也可以设于滤池的一侧。虹吸管真空形成可以采用真空泵或水射器。虹吸管与真空系统设计要求见虹吸滤池部分。

（4）无阀滤池

无阀滤池是将滤池与冲洗水箱结合为一体的布置形式。无阀滤池有重力式和压力式两种。两者工作原理和设计参数相同。无阀滤池节省大型阀门，造价较同规模的普通快滤池低；反冲洗完全自动，操作管理较方便，工作稳定可靠；在运转过程中滤层内不会出现负水头；滤池的池体结构复杂；滤料处于封闭结构中，装、卸困难，并且不能观察到滤池整个冲洗情况；冲洗水箱位于滤池上部，出水标高较高，相应抬高了滤前处理构筑物的标高，影响水厂的总体高程布置。滤池冲洗时，进水管仍然进水，并被排走，浪费了一部分澄清水，并且增加了虹吸管管径。

1）重力式无阀滤池

重力式无阀滤池构造见图 3.2-24。过滤时，浑水经过进水配水槽后通过进水管流入虹吸上升管，水在虹吸上升管中向下经顶盖下的挡水板均匀地分布在滤料层上，经过滤料层和承托层，通过小阻力配水系统进入冲洗水箱（清水箱）的底部空间。滤后水经过通道上升到清水箱中，当清水箱中的水位达到设计高度后经出水管流到清水池中。随着过滤时间的延长，滤层的阻力不断地增加，滤池上的水位即虹吸上升管中的水位不断升高。当水位上升到虹吸辅助管的管口时，水流开始从虹吸辅助管流出。依靠下降水流在管中形成的真空和水流的挟气作用，通过抽气管不断将虹吸管中的空气抽出，使虹吸管中的真空度不断增加形成虹吸。此时，由于滤层上部压力降低，使清水箱内的清水沿着过滤时的相反方向进入虹吸管，水流自下而上地通过滤料层，对滤料进行反冲洗。冲洗废水经过水封井排出。冲洗过程中，清水箱中的水位不断下降。当水位降到虹吸破坏斗以下时，虹吸破坏管将小斗内的水吸完，使管口与大气相通，破坏了虹吸，冲洗过程结束。过滤又重新开始。

重力式无阀滤池应用较广，一般适用于水量小于 $10000m^3/d$ 的水厂，进水浊度小于20NTU。单格面积小于 $25m^2$。多用于中小型给水工程。

设计要点：

① 无阀滤池的滤速、滤料级配、承托层、冲洗强度有关参数可以参照普通快滤池。

② 进水系统。滤池采用双格组合时，进水分配箱也采用二格，每格大小一般为$(0.6m×0.6m)$～$(0.8m×0.8m)$。为了使配水均匀，进水分配水箱每格的配水堰口的标高、厚度、粗糙度应相同。一般进水箱底与滤池冲洗水箱一平。

堰口标高等于虹吸辅助管口标高、进水管及虹吸上升管内的水头损失和堰上流出水头$(0.1～0.15m)$之和。

从进水分配水箱接到各格滤池的进水管内流速一般为 $0.5～0.7m/s$。进水管与出水管的直径相同。

进水 U 形存水弯的底部位于排水井水面以下。进水挡板直径比虹吸上升管管径大10～20cm，距离管口 20cm。

③ 滤水系统。滤水系统中的顶盖上下不能漏水，顶盖面与水平面夹角为 $10°～15°$。浑水区高度一般按反冲洗时滤料层的最大膨胀高度增加 10cm。

冲洗前的期终水头损失等于辅助管口到冲洗水箱最高水位的高差，一般采用1.5～2.0m。

④ 虹吸管计算。虹吸管管径取决于冲洗水箱平均水位与排水井水封水位的高差和冲洗过程中平均冲洗强度下各项水头损失值的总和。虹吸下降管的管径比上升管的管径小1～2 级。虹吸破坏管管径为 15～20mm。

虹吸管的管径一般采用试算法确定：即初步选定管径，算出总水头损失$\sum h$，当$\sum h$接近平均冲洗水头时，所选管径适合，否则重新计算。

2）压力式无阀滤池

压力式无阀滤池与重力式无阀滤池不同的是采用水泵加压进水，其净水系统省去了混

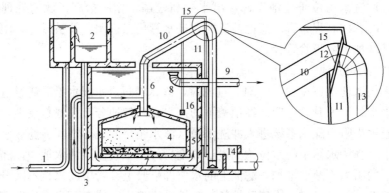

图 3.2-24　重力式无阀滤池

1—进水管；2—进水箱；3—U 形水封管；4—滤层；5—连通管；6—冲洗水箱；

7—集水区；8—喇叭管；9—出水管；10—虹吸上升管；11—虹吸辅助管；

12—抽气管；13—虹吸下降管；14—水封井；15—虹吸破坏管；16—虹吸破坏斗

合、絮凝、沉淀等构筑物。利用水泵吸水管的负压吸入絮凝剂，浑水和絮凝剂经过水泵叶轮强烈搅拌混合后，压入滤池进行絮凝和过滤，滤后水经过集水系统进入水塔，从水塔供给用户。压力式无阀滤池多用于小型、分散性给水，适用于水量小于 50m³/h，进水浊度小于 100NTU。单池面积一般小于 5m²。通常用于直接过滤一次净化系统。压力式无阀滤池构造，见图 3.2-25。

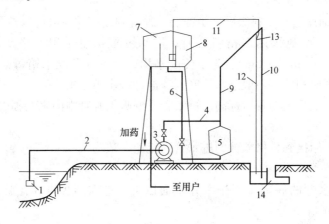

图 3.2-25　压力式无阀滤池工艺流程

1—吸水底阀；2—吸水管；3—水泵；4—压力管；5—滤池；6—滤池出水管；7—冲洗水箱；8—水塔；

9—虹吸上升管；10—虹吸下降管；11—虹吸破坏管；12—虹吸辅助管；13—抽气管；14—排水水封井

设计要点：

① 压力式无阀滤池滤速为 6～10m/h；冲洗强度为 15L/(s·m²)，冲洗时间一般大于 6min，冲洗前最大水头损失为 2～2.5m。滤料一般采用双层，级配参照普通快滤池，每层厚度可以适当加大 100～200mm。

② 滤池多采用圆筒形钢结构，筒顶盖和筒底成圆锥形。锥角一般为 20°～25°。池内压力一般为 0.2MPa。筒体上半部设置人孔，其直径为 500mm 左右。顶部有排气阀，底部设放水阀。进水管口设置挡板，挡板直径为进水管径的 2.5 倍。底部冲洗水进水口设置配水板，直径为冲洗水管管径的 2.5 倍。

③ 水塔高度及容积计算可以参照普通快滤池的冲洗水箱。

（5）移动罩滤池

移动罩滤池是不设阀门、连续过滤，并按一定程序利用一个可移动的冲洗罩轮流对各滤格冲洗的多格式滤池。移动罩滤池的滤料层上部相互连通，滤池底部配水区也相互连通，一座滤池仅有一个进口和出口。某滤格的冲洗水来自本组其他滤格的滤后水，冲洗时，滤格处于封闭状态。因此，移动罩滤池具有虹吸滤池和无阀滤池的某些特点。其构造见图 3.2-26。

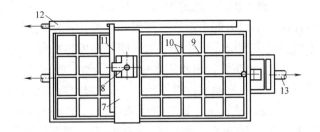
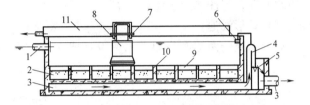

图 3.2-26　移动罩滤池构造

1—进水管；2—滤层；3—底部集水区；4—出水虹吸管；
5—出水堰口；6—水位恒定器；7—桁车；8—冲洗罩；
9—滤格；10—隔墙；11—排水槽；12—排水总槽；
13—出水总管

过滤时，原水由进水管经穿孔配水墙及消力栅进入滤池，通过滤层过滤后由底部配水室流入钟罩式虹吸管的中心管。当虹吸中心管内水位上升到管顶且溢流时，带走虹吸管钟罩和中心管间的空气，达到一定真空度时，虹吸形成（虹吸式冲洗罩），滤后水便从钟罩和中心管间的空间流出，经出水堰流入清水池。当某一格滤池需要冲洗时，冲洗罩由桁车带动移至该滤格上面，准确定位后，冲洗罩下落，罩体周边紧贴在滤格周边隔墙上，形成密封圈，需冲洗滤格与整个滤池的上部进水区完全隔离，同时用抽气设备抽出虹吸管中的空气。当排水虹吸管真空度达到一定值时，虹吸形成，冲洗开始。冲洗水由其余滤格滤后水经小阻力配水系统进入滤池，通过承托层和滤料层后由排水虹吸管排入排水渠。

移动罩滤池的独特设备是反冲洗机构。它由冲洗罩、桁车、导轨和电器控制系统组成。冲洗罩分为虹吸式和泵吸式。

移动罩滤池池体结构简单，池身浅，占地省；不需冲洗水箱或水塔；无大型阀门，管件少；与同规模的普通快滤池相比，造价节约 20%～35%；自动控制和维修较复杂；不能排掉初滤水。

虹吸式移动罩滤池适用于大中型水厂，泵吸式适用于中小型水厂。

单个滤格的面积为 $1.5\sim12m^2$。虹吸式单格滤池面积受罩体构造的限制，一般宜小于 $10m^2$；泵吸式的滤格面积由水泵限定，目前约为 $2m^2$。

设计要点：

1）滤池分格数及滤格面积。水厂内的滤池不少于可独立运行的 2 组，每组滤池的格数不得少于 8 格，一般在 12～40 之间。单个滤格的面积为 $1.5\sim12m^2$。虹吸式单格滤池面积受罩体构造的限制，一般宜小于 $10m^2$；泵吸式的滤格面积由水泵限定，目前约为 $2m^2$。

2）滤池进水布置。一般滤池进水布置有堰板出流，中央渠进水，穿孔进水槽。穿孔进水槽的孔口流速小于 $0.5m/s$。

3）滤水系统。滤池过滤水头采用 1.2～1.5m，滤料层粒径与厚度参照普通快滤池，承托层和小阻力配水系统参照无阀滤池，集水区高度一般为 0.4～0.7m，每格滤池砂面以上的直壁高度应等于冲洗时滤料膨胀高度再加保护高。

4）出水布置。出水用水位恒定器和虹吸管，出水虹吸管的流速为 1.0～1.5m/s。虹吸管顶一般在滤池水位以下约 0.1m。出水堰口标高在滤池水位下 1.2～1.5m。

5）反冲洗设备。虹吸式反冲洗时，排水虹吸管的口径按照堰板高度与排水水位的高程差计算。泵吸式反冲洗时，水泵扬程按照堰口标高与滤池水位的高程差计算。水泵流量按照滤池面积与冲洗强度计算。

（6）V 形滤池

V 形滤池的两侧或一侧进水槽设计成 V 形，采用气、水反冲洗。V 形滤池构造见图 3.2-27。

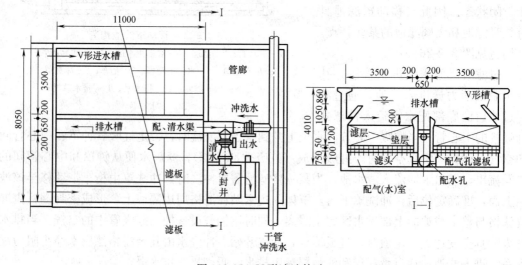

图 3.2-27　V 形滤池构造

原水由进水渠进入 V 形进水槽，水通过 V 形槽底小孔和槽顶溢流，均匀进入滤池，通过滤料层和配水系统进入底部空间，再进入中央进水分配渠内，最后经管廊内的水封井、出水堰、清水渠进入清水池。需要反冲洗时，关闭进水阀，将池面水从排水渠中排出直到滤池水面与 V 形槽顶相平。冲洗可先用气冲，再气水同时冲洗，最后进行水冲。冲洗的水和气通过长柄滤头均匀进入滤池，同时有横向扫洗。冲洗后的水进入排水槽。

V 形滤池目前在我国得到较广泛的应用。V 形滤池采用均质滤料，气、水冲洗用水泵和鼓风机，冲洗时滤层呈微膨胀状态，反冲洗干净，冲洗水量减少，滤料不致流失，滤层不易积泥球，滤层截污能力大，过滤周期长，处理水质稳定。缺点是需要的设备较多。

V 形滤池适用于大、中型水厂。

设计要点：

1）滤水系统。滤料采用石英砂，有效粒径 $d_{10}=0.95～1.50$mm，不均匀系数 K_{80} 为 1.3～1.4，不超过 1.6。滤料层厚度为 1.0～1.3m，粒径粗、滤速大时采用较厚的滤层。

长柄滤头配气配水系统需要根据滤头形式和滤头间距，综合考虑是否设置较薄的承托层或不设承托层。承托层一般为粒径 1～2mm，厚 100mm 的粗砂。

过滤速度一般为 8～15m/h。滤层上的水深一般大于 1.2m。反冲洗时水位下降到排水槽顶，水深只有 0.5m。

2）配水配气系统。长柄滤头是目前气水反冲洗滤池中应用最普遍的配水、配气系统。冲洗时空气从滤柄上部进入，水从滤柄下部的缝隙和底部进入。

长柄滤头配气配水系统的滤帽缝隙总面积与滤池过滤面积之比一般为 1.5% 左右。长柄滤头在滤板上均匀布置，每平方米约布置 50～60 个。

冲洗水通过长柄滤头的水头损失和空气通过长柄滤头的压力损失可以按产品实测资料确定。冲洗水和气同时通过长柄滤头时的水头损失可以按照实测资料确定。滤头固定板下的气水室高度为 700～900mm。

向气水室配气的配气干管（渠）的进口流速为 5m/s 左右，配气支管或孔口流速为 10m/s 左右，配水干管（渠）进口流速为 1.5m/s 左右，配水支管或孔口流速为 1～1.5m/s。

3）反冲洗设备及主要参数。气水冲洗的冲洗强度和冲洗时间见表 3.2-9。冲洗水可以用水泵或水箱供应。冲洗水泵的流量根据反冲洗水量确定。

气水冲洗强度和冲洗时间

表 3.2-9

滤料层结构	先气冲洗		气水同时冲洗			后水冲洗		表面扫洗水强度 [L/(s·m²)]
	强度 [L/(s·m²)]	冲洗时间 (min)	气强度 [L/(s·m²)]	水强度 [L/(s·m²)]	冲洗时间 (min)	强度 [L/(s·m²)]	冲洗时间 (min)	
均质石英砂	13～17	2～1	13～17	3～4	4～3	4～8	8～5	无
均质石英砂	13～17	2～1	13～17	3～4.5	4～3	4～6	8～5	1.4～2.3

冲洗水箱的有效容积应不小于一格滤池冲洗水量的 2 倍，冲洗水箱的进水量应能满足 6～8h 内对全部滤池进行一次冲洗所需水量。

冲洗水箱的水深一般不大于 3m。

冲洗空气可以用鼓风机供给，也可以采用空气压缩机和储气罐供给。

鼓风机输出的气流量为单格滤池冲洗气流量的 1.05～1.1 倍。排水槽内的水面应低于排水槽顶面 0.05m。排水槽顶面一般应高出滤料层表面 0.5m。

表面扫洗配水孔口至排水槽边缘的水平距离一般小于 3.5m，最大不超过 5m；表面扫洗配水孔低于排水槽顶面 0.015m。

（7）多层滤料滤池

多层滤料滤池是放置双层或三层滤料的滤池。双层滤料一般采用石英砂和无烟煤；多层滤料可以采用无烟煤、石英砂和重质矿石。滤池的其他部分与普通快滤池相同。

双层滤料滤池的主要设计参数见"普通快滤池"部分。

三层滤料滤池的设计要点：三层滤料滤池的滤速及滤料组成见表 3.2-10。承托层的组成见表 3.2-11。滤料层上的水深为 1.8～2.0m。冲洗前的最大水头损失采用 2.5～3.0m。三层滤料过滤，冲洗强度为 16～17 L/(s·m²)，冲洗时间为 5～7min。由于滤速较高，三层滤料滤池宜用小阻力或中阻力配水系统，常用的有滤砖、孔板尼龙网等，开孔面积为滤池面积的 0.6%～0.7%。

滤池的滤速及滤料组成 表 3.2-10

类 别	滤 料 组 成			正常滤速 (m/h)	强制滤速 (m/h)
	粒径(mm)	不均匀系数 K_{80}	厚度(mm)		
三层滤料	无烟煤 $d_{最小}=0.8$ $d_{最大}=1.6$	<1.7	450	18~20	20~25
	石英砂 $d_{最小}=0.5$ $d_{最大}=0.8$	<1.5	230		
	重质矿石 $d_{最小}=0.25$ $d_{最大}=0.5$	<1.7	70		

承托层组成 表 3.2-11

材 料	粒径(mm)	厚度(mm)
磁铁矿	0.5~1.0	50
	1~2	50
	2~4	50
	4~8	50
砾 石	8~16	100
	16~32	顶面高度应高出配水系统孔眼100。滤砖孔径≤4mm时不设此层

（8）压力滤池

压力滤池是一个密闭的快滤钢罐，在压力下过滤。压力滤池适用于小型供水系统。在工业水处理中，它常与离子交换器串联使用，并称为机械过滤器。

压力滤池有现成产品，分为竖式和卧式。直径一般不超过 3m，卧式的长度可以达到 10m。竖式压力滤池在工业中应用较广。

压力滤池中的滤料粒径一般为 0.6~1.0mm，滤料层厚度为 1.1~1.2m。滤速为 8~10m/h。期终水头损失一般可达 5~6m，有时可以达到 10m。

配水系统多采用小阻力系统中的缝隙式滤头。

水源水、生活污水、工业废水中含有大量的细菌和病毒，一般的处理工艺不能将其灭绝。为了满足水质要求，防止疾病的传播，须对水进行消毒处理。

6. 消毒

消毒主要是借助物理法和化学法杀灭水中的致病微生物。物理法主要有加热法、超声波法、紫外线照射、γ 射线照射、x 射线照射、磁场、微电解法。化学法主要有卤素族消毒剂（液氯或氯气、漂白粉或漂白精、氯氨、次氯酸钠、二氧化氯、溴及溴化物、碘），氧化剂（臭氧、过氧化氢）。其中液氯、漂白粉（漂粉精）、次氯酸钠、二氧化氯、臭氧用于饮用水消毒的研究与应用较多。各种消毒方法的特点见表 3.2-12。

（1）液氯消毒

液氯是目前国内外应用最广的消毒剂。它是氯气经压缩后液化，储存在氯瓶中。氯气溶解在水中后，水解为 HCl 和 HOCl。HOCl 起到主要的消毒作用，HOCl 是很小的中性分子，它能扩散到带负电的细菌表面，并通过细菌的细胞壁穿透到细菌内部，氧化破坏细菌的酶系统而使细菌死亡。

各种消毒方法的特点 表 3.2-12

方法	优点	缺点
液氯消毒	氯对细菌有很强的灭活能力； 具有持续消毒能力； 使用方便，易于储存、运输，成本较低	可能产生有害消毒副产物； 氯对病毒的灭活能力相对差些； 氯气的泄漏可以发生在各个环节上
二氧化氯消毒	具有广谱杀菌能力，效果好，用量少，作用快，消毒持久； 具有净水功能。可去除水中色度、臭味、铁、锰等，甚至也能去除 THMs 的前体物； 杀菌力受 pH 值的影响小，而且温度高，杀菌效果增强； 不生成 THMs 类有毒副产物； 不会与氨氮反应，也不会水解，腐蚀性比氯气低	需现场发生制作，管理水平较高； 消毒无机副产物（氯酸盐及亚氯酸盐）毒性很高； 成本较高
次氯酸钠	一种强氧化剂	消毒效果不如氯强； 不宜储运，需现场发生投加； 发生器设备整体故障率高，体积大，劳动强度大，电耗、盐耗高
氯胺消毒	氯胺的作用时间较长，可以在水中较长时间保持氯化杀菌作用，可以防止细菌再次污染	消毒能力比氯低； 氯化和消毒能力比较缓慢
臭氧消毒	有很高的杀菌能力； 能有效控制水中 THMs 的浓度	会产生醛类及溴酸盐等有毒副产物； 臭氧不易保存，需现场制备及使用； 设备投资昂贵，占地面积大，运转费用高
紫外线消毒	对水中细菌、病毒具有较强的灭活能力； 无臭味，无噪声，不会对水体、生物及周围环境产生副作用； 基建费用、运行费用较低	处理水量较小； 管网中没有持续消毒能力
微电解消毒	体积小，易于安装，不需专人管理； 不污染环境； 操作简单，运行可靠，运行费用低； 若安装在循环冷却水处理场合，可同时兼有防垢、除垢及灭藻功能	

设计要点：

1）加氯量

在水处理中，氯气的投加量应根据相似条件水厂的运行经验或实验而定。自来水厂出水的余氯量应符合生活饮用水标准。一般氯气的投加浓度控制在 $1\sim5\text{mg/L}$。水与氯应充分混合，接触时间不小于 30min。杀菌作用随接触时间增加而增加，接触时间短须增加投氯量。

2）加氯设备

氯瓶中的氯气不能直接用管道加到水中，为了保证加氯消毒时的安全和计量准确，必须经过加氯机投加。加氯机的种类很多，常用的有转子加氯机、转子真空加氯机，真空加氯机等。

加氯机台数按照最大加氯量选用，至少安装两台，备用台数不少于 1 台。

3）加氯间

加氯间靠近加氯点，与氯库毗连或合建，布置在水厂的下风向，与厂外经常有人的建筑尽量保持远的距离。加氯间和其他工作间隔开，建筑物应坚固、防火、保温；有直接通向外部，向外开的大门；有良好的通风，通风设备的排气口设于低处，通风设备按每小时换气 8～12 次设计。

加氯间和氯库需设定测定空气中氯气浓度的仪表和报警措施。加氯间内应有吸收设备。加氯间出入处应设置检修工具、防毒面具和抢修设备。照明和通风设备应设有室外开关。加氯间的管线应铺设在管沟内。

氯气管选用紫铜管或无缝钢管，氯水管用橡胶管或塑料管，给水管用镀锌钢管。

4）氯库

液氯库的储备量应按生产、运输和使用条件具体确定，一般按照最大投加量 15～30d 的储量计算。氯库建筑应防止强烈日照，同时必须有独立向外开启的门，大门的尺度要方便氯瓶的运输，氯库内必须有机械搬运设备。

（2）二氧化氯消毒

二氧化氯为强氧化剂，杀菌主要是吸附和渗透作用，大量二氧化氯分子聚集在细胞周围，通过封锁作用，抑制其呼吸系统，进而渗透到细胞内部，以其强氧化能力有效氧化菌类细胞赖以生存的含硫基的酶，从而快速抑制微生物蛋白质的合成来破坏微生物。

1）二氧化氯投加量

二氧化氯投加量应根据实验和相似条件下水厂的运行经验，按照最大用量计算。主要与原水水质和投加用途有关。当二氧化氯仅作为饮用水消毒时，一般投加 0.1～0.5mg/L；当用于除铁、除锰、除藻的预处理时，一般投加 0.5～3.0 mg/L；当兼做除臭时，一般投加 0.5～1.5 mg/L。投加量须保证管网末端能有 0.05 mg/L 的剩余氯。

2）二氧化氯投加点的选择

用于预处理时，一般应在混凝剂加注前 5min 左右投加。用于除臭或饮用水消毒时，可以在滤后投加。

3）接触时间

用于预处理时，二氧化氯与水的接触时间为 15～30min；用于水厂饮用水消毒时为 15min。

4）二氧化氯投加方式

采用水射器在管道中投加，水射器尽量靠近加注点。也可以采用扩散器或扩散管在水池中投加。

5）二氧化氯制取间及库房设计

目前，常见的二氧化氯的制备方法有电解食盐法和化学法。设置二氧化氯发生器的制取间与储存物料的库房合建时，须设有隔墙。每房间有独立对外的门和便于观察的窗。制取间须有喷淋装置，防止气体泄漏。

库房的面积不宜大于 30d 的储存量。库房保持干燥，防止强烈的光线直射，底层设有机械通风设备。需要设置机械搬运装置。制备间和库房按照防爆建筑要求设计，工作区内要有通风装置和气体的传感、警报装置。门外应设置防护工具。

（3）漂粉精消毒

漂粉精的消毒作用和氯相同，适用于小水量的消毒。

漂粉精为较纯的 Ca（OCl）$_2$，有效氯含量为 65%～70%，是一种较稳定的氯化剂。

设计要点：

1）加氯量（以有效氯计）、接触时间与加液氯相同。

2）漂粉精消毒可以采用湿式投加，即先将漂粉精溶解在水中配置成一定浓度的溶液，再投加到水中。使用时先将一定量的漂粉精加入溶药槽，然后加水搅拌配制成有效氯含量为 1%～5% 的溶液，取上清液投加，每日配制 1～2 次。漂粉精溶药及投配系统见图 3.2-28。漂粉精也可以直接将粉剂投加到出水中，即干式投加。

3）溶药池一般采用两个，便于轮换使用。池底坡度不小于 2%，考虑 15% 容积作为沉渣部分，池子顶部应有大于 0.1～0.15m 的超高。

4）漂粉精仓库宜与加注室隔开。药剂储备量一般按最大日用量的 15～30d 计算。适当设置机械搬运设备。

5）仓库应保持阴凉、干燥、通风良好，一般为自然通风。

（4）次氯酸钠消毒

次氯酸钠消毒作用仍然依靠 HOCl 进入菌体内部起氧化作用。次氯酸钠溶液是通过发生器将食盐水电解后生成的，无色、无味，消毒效果不如氯强。

一般用次氯酸钠发生器电解食盐水（或海水）制取次氯酸钠溶液。产品含有效氯 6～11mg/mL。

次氯酸钠宜边生产边使用，冬天储存时间不应超过 6d，须避光保存。

储液箱有足够高度时，可以重力投加，通过水封箱加注到水泵吸水管中，见图 3.2-29；也可以用水射器等压力投加，同混凝剂的投加。

（5）氯胺消毒

氯胺的氯化和消毒机理还不完全清楚，但是可以认为是一种重新放出 HOCl 的过程。氯胺的消毒能力比氯低。氯化和消毒能力比较缓慢。当原水中有机物含量较多时，可以用氯胺进行预处理。或者当出厂水输水管线较长，为了输水管线中的余氯能保持较长时间，可以用氯胺消毒。

氯胺消毒的设计要点：

1）氯胺消毒时接触时间不小于 2h。

2）氯、氨的投加比例应通过试验确定，一般氯和氨的重量比为（3∶1）～（6∶1）。

3）氯和氨的投加方法相同。氯和氨的投加顺序按投加目的而定。以消毒为主时可"先氯后氨"；前加氯为了减少不良副产物的生成应"先氨后氯"。

4）加氨间和氨库的设计一定要严格按照防火设计规范的有关防爆设防规定。加氨间应经常换气，进气孔设在外墙的低处，排气孔设在最高处。加氨间的建筑、安全、通风、管线等可以参照加氯间。氨瓶不可以在阳光下曝晒。

（6）臭氧消毒

臭氧分解放出的新生态氧 [O] 活泼性是氯的 600 倍，具有极强氧化能力和渗入细胞壁能力，从而破坏细菌有机体链状结构而导致细菌死亡。臭氧具有很高的杀菌能力（pH 值为 6～9 时，消毒效率由高到低的顺序为臭氧＞二氧化氯＞氯＞次氯酸钠）。臭氧能有效控制水中 THMs 的浓度，但是臭氧处理会产生醛类及溴酸盐等有毒副产物。臭氧消毒系统主要由四部分组成，即气源制备、臭氧发生、接触反应、尾气处理。用于净水厂的臭氧消毒系统的基本布置见图 3.2-30。

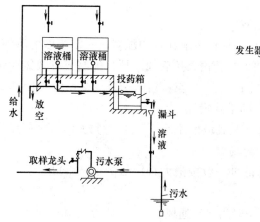

图 3.2-28 漂粉精溶药及投配系统

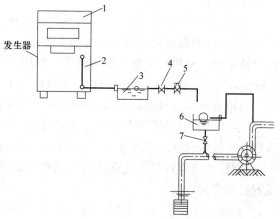

图 3.2-29 次氯酸钠重力投加

1—电解槽；2—储液箱；3—液位箱；4—阀门；
5—流量调节阀；6—投配箱；7—电磁阀

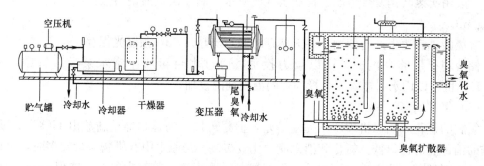

图 3.2-30 臭氧消毒系统的基本布置

（7）紫外线消毒

紫外线的波长范围为 200～300nm，而以波长 260nm 左右的紫外线杀菌能力最强。这是因为细菌细胞内的许多化学物质尤其是遗传物质 DNA 对紫外线具有强烈吸收的作用，而 DNA 对紫外线的吸收峰在 260nm 处，这些化学物质吸收紫外线后就会发生分子结构的破坏，引起菌体内蛋白质和酶的合成发生障碍，最终导致细菌死亡。

紫外线杀菌灯灯管由石英玻璃制成。按照灯管工作时管内的汞蒸汽压力，分为高压汞灯和低压汞灯。国产灯管的功率一般不超过 40W，实际应用中多为低压汞灯。处理水量较大时可以采用高压汞灯。

紫外线消毒器按水流承压情况分为敞开式和封闭式。敞开式紫外线消毒器是指被消毒的水在重力作用下流经紫外线消毒器。

封闭式紫外线消毒器属承压型，用金属筒体和带石英套管的紫外线灯把被消毒的水封闭起来，结构形式如图 3.2-31 所示。筒体常用不锈钢或铝合金制造，内壁多作抛光处理，以提高对紫外线的反射能力，从而增强筒体内的紫外线辐射强度。根据处理水量的大小，可以改变紫外灯的数量，使用单灯管或多灯管的紫外线消毒器。

紫外线照射时间、水层厚度、水的色度及浊度、周围环境温度、微生物种类及数量都对紫外线消毒效果有影响。

紫外线消毒器的设计要点：

1) 设计生产的紫外线消毒器应符合国家行业标准《紫外线消毒器》QB/T 1172—1999 的要求。紫外线消毒器的基本参数见表 3.2-13。

行业标准规定的紫外线消毒器的基本参数　　　　表 3.2-13

消毒器功率(W)	出水最大流量(m³/h)	灯管寿命(h)	电源	
			电压(V)	频率(Hz)
15	0.2			
20	0.6			
30	1	≥500	200±5%	50±2%
60	2			
90	3			

2) 光照接触时间为 10～100s。

3) 水层厚度一般不超过 2cm。

4) 消毒器中的水流速度最好不小于 0.3m/s，减少套管的结垢。

5) 紫外线灭菌灯的最佳运行温度为 40℃，温度更高或更低都会影响紫外光的输出功率。

6) 消毒器前应有净水器或进水经过过滤，以提高杀菌效果。

7) 消毒器可以并联或串联安装。

（8）微电解消毒

20 世纪 90 年代初，国内外的学者开始了饮用水电化学消毒技术的研究。微电解消毒即是电化学法消毒，其消毒实质是水流经电场水处理器时，水中细菌、病毒的生态环境发生变化，导致其生存条件丧失而死亡。微电解消毒的机理、影响因素、设备的研究有待进一步完成。

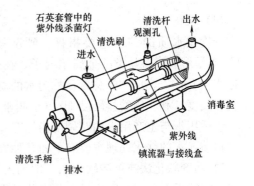

图 3.2-31　封闭式紫外线消毒器

3.2.2　特殊水处理方法

（1）除臭、除味

当原水中臭、味严重，而采用澄清和消毒工艺系统不能达到水质要求时才采用。除臭、除味的方法取决于水中臭、味的来源。例如：对于水中有机物所产生的臭和味，可用活性炭吸附或氧化法去除；对于溶解性气体或挥发性有机物所产生的臭和味，可采用曝气法去除；因藻类繁殖而产生的臭和味，可采用微滤机或气浮法去除藻类，也可在水中投加除藻药剂；因溶解盐类所产生的臭和味，可采取适当的除盐措施等。

（2）除铁、除锰

含铁和含锰的地下水在我国分布很广。铁和锰可共存于地下水中，但含铁量往往高于含锰量。地下水或湖泊、蓄水库的深层水中，由于缺少溶解氧，水中的铁、锰为 Fe^{2+} 和 Mn^{2+}。当铁、锰含量超过《生活饮用水卫生标准》GB 5749—2006（铁的浓度为 0.3mg/L，锰的浓度为 0.1mg/L）的规定时，原水须经除铁、除锰处理。

地下水除铁、除锰是氧化还原反应过程，将溶解状态的铁、锰氧化成为不溶解的三价铁和四价锰的化合物，再经过滤即达到去除目的。除铁锰的方法有：曝气氧化法、曝气接触氧化法、化学氧化法、混凝法、碱化法、离子交换法、稳定处理法、生物氧化法。除铁采用曝气接触氧化法或曝气自然氧化法，除锰则多采用曝气接触氧化法。

（3）除氟

氟是有机体生命活动所必需的微量元素之一，但长期饮用高氟水会引起氟中毒，典型病症是氟斑牙（斑袖齿）和氟骨症。我国《生活饮用水卫生标准》GB 5749—2006 规定，饮用水中氟化物的含量不超过 1.0mg/L。

除氟方法基本可分成三类：第一类是骨炭、活性氧化铝、沸石进行吸附与离子交换的物理分离法，是除氟的比较经济有效的方法；第二类是采用氢氧化铝、氯化铝和硫酸铝等铝盐絮凝沉淀或采用氧化钙、氢氧化钙、氯化钙、石灰等钙盐共沉的化学方法；第三类是采用电解、电渗析法的电化学法。

选择除氟方法应根据水质、规模、设备和材料来源经过技术经济比较后确定。当处理水量较大时，宜选用活性氧化铝法；当除氟的同时要求去除水中氯离子和硫酸跟离子时，宜选用电渗析法。絮凝沉淀法适合含氟量偏低的除氟处理，这是由于除氟所需的絮凝剂投加量远大于除浊要求的投加量，容易造成氯离子或硫酸根离子超过《生活饮用水卫生标准》。

（4）软化

硬度是水质的一个重要指标。硬度盐类包括 Ca^{2+}、Mg^{2+}、Fe^{2+}、Mn^{2+}、Fe^{3+}、Al^{3+} 等易形成难溶盐类的金属阳离子。在一般天然水中，主要是 Ca^{2+} 和 Mg^{2+}，所以通常把水中 Ca^{2+}、Mg^{2+} 的总含量称为水的总硬度 Ht。硬度又可区分为碳酸盐硬度 He（也叫暂时硬度）和非碳酸盐硬度 Hn（也叫永久硬度）。

生活用水与生产用水均对硬度指标有一定的要求，硬度超过标准的水需进行软化。

目前，水的软化处理主要有下面几种方法：

1）药剂软化法或沉淀软化法，即加入某些药剂，把水中钙、镁离子转变成难溶化合物使之沉淀析出。工艺所需设备与净化过程基本相同，也要经过混合、絮凝、沉淀、过滤等工序。

2）离子交换软化法，即利用某些离子交换剂所具有的阳离子（Na^+ 或 H^+）与水中钙、镁离子进行交换反应，达到软化目的。

3）基于电渗析原理，利用离子交换膜的选择透过性，在外加直流电场作用下，通过离子的迁移，进行水的局部除盐的同时，达到软化的目的。

（5）淡化和除盐

淡化和除盐的处理对象是水中各种溶解盐类，包括阴、阳离子。将高含盐量的"苦咸水"处理到符合生活饮用水要求时的处理过程，一般称为咸水"淡化"。制取纯水及高纯水的处理过程称为水的"除盐"。

淡化和除盐主要方法有蒸馏法、离子交换法、电渗析法及反渗透法等。离子交换法是通过阴、阳离子交换剂分别与水中的阴、阳离子相交换的过程；电渗析法是利用阴、阳离子交换膜能够分别透过阴、阳离子的特性；在外加直流电场作用下使水中阴、阳离子被分离出去；反渗透法是利用高于渗透作用的压力施于含盐水以便水通过半渗透膜而盐类离子被阻留下来。电渗析法和反渗透法属于膜分离法，通常用于高含盐量水的淡化或离子交换法除盐的前处理工艺。

（6）高浊度水处理

一般含沙量为 $10\sim100kg/m^3$，沉淀时泥和水有明显界面的水称为高浊度水。高浊度水的处理流程和常规水处理流程的区别主要在于调蓄水池和预沉池的设置以及沉淀池的考虑。

处理流程如下：

1）根据原水含沙量和出水水质的要求、工程规模、沙峰延续时间确定流程，为保证安全供水，流程中应考虑调蓄水池。进水含沙量小于 $40kg/m^3$、沉淀水浊度大于3NTU时，可用常规处理工艺。

2）一般采用二级沉淀处理流程，对于水量小、水质要求不高的水厂也可采用常规处理流程。

3）黄河中、上游和长江上游高浊度水处理时，因泥沙粒径较大、会磨损水泵且易在常规流程中的絮凝池和沉淀池底部淤积而难以消除，因此较多采用预沉池，以减轻大颗粒泥沙、浮冰和杂草对净水工艺的危害。

4）黄河中、上游和长江上游的西部小城镇水厂，宜采用两级甚至三级混凝沉淀和过滤工艺。

（7）含藻水处理

当藻类含量大于100万个/L时会妨碍水厂常规处理，使出厂水难以符合饮用水标准的原水，称为含藻水。含藻水的处理方法具体主要有硫酸铜、预氯化等灭藻以及强化混凝沉淀、气浮法、生物处理等。设计时应根据试验研究或相似条件下水厂的运行经验，通过技术经济比较确定处理方法。

预加氯或二氧化氯可杀灭藻类，并防止藻类堵塞输水管和滤池。为减小消毒副产物的影响，出厂水和管网水的氯仿和四氯化碳含量应符合生活饮用水水质标准。

对常规的混凝沉淀加以强化，可以大大提高除藻效率。常用的强化混凝方法有：在使用常规絮凝剂时，调节pH值或加入一定量的活化硅酸及有机高分子助凝剂（如聚丙烯酰胺等）。

在浊度较低的原水中投加泥浆可提高原水浊度和混凝除藻效果。投加泥浆的原水加絮凝剂后进入到絮凝池，可以增加絮凝颗粒的强度，使藻类，尤其是预加氯后的死藻较容易在沉淀池中沉淀去除，从而减轻后续滤池的负担。此法工艺简单，费用较低，但须增添泥浆配置和投加设备。泥浆的投加量以使原水浊度保持在80~150NTU为宜。如加泥量过多，浊度太高，反而会增加投泥量、絮凝剂用量和排泥次数。泥浆必须选用腐殖质及有机物少的山泥。

气浮法可以用于处理含藻类较多（＞10万个/L）的原水，其工作原理是比重与水接近的颗粒（如藻类）不易沉淀，然而向水中通入大量微小气泡时，可以粘附在颗粒上，并快速上浮，从而达到固液分离的目的。此外，气浮法还可用于低温低浊水（原水水温小于4℃，浊度小于100NTU）、色度高的原水、沉淀效果较差的原水的处理。

3.3 给水处理工艺流程

给水处理工艺、处理构筑物选择，应根据原水水质、设计规模，参照相似条件下水厂的运行经验，结合当地条件，通过技术经济比较确定。下面介绍几种典型的给水处理工艺流程。

（1）当水源水质符合相关标准时，可采用以下净水工艺：

1）对水质良好的地下水，可只进行消毒处理。

2）原水有机物含量较少，浊度长期不超过20NTU、瞬间不超过60NTU时，可采用慢滤加消毒或接触过滤加消毒的净水工艺。原水采用双层滤料或多层滤料滤池直接过滤。

3）原水浊度长期低于500NTU、瞬间不超过1000NTU时，可采用混凝沉淀（或澄清）、过滤加消毒的净水工艺。混凝沉淀（或澄清）及过滤构筑物为水厂中主要生产构筑物。

4）原水含沙量变化较大或浊度经常超过500NTU时，可在常规净水工艺前采取预沉措施。高浊度水应按《高浊度水给水设计规范》CJJ 40—2011的要求进行净化。

（2）限于条件，选用水质超标的水源时，可采用以下净水工艺：

1）微污染地表水可采用强化常规净水工艺，或在常规净水工艺前增加生物预处理或化学氧化处理，也可采用滤后深度处理。

2）含藻水宜在常规净水工艺中增加气浮工艺，并符合《含藻水给水处理设计规范》CJJ32—2011的要求。

3）铁、锰超标的地下水应采用氧化、过滤、消毒的净水工艺。

当原水含铁量低于2.0～5.0mg/L（北方采用2.0mg/L，南方采用5.0mg/L）、含锰量低于1.5mg/L时，可采用：

原水曝气→单级过滤除铁、除锰

当原水含铁量或含锰量超过上述数值且Fe^{2+}易被空气氧化时，可采用：

原水曝气→氧化→一次过滤除铁→二次接触氧化过滤除锰

当除铁受硅酸盐影响或Fe^{2+}空气氧化较慢时，可采用：

原水曝气→一次接触氧化过滤除铁→氧化→二次接触氧化过滤除铁

4）氟超标的地下水可采用活性氧化铝吸附、絮凝沉淀或电渗析等工艺。

敞开式吸附滤池方式：

降低pH值

↓

含氟原水→一级泵站→吸附滤池→清水池→二级泵站→用户

压力式吸附滤池方式：

降低 pH 值

↓

含氟原水→一级泵站→吸附滤池→用户

串联吸附滤池方式：

降低 pH 值

↓

含氟原水→一级泵站→吸附滤池→吸附滤池→用户

絮凝沉淀法除氟可用于原水氟化物含量不超过 4mg/L，处理水量小于 $30m^3/d$ 的小型水厂，其工艺流程为：

投加絮凝剂

↓

含氟原水→混合→絮凝→沉淀→过滤→出水

投加絮凝剂

↓

含氟原水→混合→絮凝→沉淀→出水

5）"苦咸水"淡化可采用电渗析或反渗透等膜处理工艺。

含盐量小于 5000mg/L 的"苦咸水"淡化以及含氟量小于 12mg/L 的地下水除氟可采用电渗析。主要工艺流程应为：

原水→预处理→电渗析器→消毒→清水池

3.4 给水处理厂设计

3.4.1 给水厂设计内容

给水厂的设计内容一般包括：根据城镇或工业区的给水规划选择厂址；根据水源的水质及要求的水质标准选择（包括必要的试验工作）净水工艺流程和净水构筑物形式；确定药剂（包括混凝剂、助凝剂）品种、投加量及投加方式；选择消毒方法及投加设备；安排辅助生产及附属生活建筑物；进行水厂的总体布置（平面与高程）及厂区道路、绿化和管线综合布置；编制水厂定员表；编制工程概算及主要设备材料表。在完成上述工作过程中应根据设计要求搜集资料；进行设计、计算与绘图工作。

3.4.2 给水厂设计原则

（1）水处理构筑物的生产能力，应以最高日供水量加水厂自用水量进行设计，并以原水水质最不利情况进行校核。

水厂自用水量主要用于滤池冲洗及沉淀池或澄清池排泥等方面。自用水量取决于所采用的处理方法、构筑物类型及原水水质等因素。

（2）水厂应按近期设计，考虑远期发展。根据使用要求和技术经济合理性等因素，对近期工程亦可作分期建造的安排。对于扩建、改建工程，应从实际出发，充分发挥原有设施的效能，并应考虑与原有构筑物的合理配合。对于不宜分期建设的部分，如配水井、加药间以及泵房等，其土建部分应一次建成，而混凝沉淀构筑物、滤池等可按分期建设考虑。

（3）水厂设计中应考虑各构筑物或设备进行检修、清洗及部分停止工作时，仍能满足用水要求。例如，主要设备（如水泵机组）应有备用。

（4）水厂内机械化和自动化程度，应本着提高供水水质和供水可靠性，降低能耗、药耗，提高科学管理水平和增加经济效益的原则，根据实际生产要求、技术经济合理性和设备供应情况，妥善确定，逐步提高。

（5）设计中必须遵守设计规范的规定。如果采用现行规范中尚未列入的新技术、新工艺、新设备和新材料，则必须通过科学论证，确保行之有效，方可付诸工程实际。但对于确实行之有效、经济效益高、技术先进的新工艺、新设备和新材料，应积极采用，不必受现行设计规范的约束。

以上内容同样适用于地下水源水厂设计，只是水厂内的构筑物与地表水源水厂不同。

3.4.3 给水厂厂址选择

给水厂厂址选择应在整个给水系统设计方案中全面规划，综合考虑，通过技术、经济比较确定，保证总体的社会效益、环境效益和经济效益。厂址选择的好坏对建设进度、投资大小、运行管理、环境保护及今后发展诸多方面都会带来重大的影响。

选择厂址时，一般应考虑以下几个问题：

（1）符合城市或工业区总体规划及给水规划确定的给水系统对厂址的要求。

（2）选择在工程地质条件较好的地方，在有抗震要求的地区还应考虑地震、地质条件。一般选在地下水位低、承载力较大、湿陷性等级不高、岩石较少的地层，以减少基础处理和排水费用以及降低工程造价和便于施工。避免设在易受洪水威胁的地段，否则应考虑防洪措施。

（3）厂址的选择应注意与当地的自然环境相协调，厂址周围的环境应注意卫生和安全防护条件，厂址宜放在绿化地带内，避免设在污染较大的工厂附近、闹市地区。

（4）厂址应尽量设置在水、电、运输及其他公用工程、生活设施较方便的地区。

（5）厂址应选在有扩建条件的地方，为今后发展留有余地，尽量不占良田。

（6）当取水地点距离用水区较近时，水厂一般设置在取水构筑物附近，通常可考虑与取水构筑物建在一起。

当取水地点距离用水区较远时，厂址选择有两种方案：一是将水厂设置在取水构筑物附近，另一种是将水厂设置在离用水区较近的地方。前一种方案主要优点是：水厂和取水构筑物可集中管理；节省水厂自用水的输水费用并便于沉淀池排泥和滤池冲洗水排除；特别是浊度较高的原水。但从水厂至主要用水区的输水管道口径要增大，管道承压较高，从而增加了输水管道的造价，特别是当城镇用水量逐时变化系数较大及输水管道较长时，或者需在主要用水区增设配水厂（消毒、调节和加压），净化后的水由水厂送至配水厂，再由配水厂送入管网。这样也增加了给水系统的设施和管理工作。后一种方案优缺点与前者正相反。对于高浊度水源，也可将预沉构筑物与取水构筑物建在一起，水厂其余部分设置在主要用水区附近。以上不同方案应综合考虑各种因素并结合其他具体情况，通过技术经济比较确定。

3.4.4 给水厂处理方案

进行给水厂设计，要选择确定净化处理方案。处理方案是否能达到预期的净化效果，将是检验一个给水厂设计质量的重要标志。

给水厂处理方案的主要内容包括：水处理工艺流程的选择；水处理药剂的选择；水处理构筑物和设备形式的选择和计算（药剂配制与投加设备，混合设备，絮凝池，沉淀（澄清）池，滤池及其反冲洗设施，消毒设备等）；进行合理的流程安排和组合；确定出其他生产辅助构筑物或设备；在特殊情况下的处理工艺流程与措施（如超越管的设置，多处加药点的设置等）。

1. 确定处理方案的依据

（1）水质情况

1）究竟哪些水质项目必须处理。一般来说，凡是原水水质不符合用水水质指标的项目都要进行处理。但是，有时会碰到某一个不合格的水质项目，处理起来很困难，花费很大，同时对使用时的影响暂时还未明确，这时我们应做具体分析，可能不在净水厂处理，而由用户自行处理。另外，当原水水质超过指标的时间只是暂时的，或者是短期的，如果处理较麻烦，也应该权衡轻重，决定是否处理。

2）当原水水质变化很大时，究竟用哪个数值作为处理的依据，这是设计的标准之一，含沙量的变化就是例子。如果采用最高的含沙量来设计，那么就可能加大了沉淀池，也增加了排泥水量，同时加药量也会增加，因此投资就可能多。在这种情况下，就要考虑采用较低或平均含沙量来设计，同时考虑高含沙量时的具体解决措施，例如减少进水量，加大投药量或暂时降低出水水质标准等。

（2）供水量的要求，例如要求的安全程度和保证率等。

（3）水处理试验资料，决定药剂种类、投量和影响因素、沉降速度的取值、预氯处理的必要性等。

（4）水厂所在地区的有关具体条件，如药剂和建筑材料供应，技术水平和管理经验等。

（5）对计量设备、水质检验及自动化程度的要求，没有适当的计量仪表和水质检验设备，就不能得出处理的水量、水质、原材料消耗、劳动生产率、成本、利润等经济指标。设备的自动化不单纯是减轻管理工作，更重要的是为了做到严格控制工艺过程达到安全经济供水的目的。

总之，水厂处理方案的选择，决定于水源水质、用户对水质的要求、生产能力、当地条件，并参考水处理试验资料和相似条件下给水厂的运转管理经验，通过技术经济比较综合研究决定。

2. 确定处理方案、选择处理工艺流程

水质随不同的水源而变化，因此，当确定取用某一水源后，必须十分清楚该水源的水质情况。根据用水要求达到的水质标准，分析研究原水水质中哪些项目是必须进行处理的，哪些项目通过给水厂解决，哪些项目需单独处理解决。根据需要处理的内容，选择处理工艺流程。选择工艺流程时，应遵循以下原则：

（1）工艺流程应根据原水性质和用水要求选择，其处理程度和方法应符合现行的国家和地方的有关规定，处理后水质应符合有关用水的标准要求。

（2）应综合考虑建厂规模、投资费用和运行费用，参照相似条件下水厂的运行经验，结合当地实际财力，进行技术经济比较后确定。

（3）应充分利用当地的地形、地质、水文、气象等自然条件及自然资源。

（4）流程选择应妥善处理技术先进和合理可行的关系，并考虑远期发展对水质水量的要求，考虑分期建设的可能性。

（5）流程组合的原则应当是先易后难，先粗后细，先成本低的方法，后成本高的方法。

选择处理工艺流程时，最好根据同一水源或参照水源水质条件相似的已建给水厂运行经验来确定。有条件时并辅以模型或模拟试验加以验证。当无经验可参考，或拟采用某一新工艺时，则应通过试验，经试验证明能达到预期效果后，方可采用。

根据以往的设计、施工和运行管理经验，在选型时，一般可采用下面的组合：

（1）对水量小、原水浊度长期较低、要求管理简单的情况下，可采用无阀滤池一次净化。

（2）水量大、原水浊度较高时，构筑物类型可根据水量的大小选取。

流量在 400m³/h 以内时，可考虑水力循环澄清池，配用无阀滤池或虹吸滤池。当供应工业用水且水质要求不高时，可只经沉淀而不用滤池。

当原水浊度经常小于 50mg/L 时，可直接采用双层滤料的无阀滤池过滤，并以压力式较适宜。

流量小于 1000m³/h 时，可采用机械搅拌澄清池，并配用普通快滤池或虹吸滤池。

流量小于 2000m³/h 时，可考虑用机械搅拌澄清池，脉冲澄清池或斜管斜板沉淀池，配合使用普通快滤池或虹吸滤池。采用机械搅拌澄清池，因水量大时搅拌器尺寸相应增大、加工困难，同时池为圆形，水厂的面积利用率较差，但水处理效果较稳定。

采用湖泊水或水库水作水源，原水浊度较低（一般在 100mg/L 以下），同时藻类多（一般在 20000 个/mL 左右）以及水温较低时，可采用气浮池，并可与移动冲洗罩等滤池组成一体化处理工艺。

3. 选择适宜的药剂品种和确定最佳用量

通常，不同水质的原水，其适宜的药剂品种和最佳用量也不相同。因此选择适宜药剂和最佳用量的方法，最好参照同一水源或与原水水质相似的已建给水厂的经验，但应注意其混凝条件（混合、反应、加药点等），不同的混凝条件，所取得的混凝效果是有差异的，有时这个差异很大。

选择适宜药剂品种和最佳用量的另一种方法，是通过烧杯搅拌试验求得。经验证明，搅拌试验可以比较满意地选择出适宜的药剂及其最佳用量。选择净水药剂时应注意，当用于生活饮用水时，不得含有对人体健康有害的成分，如选用由工业废料配制成的药剂时，应取得当地卫生监督部门的同意；当用于工业用水时，不应含有对生产及其产品有不良影响的成分。

此外，在选择净水药剂时，还应进行不同药剂及用量的经济比较，了解药剂供应情况，当几种药剂比较结果相近或相同时，应选择对容器及设备腐蚀性较低的药剂。

4. 水处理构筑物类型选择

混凝、沉淀、过滤等过程主要是通过其相应的水处理构筑物来完成的。同一过程有着不同形式的处理构筑物，而且都具有各自的特点，包括它的工艺系统、构造形式、适应性能、设备材料要求、运行方式、管理和维护要求等。同时，其建造费用和运行费用也是有差异的。因此，当确定处理工艺流程后，应进行水处理构筑物类型的选择，并通过技术经济比较确定。

水处理工艺及构筑物适用的水质情况见表 3.4-1。

水处理构筑物类型及适用条件　　　　表 3.4-1

处理工艺		构筑物名称	适用条件		出水悬浮物含量(mg/L)
			进水含沙量(kg/m³)	进水悬浮物含量(mg/L)	
高浊度水沉淀	自然沉淀	天然预沉池,平流式或辐射式预沉池,斜管预沉池	10~30		≈2000
	混凝沉淀		10~120		
	澄清	水力循环澄清池	<60~80		一般<20
		机械搅拌澄清池	<20~40		
		悬浮澄清池	<25		
一般原水沉淀	混凝沉淀	平流沉淀池		一般<5000,短时间内允许10000	一般<10
		斜管(板)沉淀池		500~1000,短时间内允许3000	
	澄清	机械搅拌澄清池		一般<3000,短时间内允许5000	
		水力循环澄清池		一般<2000,短时间内允许5000	
		脉冲澄清池		一般<3000,短时间内允许5000	
		悬浮澄清池(单层)		一般<3000	
		悬浮澄清池(双层)		3000~10000	
气浮		各种气浮池		一般<100,原水中含有藻类以及密度小的悬浮物质	一般<10
普通过滤		各种滤池		一般<15	一般<3
接触过滤(微絮凝过滤)		各种滤池		一般<70	
微滤		微滤机		原水含藻类、纤维素、悬浮物时	
氧化		臭氧接触池	原水有臭味,受有机污染较重		
吸附		活性炭吸附塔		一般<5	

5. 给水厂平面布置

给水厂布置是水厂各构筑物之间相互关系的总体设计。它是从工艺流程、操作联系、生产管理以及物料运输等各个方面考虑而进行的组合布置。水厂布置内容应包括水厂的平面布置和高程布置。

水厂主要由两部分组成：

(1) 生产构筑物和建筑物：包括处理构筑物、清水池、二级泵站和药剂间等；

(2) 辅助建筑物：其中又分生产辅助建筑物和生活辅助建筑物两种。生产辅助建筑物包括化验室、修理部门、仓库、车库及值班宿舍等；生活辅助建筑物包括办公楼、食堂、浴室、职工宿舍等。

另外，还应设堆砂场、堆料场等。生产构筑物及建筑物平面尺寸根据水厂的生产能力，通过设计计算确定。生活辅助建筑物面积应按水厂管理体制、人员编制和当地建筑标准确定。生产辅助建筑物面积根据水厂规模、工艺流程和当地具体情况确定。

当各构筑物和建筑物的个数和面积确定之后，根据工艺流程和构筑物及建筑物的功能要求，结合水厂地形和地质条件，进行平面布置。

处理构筑物一般均分散露天布置。北方寒冷地区应采用室内集中布置，并考虑冬季供暖设施。集中布置比较紧凑，占地少，便于管理和实现自动化操作。但结构复杂，管道立体交叉多，造价较高。

水厂平面布置主要内容包括：各种构筑物和建筑物的平面定位，各种管道、阀门及管道配件的布置，排水管（渠）布置，道路、围墙、绿化及供电线路的布置等。进行水厂平面布置时，应考虑下述几点要求：

（1）功能分区，配置得当。在有条件时，最好把生产区和生活区分开，尽量避免非生产人员在生产区通行和逗留，以确保生产安全。生活区尽量放置在厂区前，使厂区总体环境美观、协调、运输联系方便。

（2）布置紧凑，力求处理工艺流程简短、顺畅并便于操作管理。如沉淀池或澄清池应紧靠滤池，二级泵房尽量靠近清水池。但各构筑物之间应留出必要的施工和检修间距和管（渠）道位置。在北方寒冷地区，尽可能将有关处理设施合建于一个构筑物内。对于城镇中的中、小型水厂，可将辅助建筑物合并建造，以方便管理、降低造价。

（3）充分利用地形，力求挖填土方平衡以减少填、挖土方量和施工费用。例如沉淀池应尽量布置在厂区内地势较高处，清水池尽量布置在地势较低处。

（4）各构筑物之间连接管（渠）应简捷、减少转弯，尽量避免立体交叉，并考虑施工、检修方便。此外，有时也需设置必要的超越管道，以便某一构筑物停产检修时，保证必须供应的水量采取应急措施。

（5）建筑物布置应尽可能注意朝向和风向。如加氯间和氯库应尽量设在水厂夏季主导风向的下风向，泵房等常有人操作的地方应布置成坐北朝南向。

（6）对分期建造的工程，既要考虑近期的完整性，又要考虑远期工程建成后整体布局的合理性，还应考虑分期施工方便。关于水厂内道路、绿化、堆场等设计要求应满足《室外给水设计规范》的相应要求。滤料堆场应靠近滤池，且应有不小于5%的坡度。厂区道路一般为单车道，宽度常为4m左右，主要道路为4～6m，人行道为1.5～2.0m。

水厂平面布置一般均需提出几个方案进行比较，以便确定在技术经济上较为合理的方案。水厂平面布置见图3.4-1。

6. 给水厂高程布置

高程布置是通过计算确定各处理构筑物标高、连接管渠的尺寸与标高，确定是否需提升，并绘制流程的纵断面图［一般采用的比例尺为纵向1：（50～100）；横向与总平面图相同］。

给水厂处理构筑物的高程布置，应根据地形条件，结合构筑物之间的高程差，进行合理布置。一般应考虑如下原则：

（1）尽量适应地形。充分利用原有地形坡度，优先采用重力流布置，并满足净水流程

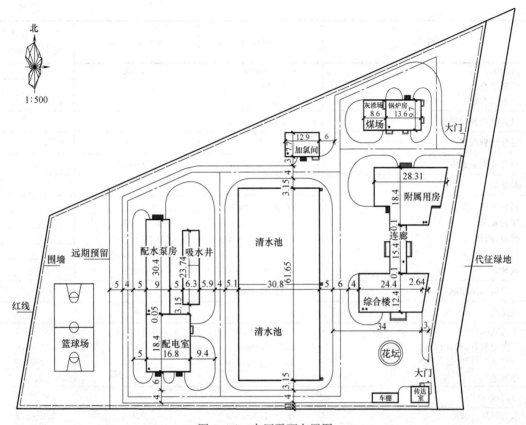

图 3.4-1 水厂平面布置图

中的水头损失要求。

（2）当地形有一定坡度时，构筑物和连接管（渠）可采用较大的水头损失值；当地形平坦时，为避免增加填、挖土方量和构筑物造价，则采用较小的水头损失值。在认真计算并留有余量的前提下，力求缩小全程水头损失及提升泵站的总扬程，以降低运行费用。

（3）应考虑厂区内各种构筑物排水、排泥和放空，一般均应采取重力排放的方式；在特殊情况下，可考虑抽升排放。

（4）考虑远期发展，水量增加的预留水头。

7. 处理构筑物及连接管的水头损失

两处理构筑物之间水面高差即为流程中的水头损失，包括构筑物本身、连接管道、计量设备、阀门等水头损失在内。水头损失应通过计算确定，并留有余地。处理构筑物中的水头损失与构筑物形式和构造有关，估算时可采用表 3.4-2 中的数据。

水处理构筑物连接管中的允许流速、水头损失和单体构筑物总高度　　表 3.4-2

名　称	允许流速	水头损失（m）	单体构筑物总高度（m）
一级泵房到混合池	1.0~1.2m/s	视管道长度而定	
配水井		0.15~0.3	
混合			

名 称	允许流速	水头损失(m)	单体构筑物总高度(m)
混合池	0.6m/s	0.4~0.5	
扩散混合器	1m/s	0.3~0.4	
静态混合器	1.0~1.2m/s	0.3~0.5	
混合设施到絮凝池	1.0~1.5m/s	0.1	
混合池到沉淀池	1.0~1.5m/s	0.30	
混合池到澄清池	1.0~1.5m/s	0.2~0.3	
絮凝池			
隔板式絮凝池	0.6~0.2m/s	0.4~0.5	
穿孔旋流式	0.3~0.1m/s	0.15~0.2	
栅条、网格式	0.4~0.05m/s	0.06~0.18	
折板式		0.30~0.40	
机械式		0.05~0.10	
絮凝池到沉淀池	0.15~0.20m/s	0.05~0.10	
沉淀池			
平流式沉淀池	10~25mm/s	0.2~0.3	2.8~3.3
异向流斜管(板)沉淀池	2.5~3.0mm/s	1.0	4.4~4.6
气浮池	1.5~2.5mm/s	1.0	2.3~2.8
浮沉池			3.4
澄清池			
水力循环澄清池	0.7~1.0mm/s	3.0	5.2~8.2
机械搅拌澄清池	0.8~1.1mm/s	0.5	5.3~8.0
脉冲澄清池	0.7~1.0mm/s	2.0	4.0~5.0
沉淀池或澄清池到滤池	0.6~1.0m/s	0.3~0.5	
滤池			
普通快滤池	单层滤料:	2.0~2.5	3.2~3.8
接触滤池	8~10m/h	2.5~3.0	
虹吸滤池	双层滤料:	1.5~2.0	5.0~5.5
无阀滤池	10~14m/h	1.5~2.0	4.0~4.5
移动冲洗罩滤池	均质滤料:	1.2~1.5	3.8~4.0
V形滤池	7~20m/h		
滤池到清水池	1.0~1.5m/s	0.3~0.5	
快滤池冲洗水管	2.0~2.5m/s	视管道长度而定	
快滤池冲洗水排水管	1.0~1.5mm/s	视管道长度而定	

各种计量设备的水头损失可利用有关公式计算或查图表。一般进出水管上计量仪表中的水头损失可按 0.2m 计算，流量指示器中的水头损失可按 0.1~0.2m 计算。

当各项水头损失确定后，便可进行构筑物高程布置。构筑物高程布置与厂区地形、地质条件及所采用的构筑物形式有关。当地形有自然坡度时，有利于高程布置；当地形平坦时，高程布置中既要避免清水池埋入地下过深，又应避免絮凝池、沉淀池或澄清池在地面上架得过高而增加造价。尤其当地质条件差、地下水位高时，其影响造价的因素更多。

8. 布置类型

当各项水头损失确定之后，各水处理构筑物之间的相对高程便确定了，在此基础上进行构筑物高程布置。处理构筑物的高程布置一般有如图 3.4-2 所示的 4 种类型。

(1) 高架式 [图 3.4-2 (a)]：主要处理构筑物池底埋设地面下较浅，构筑物大部分高出地面。高架式为目前采用最多的一种布置形式。

(2) 低架式 [图 3.4-2 (b)]：处理构筑物大部分埋设地面以下，池顶离地面约 1m。这种布置操作管理较为方便，厂区视野开阔，但构筑物埋深较大，增加造价和带来排水困难。当厂区采用高填土或上层土质较差时可考虑采用。

(3) 斜坡式 [图 3.4-2 (c)]：当厂区原地形高差较大，坡度又较平缓时，可采用斜坡式布置。设计地面高程从进水端坡向出水端，以减少土石方工程量。

(4) 台阶式 [图 3.4-2 (d)]：当厂区原地形高差较大，而其落差又呈台阶时，可采用台阶式布置。台阶式布置要注意道路交通的畅通。

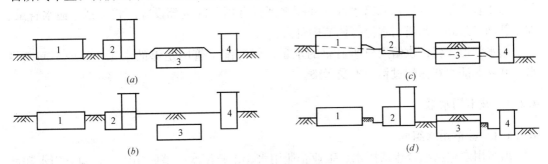

图 3.4-2　处理构筑物的高程布置
1—沉淀池；2—滤池；3—清水池；4—二级泵房

9. 流程标高计算

为了确定给水厂各构筑物、管渠、泵房的标高，应进行整个流程的标高计算，计算时应选择距离最长、损失最大的流程，并按最大设计流量计算。给水厂流程标高计算步骤如下：

(1) 确定原水的最低水位；

(2) 一级泵房在最低水位、最大取水量时的吸水管路水头损失，确定水泵轴心标高和泵房底板标高，计算出水管路的水头损失，计算出水管至配水井内的水头损失；

(3) 计算从配水井到滤池之间各构筑物内部的水头损失及各构筑物间的水头损失；

(4) 计算滤池至清水池的水头损失；

(5) 由清水池最低水位计算至二级水泵的轴心标高。

4 城市给水排水管道系统

原水经过净化后由输水管道及配水管网送至用户，用户用后水经排水管道系统收集后送至污水处理厂进行污水及污泥处理。本章主要介绍给水管道及排水管道。

4.1 给水管道

给水管道是保证输水到给水区内并配水到所有用户的全部设施。它包括：输水管渠、配水管网、泵站、水塔与水池等调节构筑物。

给水管道要保证供给用户所需要的水量，保证配水管网足够的水压，保证不间断供水，并且保证水在输配过程中不受污染。

4.1.1 城市用水量

4.1.1.1 城市用水组成

城市用水包括综合生活用水、工业企业用水、市政用水、消防用水、未预见用水和城市漏失水。

（1）综合生活用水

综合生活用水包括居民生活用水和公共建筑用水。

综合生活用水量计算遵循用水定额和城市人口数量。用水定额受城市的大小、地理位置、水资源状况、气候条件、经济发达程度、公共设施水平及居民经济收入、居住生活水平、生活习惯等影响。通常给水排水设施完善、居民生活水平相对较高的城市，生活用水量定额较高。根据《室外给水设计规范》GB 50013—2006 的规定，设计时应结合当地用水现状与城市总体发展规划及给水工程总体规划资料确定居民生活用水定额和综合生活用水定额，见表 4.1-1、表 4.1-2。

居民生活用水定额 [L/(cap·d)]　　　　　　　　　　　　　　　　　　　表 4.1-1

地区类别	城市规模					
	特大城市		大城市		中、小城市	
	最高日	平均日	最高日	平均日	最高日	平均日
一区	180～270	140～210	160～250	120～190	140～230	100～170
二区	140～200	110～160	120～180	90～140	100～160	70～120
三区	140～180	110～150	120～160	90～130	100～140	70～110

综合生活用水定额 [L/(cap·d)]   表 4.1-2

地区类别	城市规模					
	特大城市		大城市		中、小城市	
	最高日	平均日	最高日	平均日	最高日	平均日
一区	260～410	210～340	240～390	190～310	220～370	170～280
二区	190～280	150～240	170～260	130～210	150～240	110～180
三区	170～270	140～230	150～250	120～200	130～230	100～170

注：1. 特大城市指：市区和近郊区非农业人口 100 万人及以上的城市；

大城市指：市区和近郊区非农业人口 50 万人及以上，不满 100 万人的城市；

中、小城市指：市区和郊区非农业人口不满 50 万人的城市；

2. 一区包括：贵州、四川、湖北、湖南、江西、浙江、福建、广东、广西、海南、上海、云南、江苏、安徽、重庆；

二区包括：黑龙江、吉林、辽宁、北京、天津、河北、山西、河南、山东、宁夏、陕西、内蒙古河套以东和甘肃黄河以东的地区；

三区包括：新疆、青海、西藏、内蒙古河套以西和甘肃黄河以西的地区。

3. 经济开发区和特区城市：根据用水实际情况，用水定额可酌情增加。

（2）工业企业用水

工业企业用水包括工业企业生产用水和工作人员生活用水。

工业生产用水一般是指工业企业在生产过程中用于冷却、空调、制造、加工、净化和洗涤方面的用水。

工业用水定额一般以万元产值用水量表示。由于生产性质、工艺过程、生产设备及管理水平等不同，不同类型的工业万元产值用水量不同。一般情况下，生产用水量定额由企业工艺部门提供。资料缺乏时，可参考同类型企业用水指标。计算工业企业生产用水量时，应按当地水源条件、工业发展情况、工业生产水平，估计将来可能达到的重复利用率。

工业企业内工作人员生活用水量和淋浴用水量标准可按《工业企业设计卫生标准》GBZ1—2010 确定。

（3）市政用水

浇洒道路和绿化用水量根据路面种类、绿化面积、气候和土壤等条件确定。浇洒道路用水量标准一般为 1.0～2.0L/m² 路面，每日 2～3 次。绿化用水量标准为 1.5～4.0L/(m²·d)。

（4）消防用水

消防用水只在火灾时使用，消防用水量、水压和火灾延续时间等，应按照现行的《建筑设计防火规范》GB 50016—2014 执行。

（5）未预见用水及城市漏失水

根据《室外给水设计规范》GB 50013—2006 规定，城市未预见用水及城市漏失水量按最高日用水量的 15%～25% 计算。工业企业的未预见用水及管网漏失水量可根据工艺及设备情况确定。长距离输水渠道渗漏水量较大，设计时其渗漏水量通过调查研究计算确定。

4.1.1.2 城市用水量计算

城市用水量按最高日用水量计算，包括设计年限内给水系统所供应的全部用水，但不包括工业企业自备水源所供应的水量。设计用水量通常按分项累计法计算。由于城市消防用水量是偶然发生的，可不计入城市设计总用水量中，仅作为设计校核使用。

（1）最高日综合生活用水量（包括公共设施生活用水量）

$$Q_1 = \sum \frac{q_{1i} N_{1i} f_{1i}}{1000} \tag{4.1-1}$$

式中　Q_1——最高日综合生活用水量，m^3/d；

q_{1i}——各用水分区的最高日综合生活用水量定额，$L/(cap \cdot d)$；

N_{1i}——设计年限内各用水分区的计划用水人口数，cap；

f_{1i}——各用水分区的自来水普及率，%。

（2）工业企业生产用水量

$$Q_2 = \sum q_{2i} N_{2i} (1 - f_{2i}) \tag{4.1-2}$$

式中　Q_2——工业企业用水量，m^3/d；

q_{2i}——各工业企业最高日生产用水定额，$m^3/万元$、$(km^2 \cdot d)$ $m^3/产量单位$或$m^3/(生产设备单位 \cdot d)$；

N_{2i}——各工业企业产值，万元/d、产量、产品单位/d或生产设备数量；

f_{2i}——各工业企业用水重复利用率，%。

（3）工业企业职工生活用水与淋浴用水量

$$Q_3 = \sum \frac{q_{3ai} N_{3ai} + q_{3bi} N_{3bi}}{1000} \tag{4.1-3}$$

式中　Q_3——各工业企业职工生活用水与淋浴用水量，m^3/d；

q_{3ai}——各工业企业车间职工生活用水量定额，$L/(cap \cdot 班)$；

N_{3ai}——各工业企业车间最高日职工生活用水总人数，cap；

q_{3bi}——各工业企业车间职工淋浴用水量定额，$L/(cap \cdot 班)$；

N_{3bi}——各工业企业车间最高日职工淋浴用水总人数，cap。

（4）浇洒道路和绿化用水量

$$Q_4 = \sum \frac{q_{4a} N_{4a} f_4 + q_{4b} N_{4b}}{1000} \tag{4.1-4}$$

式中　Q_4——浇洒道路和绿化用水量，m^3/d；

q_{4a}——浇洒道路用水量定额，$L/(m^2 \cdot 次)$；

N_{4a}——最高日浇洒道路面积，m^2；

f_4——最高日浇洒道路次数；

q_{4b}——绿化用水量定额，$L/(m^2 \cdot d)$；

N_{4b}——最高日绿化用水面积，m^2。

（5）未预见水量和管网漏失水量

$$Q_5 = (0.15 \sim 0.25)(Q_1 + Q_2 + Q_3 + Q_4) \tag{4.1-5}$$

式中　Q_5——未预见水量和管网漏失水量，m^3/d；

（6）消防用水量

$$Q_6 = q_6 f_6 \tag{4.1-6}$$

式中　Q_6——消防用水量，L/s；

q_6——消防用水量定额，L/s；

f_6——同时火灾次数。

（7）最高日设计用水量

$$Q_d = Q_1 + Q_2 + Q_3 + Q_4 + Q_5 \qquad (4.1\text{-}7)$$

式中　Q_d——最高日设计用水量，m^3/d。

【例 4.1-1】　我国辽宁某城镇规划人口 10 万人，其中老城区人口 4 万人，自来水普及率 95%，新城区人口 6 万人，自来水普及率为 100%，老城区房屋卫生设施较差，最高日综合生活用水量定额采用 180L/(cap·d)；新城区房屋卫生设施较好，最高日综合生活用水量定额采用 240L/(cap·d)。主要工业企业及其用水资料如表 4.1-3 所示；城市浇洒道路面积为 8hm²，用水量标准采用 1.0L/(m²·次)，每日 1 次大面积绿化面积 12hm²，用水量标准采用 2.0L/(m²·d)。试计算该城镇的最高日设计用水量。

主要工业企业用水量计算资料　　　　　　表 4.1-3

企业代号	工业产值（万元/d）	生产用水		生产班制	每班职工人数		每班淋浴职工人数	
		定额（m³/万元）	复用率（%）		一般车间	高温及污染车间	一般车间	高温及污染车间
1	18.65	300	40	3	200	200	100	200
2	8.50	40	0	1	40	200	15	200
3	15.83	150	30	2	155	0	70	0

注：每班工作时间为 8h。

【解】

（1）城市最高日综合生活用水量

$$Q_1 = \sum \frac{q_{1i} N_{1i} f_{1i}}{1000}$$

$$= \frac{180 \times 40000 \times 0.95 + 240 \times 60000 \times 1}{1000} = 21240 m^3/d$$

（2）城市工业企业生产用水量

$$Q_2 = \sum q_{2i} N_{2i}(1 - f_{2i})$$

$$= 18.65 \times 300 \times (1 - 0.40) + 8.50 \times 40 + 15.83 \times 150 \times (1 - 0.30)$$

$$= 5359.15 (m^3/d)$$

（3）工业企业职工生活用水与淋浴用水量

$$Q_3 = \sum \frac{q_{3ai} N_{3ai} + q_{3bi} N_{3bi}}{1000}$$

$$= \frac{25 \times (200 \times 3 + 40 + 155 \times 2) + 35 \times (200 \times 3 + 200)}{1000} + \frac{40 \times (100 \times 3 + 15 + 70 \times 2)}{1000}$$

$$+ \frac{60 \times (200 \times 3 + 200)}{1000}$$

$$= 117.95 m^3/d$$

（4）浇洒道路和绿化用水量

$$Q_4 = \sum \frac{q_{4a}N_{4a}f_4 + q_{4b}N_{4b}}{1000}$$

$$= \frac{1 \times 80000 \times 1 + 2.0 \times 120000}{1000}$$

$$= 320 \text{m}^3/\text{d}$$

（5）未预见水量和管网漏失水量

$$Q_5 = 0.20(Q_1 + Q_2 + Q_3 + Q_4)$$

$$= 0.20 \times (21240 + 5359.15 + 117.95 + 320)$$

$$= 5407.42 \text{m}^3/\text{d}$$

（6）城市消防用水量

查得城市消防用水量定额为 35L/s，同时火灾次数为 2 次，城市消防用水量为：

$$Q_6 = q_6 f_6$$

$$= 35 \times 2 = 70 \text{L/s}$$

（7）城市最高日设计用水量

$$Q_d = Q_1 + Q_2 + Q_3 + Q_4 + Q_5$$

$$= 21240 + 5359.15 + 117.95 + 320 + 5407.42 = 32444.52 \text{m}^3/\text{d}$$

4.1.1.3 设计用水量变化及其调节计算

（1）设计用水量变化

城市用水量变化受人们作息时间的影响，总是不断变化的。通常用水量标准只是一个平均值，在设计时还须考虑每日、每时的用水量变化。在设计规定的年限内，最多的日用水量，叫最高日用水量，一般用以确定给水系统中各类设施的规模。最高时用水量与平均时用水量的比值称为时变化系数 K_h，该值在 1.3～1.6 之间。大中城市的用水比较均匀，K_h 值较小，可取下限；小城市的用水波动较大，K_h 值可取上限或适当加大。

为了计算给水管网各部分构筑物的设计流量，还须给出最高日 24h 用水量的变化规律。

确定城市最高日用水量的变化规律后，可以计算出最高日最高时用水量，即：

$$Q_h = K_h \frac{\alpha Q_d}{T} (\text{m}^3/\text{h}) \tag{4.1-8}$$

或

$$Q_h = K_h \frac{\alpha Q_d}{3.6T} (\text{L/s}) \tag{4.1-9}$$

式中　Q_d——最高日设计用水量，m^3/d；

　　　α——水厂自用水系数，1.05～1.10，原水含悬浮物较多时取大值，地下水源时，水厂自用水系数为 1.0；

　　　T——一级泵站或水厂每天工作时间，h，大、中型水厂一般为 24h 连续运行；小型水厂一般为 8h 或 16h；

　　　K_h——时变化系数。

（2）供水泵站供水设计流量

通过供水设计，使得管网最高时用水得到满足。供水设计的原则是设计供水总流量必须等于设计用水量。

对于多水源、多泵站给水系统，由于供水调节能力较强，一般供水管网中不需设置水塔和高位水池进行用水量调节。设计时，各供水泵站设计水量之和等于最高时用水量，各泵站供水设计水量根据供水技术经济比较确定。

对于单水源给水系统，如果管网中无水塔或高地水池，供水泵站设计水量为最高时用水量；管网中有无水塔或高地水池，供水泵站供水为分级供水。泵站供水一般分为高峰、低峰二级供水，最多不超过三级供水，否则不便于机组管理。泵站各级供水线尽量接近用水线，这样可减小水塔或高地水池的调节容积，一般各级供水量可取该供水时段用水量的平均值。通过供水设计，可以确定各供水设施的设计流量。

（3）输水管（渠）设计流量

1）从水源至城市水厂或工业企业自备水厂的输水管渠的设计流量应按最高日平均水流量加自用水量计算。

2）网前设有配水厂或水塔，从二级泵站到水厂或水塔的输水管按二级泵站最大供水量计算。

3）管网中或网后设有调节构筑物的输水管应按最高日最高时流量减去调节构筑物进入管网的流量计算。

4）输水管负有消防给水任务时，应分别按包括消防补充水量或消防流量进行复核，使得任一时刻的供水量应等于总用水量。

（4）配水管网设计流量

配水管网设计水流量视有无水塔或高地水池及其在管网中的位置而定。

1）当管网内无水塔（高地水池）或设有网前水塔时，设计流量全部由净水厂供给，按最高日最高时用水量 Q_h 计算。

2）当管网设有对置水塔或网后水塔（高地水池）等调节构筑物时，管网设计流量按最高时从供水泵站和调节构筑物共同流入管网的流量计算。

（5）配水管网校核流量

1）消防时

$$Q_{gx}=Q_m+Q_x \tag{4.1-10}$$

式中　Q_{gx}——消防时管网的校核流量，L/s；

　　　Q_m——管网设计最大秒流量，L/s；

　　　Q_x——消防用水量，L/s；

$Q_x=\sum(q_x N)$，其中为一次灭火用水量（L/s）；N 为同一时间内的火灾次数，以上数值应根据城市性质，按有关消防规范执行。

2）最大转输时

$$Q_{zs}=Q_m K_{zs}+Q_{zw} \tag{4.1-11}$$

式中　Q_{zs}——最大转输时的校核流量，L/s；

　　　K_{zs}——最大转输时用水量与最高时用水量之比，可根据用水量逐时变化曲线而定；

　　　Q_{zw}——最大转输入调节构筑物的转输水量，L/s。

3）最不利管段发生事故时的校核流量 Q_{sk}

对于城镇：

$$Q_{sk}=70\%\times Q_m \tag{4.1-12}$$

式中 Q_{sk}——最不利管段发生事故时的校核流量，L/s。

对于工矿企业，则按有关规定计算。

【例 4.1-2】 某城市有 10 万人口，最高日用水量为 30000m³，城市设有对置高地水池，综合用水量变化情况见表 4.1-4。试计算管网最高时用水量，二泵最大时供水量。

城市综合用水量变化
表 4.1-4

时间	用水量（%）	时间	用水量（%）
0~1	2.17	12~13	5.16
1~2	2.04	13~14	4.99
2~3	2.06	14~15	5.06
3~4	2.58	15~16	5.87
4~5	2.85	16~17	5.46
5~6	3.55	17~18	4.88
6~7	3.65	18~19	4.66
7~8	4.71	19~20	4.57
8~9	6.31	20~21	3.90
9~10	5.41	21~22	3.60
10~11	5.37	22~23	2.83
11~12	5.54	23~24	2.01

【解】

从表 4.1-4 中可以看到，8~9 时为最高时，最高时用水量为最高日用水量的 6.31%，所以最高时用水量为：

$$Q_h = 30000 \times 6.31\% = 1893 m^3/h$$

水泵分为二级工作，从 7 时到 20 时，一组水泵运转，流量为最高日用水量的 5.10%，即 $30000 \times 5.10\% = 1530 m^3/h$。其余时间的水泵流量为最高日用水量的 3.06%，即 $30000 \times 3.06\% = 918 m^3/h$。

（6）水塔和清水池的容积计算

水塔和水厂清水池的主要作用是调节泵站供水量和用水量之间的流量差额。取水与给水处理系统按最高日平均时流量加水厂自用水量（地下水源时无水厂自用水量设计，即小时流量为日流量的 4.17%），当管网内无水塔或高地水池时，供水泵站（二级泵站）按用水量工作；当管网内有水塔或高地水池时，供水泵站按接近用水量的 2~3 级供水，由此使得给水处理系统与给水管网之间存在流量差，必需建造清水池进行流量调节。清水池调节容积由一、二级泵站供水量的差额确定。

水塔或高地水池调节容积由二级水泵供水曲线与用水曲线确定。

水塔与清水池调节容积计算可按最高日用水曲线和拟定的供水泵站工作曲线推算，其调节容积为：

$$W_1 = \max\sum(Q_1 - Q_2) - \min\sum(Q_1 - Q_2) \tag{4.1-13}$$

式中 W_1——调节容积，m³；

Q_1、Q_2——需调节的两个流量，m³/h。

当缺乏用水量变化规律的资料时，城市水厂的清水池调节容积可凭经验，按最高日用水量的 10%～20% 估算。生产用水的清水池调节容积，应按工业生产调度、事故和消防等要求确定。

清水池中除储存调节用水外，还存放消防用水和水厂用水，则清水池有效容积为：

$$W = W_1 + W_2 + W_3 + W_4 \tag{4.1-14}$$

式中　W——清水池总容积，m^3；

　　　W_1——调节容积，m^3；

　　　W_2——消防贮水量，m^3；

　　　W_3——水厂自用水量，一般为 (5%～10%) Q_d，m^3；

　　　W_4——安全贮量，m^3。

清水池设计成容积相等的两个，如仅有一个，则应分格或采取适当措施，以便清洗或检修时不间断供水。

水塔除了储存调节用水量外，还需存放消防用水量，则水塔有效容积为：

$$W = W_1 + W_2 \tag{4.1-15}$$

式中　W——水塔总容积，m^3；

　　　W_1——调节容积，m^3；

　　　W_2——消防贮水量，m^3，按室内 10min 消防用水量计算。

缺乏资料时，水塔调节容积可按最高日用水量的 2.5%～3% 至 5%～6% 估算，城市用水量大时取低值。

【例 4.1-3】　按表 4.1-5 所示用水曲线与泵站供水曲线，分别计算管网中设水塔或不设水塔时清水池调节容积，水塔调节容积。

【解】

清水池和水塔调节容积计算表　　　表 4.1-5

小时	给水处理供水量(%)	泵站供水量(%)		清水池调节容积(%)				水塔调节容积(%)	
		设置水塔	不设水塔	设置水塔		不设水塔			
(1)	(2)	(3)	(4)	(2)-(3)	Σ	(2)-(4)	Σ	(3)-(4)	Σ
0～1	4.17	2.22	1.92	1.95	1.95	2.25	2.25	0.30	0.30
1～2	4.17	2.22	1.70	1.95	3.90	2.47	4.72	0.52	0.82
2～3	4.16	2.22	1.77	1.94	5.84	2.39	7.11	0.45	1.27
3～4	4.17	2.22	2.45	1.95	7.79	1.72	8.83	−0.23	1.04
4～5	4.17	2.22	2.87	1.95	9.74	1.30	10.13	−0.65	0.39
5～6	4.16	4.97	3.95	−0.81	8.93	0.21	10.34	1.02	1.41
6～7	4.17	4.97	4.11	−0.80	8.13	0.06	10.40	0.86	2.27
7～8	4.17	4.97	4.81	−0.80	7.33	−0.64	9.76	0.16	2.43
8～9	4.16	4.97	5.92	−0.81	6.52	−1.76	8.00	−0.95	1.48
9～10	4.17	4.96	5.47	−0.79	5.73	−1.30	6.70	−0.51	0.97
10～11	4.17	4.97	5.40	−0.80	4.93	−1.23	5.47	−0.43	0.54

续表

小时	给水处理供水量(%)	泵站供水量(%)		清水池调节容积(%)				水塔调节容积(%)	
		设置水塔	不设水塔	设置水塔		不设水塔			
(1)	(2)	(3)	(4)	(2)−(3)	Σ	(2)−(4)	Σ	(3)−(4)	Σ
11~12	4.16	4.97	5.66	−0.81	4.12	−1.50	3.97	−0.69	−0.15
12~13	4.17	4.97	5.08	−0.80	3.32	−0.91	3.06	−0.11	−0.26
13~14	4.17	4.97	4.81	−0.80	2.52	−0.64	2.42	0.16	−0.10
14~15	4.16	4.96	4.62	−0.80	1.72	−0.46	1.96	0.34	0.24
15~16	4.17	4.97	5.24	−0.80	0.92	−1.07	0.89	−0.27	−0.03
16~17	4.17	4.97	5.57	−0.80	0.12	−1.40	−0.51	−0.60	−0.63
17~18	4.16	4.97	5.63	−0.81	−0.69	−1.47	−1.98	−0.66	−1.29
18~19	4.17	4.96	5.28	−0.79	−1.48	−1.11	−3.09	−0.32	−1.61
19~20	4.17	4.97	5.14	−0.80	−2.28	−0.97	−4.06	−0.17	−1.78
20~21	4.16	4.97	4.11	−0.81	−3.09	0.05	−4.01	0.86	−0.92
21~22	4.17	4.97	3.65	−0.80	−3.89	0.52	−3.49	1.32	0.40
22~23	4.17	2.22	2.83	1.95	−1.94	1.34	−2.15	−0.61	−0.21
23~24	4.16	2.22	2.01	1.94	0.00	2.15	0.00	0.21	0.00
累计	100.00	100.00	100.00	调节容积=13.63		调节容积=14.46		调节容积=4.21	

(1) 管网中设有水塔时,清水池调节容积计算见表 4.1-5 中第 5、6 列,Q_1 为第 (2) 项,Q_2 为第 (3) 项,第 6 列为调节容积累计值 $\sum(Q_1-Q_2)$,其最大值为 9.74%,最小值为 −3.89%,则调节容积为 13.63%。

(2) 管网中不设水塔时,清水池调节容积计算见表 4.1-5 中第 7、8 列,Q_1 为第 (2) 项,Q_2 为第 (4) 项,第 8 列为调节容积累计值 $\sum(Q_1-Q_2)$ 其最大值为 10.40%,最小值为 −4.06%,则调节容积为 14.46%。

(3) 水塔调节容积计算见表 4.1-5 中第 9、10 列,Q_1 为第 (3) 项,Q_2 为第 (4) 项,第 10 列为调节容积累计值 $\sum(Q_1-Q_2)$,其最大值为 2.43%,最小值为 −1.78%,则调节容积为 4.21%。

4.1.2 输水管道

输水管渠的种类及适用条件见表 4.1-6。

输水管渠的种类及适用条件　　　　　　　　　　　　　　表 4.1-6

分类依据	种类	适用条件及特点
管渠形式	明渠或河道	适用输送大流量原水,损耗大,易污染,造价低
	暗渠或隧洞	适用输送大流量原水,损耗小,不易污染,造价高
	管道	适用输送小流量清水、原水,无损耗,不易污染,常用

续表

分类依据	种类	适用条件及特点
输水方式	压力	适用输水起点低于输水终点或平坦地势,常用
	重力	适用输水起点高于输水终点
	压力—重力	适用输水地形起伏变化
输水安全	单管	适用于多水源,单水源时安全性差
	单管加水池	适用于工程建设初期,具有一定安全性
	双管加连接管	适用于单水源,事故检修便于切换,安全性高

4.1.2.1 管材

输配水管道所使用的管材类型、特点、连接见表 4.1-7。输水管阀门间距见表 4.1-8。

各种管材类型、特点、连接 表 4.1-7

管道	接口		连接配件方式	优缺点及适用条件
	形式	性质		
预应力钢筋混凝土管自应力钢筋混凝土管	承插口	胶圈柔性接口	(1)采用特制的转换口配件来连接标准的配件; (2)采用特制的钢配件连接; (3)采用钢筋混凝土配件连接	(1)承插式胶圈柔性接口对各种地基的适应能力强; (2)防腐能力强,不需要做内外防腐处理; (3)施工安装方便; (4)节约金属; (5)承插口加工黏度要求高,如间隙不均将影响止水; (6)尚无标准配件,不宜使用于配件及支管过多的管线
铸铁管	承插口法兰口	刚性接口、半柔性及柔性接口	可直接连接标准铸铁配件	(1)使用年代较久,应用最为普遍; (2)防腐能力比钢管强,但内外仍需一般防腐处理; (3)较钢管质脆、强度差; (4)有标准配件、适用于配件及支管过多的管线; (5)管道接口施工麻烦、劳动强度大
球墨铸铁管	承插口法兰口	刚性接口	可直接连接标准铸铁配件	较一般铸铁管强度高,管壁薄
钢管	较灵活,可焊接,法兰丝扣以及制承插口	一般为刚性	(1)直接连接标准铸铁配件; (2)用钢配件连接; (3)小口径也可与白铁配件连接	(1)管材强度、工作压力较高; (2)敷设方便,适应性强,可埋设穿越各种障碍; (3)耐腐蚀性差,内外都需做较强的防腐处理; (4)造价较高
石棉水泥管	平口、套管	可有刚性、半柔性及柔性	用铸铁管配件连接	(1)能防腐,内外不需做防腐处理; (2)有不同性质接口适应不同地基; (3)管道短,接口多; (4)管道口径较小; (5)管道强度较低
塑料管	焊接、螺纹、法兰、粘接	刚性接口	(1)采用镀锌焊接管(白铁)配件; (2)采用特制圆锥形管螺纹塑料配件	(1)耐腐蚀; (2)管内光滑不易结垢,水头损失小; (3)重量轻,安装方便; (4)价格较低; (5)管材强度低,热胀冷缩大

输水管阀门间距 表 4.1-8

输水管长度（km）	<3	3～10	10～20
间距（km）	1.0～1.5	2.0～2.5	3.0～4.0

4.1.2.2 输水管渠布置和敷设

输水管渠有多种形式，常用的有压力输水管渠和无压输水管渠。远距离输水时，可按具体情况，采用不同的管渠形式。用得较多的是压力输水管渠，特别是输水管。

选择输水管渠走向与具体位置，应遵循下列原则：

输水管定线时，必须与城市建设设计相结合，选择经济合理的线路。尽量缩短管线长度，少穿越障碍物和地质不稳定的地段，避免沿途重大拆迁、少占农田和不占农田。

输水管渠应尽量避免穿越河谷、山脊、沼泽、重要铁路和泄洪地区，避开地震断裂带、沉降、滑坡、坍方以及易发生泥石流的地方。避免穿过毒物污染及腐蚀性地区，必须穿越时应采取防护措施。

在可能的情况下，尽量采用重力输水或分段重力输水。

输水管线的选择应考虑近远期相结合和分期实施的可能。

输水干管一般应设两条，中间要设连通管；若采用一条，必须采取措施保证满足城市用水安全的要求。

输水管道的布置应减少管道与其他管道的交叉。当竖向位置发生矛盾时，压力管线让重力管线，可弯曲管线让不易弯曲管线，分支管线让干管线，小管径管线让大管径管线，废水、污水管线在给水管下部通过。

重力输水管渠应根据具体情况设置检查井和排气设施，当地面坡度较陡或非满流重力输水时，应根据具体情况适当设置跌水井、减压井或其他控制水位的措施。

压力水管必要时设置消除水锤的措施。

输水管道的隆起点、倒虹管和管桥处、平直段的必要位置上需设置排（进）气阀。输水管渠的低凹处应设置泄水管和泄水阀。

4.1.3 配水管网

4.1.3.1 配水管网布置

（1）配水管网的布置形式

配水管网的布置形式有树状管网、环状管网。

（2）配水管网布置

城市给水配水管网布置应符合以下要求：

1）城市用地建设设计发展和供水设施分期发展的要求，为供水的分期发展留有充分的余地；

2）管网布置必须保证配水管网干管的方向应与给水主要流向一致；管网布置形式应按不同城市、不同发展时期的相关分析比较确定，并宜根据条件，逐步布置成环状管网。当允许间断供水时也可以设置树状网，但应考虑将来有连成环状管网的可能。配水管网干管的间距，可根据街区情况，采用 500～800m，连接管间距可采用 800～1000m。

干管一般按城市设计道路定线，但尽量避免在高级路面或重要道路下通过。

3）配水干管的位置，应尽可能布置在两侧均有较大用户的道路上，以减少配水支管的数量。城镇生活饮用水的管网严禁与非生活饮用水的管网连接，严禁与各单位自备的生活饮用水供水系统直接连接，如果必须作为自备水源而连接时，应采取有效的安全隔断措施。

（3）配水管网敷设

给水管线在道路下的平面位置和标高，应符合城市地下管线综合设计的要求，给水管线和建筑物、铁路以及其他管道的水平净距（见表4.1-9）应参照《城市工程管线综合设计规范》GB 50289—98。当工程管线交叉敷设时，自地表向下的排列顺序宜为：电力管线、热力管线、给水管线、雨水排水管线、污水排水管线。配水管与工程管线交叉时的最小垂直净距见表4.1-10。

给水管线与其他管线及其他建筑物之间最小水平净距（m）　　　　表4.1-9

名称	建筑物	污水雨水排水管	燃气管						热力管		电力电缆		电缆电信		乔木	灌木	地上杆柱			道路侧石边缘	铁路钢轨或坡脚
			低压	中压		高压											通讯照明及<10kV	高压铁塔基础边			
				B	A	B	A	直埋	地沟	直埋	缆沟	直埋	管道				≤35kV	>35kV		
D≤200	1.0	1.0	0.5			1.0	1.5	1.5		0.5		1.0		1.5		0.5	3.0	1.5	5.0	
D>200	1.0	1.5																		

配水管与工程管线交叉时的最小垂直净距　　　　表4.1-10

序号	工程管线名称	最小垂直净距（m）	序号	工程管线名称	最小垂直净距（m）
1	配水管线	0.15	6	电力管线:直埋及管沟	0.15
2	污、雨水排水管线	0.40	7	沟渠（基础底）	0.5
3	热力管线	0.15	8	涵洞（基础底）	0.15
4	燃气管线	0.15	9	电车（轨底）	1.0
5	电信管线:直埋 管沟	0.50 0.15	10	铁路（轨底）	1.0

4.1.3.2　配水管网水力计算

配水管网水力计算是配水管网设计的依据，新建和扩建的城市给水管网按最高时用水量计算，目的是通过最高日最高时用水量确定管网各管段的流量，求出所有管段的管径、水头损失、所需供水压力，确定水泵扬程与水塔高度。并在此管径的基础上，按其他用水情况，如消防时、事故时、对置水塔（高地水池）系统最大转输时的流量，核算管网水压，从而确定满足各种工况的给水系统的管径、水泵扬程和水塔高度（高地水池标高）。

计算步骤是：求沿线流量和节点流量；求管段计算流量；确定管段的管径和水头损失；进行管网水力计算和技术经济计算；确定水塔高度和水泵扬程。

1. 环状管网计算基础方程

城市配水管网水力计算，就是求解管网连续性方程、能量方程和管段压降方程。根据所求未知数是管段流量或节点水压，管网水力计算类型可分为解环方程、解节点方程和解管段方程三种。

（1）解环方程

解环方程就是在各管段流量初步确定后，求解在管网某种状态下，满足各环能量方程的各管段流量的过程。如前所述，进行管网流量分配后，管网中各管段已经有了初分流量，即各节点已经满足连续性方程，但初分的流量通常不满足各环的能量方程，必须反复进行调整，直至管段流量所产生的水头损失满足各环的能量方程。

Hardy Cross 法是最常用的解环方程的方法。由于环方程组方程数最少，所以是手工计算常用的方法。

（2）解节点方程

解节点方程是在假定各节点水压的条件下，应用连续性方程和管段压降方程，通过反复计算调整，求得管网中各节点水压的过程。

Hardy Cross 法也是最常用的解节点方程的方法。虽然节点方程组方程数较多，但应用计算机求解时，其计算过程较快，所以该法是应用计算机求解管网问题最常用的方法。

（3）解管段方程

解管网管段方程，是应用连续性方程和能量方程，求得各管段流量和水头损失，再根据已知节点水压，求出其余节点水压。

2. 环状网水力计算

下面主要介绍以解环方程为基本方法的环状管网水力计算。

将 L 个环方程，引入一个基环校正流量，使之满足：

$$\sum h_{ij} = \sum s_{ij}(q_{ij} + \Delta q_i)^n = 0 \qquad (4.1\text{-}16)$$

式中　Δq_i——管网各基环的校正流量，$i=1，2，\ldots，l$；

　　　s_{ij}——ij 管段摩阻。

解该方程组得到 Δq_1，Δq_2，$\Lambda \Delta q_i$。哈代-克罗斯迭代法的校正流量为：

$$\Delta q_i = -\frac{\Delta h_i}{2\sum(sq)_i} \qquad i=1,2,\cdots,l \qquad (4.1\text{-}17)$$

或

$$\Delta q_i = -\frac{\Delta h_i}{n\sum|sq^{n-1}|} \qquad i=1,2,\cdots,l \qquad (4.1\text{-}18)$$

式中　Δh_i——基环水头损失闭合差，即由初分管段流量计算的基环各管段水头损失的代数和。基环管段水流向顺时针取正号，反之取负号。

计算时，管网示意图上注明闭合差 Δh_i 和校正流量 Δq_i 的方向与数值。校正流量 Δq_i 的方向和闭合差 Δh_i 的方向相反。流量调整后，各环闭合差将减小，如仍不符合要求的精度，应根据调整后的新流量求出新的校正流量，继续平差。在实际计算中闭合差要求控制为：小环 $\Delta h \leqslant 0.5m$；大环（由管网起点至终点）$\Delta h \leqslant 1.0 \sim 1.5m$。该种计算方法计算工作量相对较少，因此可以手工计算，也可以编程后利用计算机计算。

（1）单水源环状管网水力计算

1）绘制管网平差运算图，标出各计算管段的长度和各节点的地面标高。

2）计算最高用水时节点流量。

3）拟定水流方向和进行流量初步的分配。

4）根据初步分配的流量，按经济流速选用管网各管段的管径（水厂附近管网的流速宜略高于经济流速或采用上限，管网末端的流速宜小于经济流速或采用下限）。

5）上机平差。

6）计算最高用水时管网水头损失 h_n；

7）管网水量水压校核计算，即在每个工况下（消防、转输、事故）计算。包括消防时管网水头损失 h_n'，转输时管网水头损失 h_n''，事故时管网水头损失 h_n'''。进一步计算分析系统水压关系。

（2）混合管网水力计算

混合管网是由环状和树状管网组成。如仍用（1）中方法计算，可将管网的环状部分与树状部分分开，分别用前述方法计算。分开时先将树状部分各节点流量累加到与环状网相连接的节点上，进行环状管网水力计算后，再根据连接节点的已知水压，计算树状网。从而完成了混合管网的水力计算。

（3）多水源管网水力计算

多水源管网水力计算，除了完成单水源管网计算任务外，还要确定各水源的配水水量和配水压力。具体计算步骤如下：

1）根据各配水源供水能力，初定配水量和管网供水范围。在范围内分配水量，流量；

2）进行管网水力计算（方法如前），根据计算结果选择二级泵站水泵或确定水塔高度；

3）自各配水源或水塔引出虚管线，交汇于虚节点。确定虚管线水压方程：

水泵虚管线水压方程：$H_p = H_b - S_p Q_p^2$

水塔虚管线水压方程：$H_t =$ 常数

$H_p = H_b - S_p Q_p^2$ 为所选水泵并联后的特性曲线（并联后的），H_t 为确定的水塔高度。虚管线水压符号规定，流向虚节点为正，流离虚节点为负。

4）运用虚环概念，将多水源管网水力计算转化为单水源管网水力计算，计算方法同前。此时的计算实际是考虑了各配水源泵站，管网和水塔联合工作条件。计算得到的泵站配水源配水量和水压，决定了水泵工况点，这可检验水泵的选择，同样也可以进行多水源管网水量水压校核计算。

（4）串、并联分区的管网水力计算

在确定了管网设计水量之后，管网的水力计算可按前述单水源管网计算方法在各区分别计算即可。

3. 树状网水力计算

我国城市经济发展水平差距较大，因而多数小型给水和工业给水在建设初期往往采用单水源树状管网，以后随着城市和用水量的发展，可根据需要逐步连接成环状管网。由于树状网中管段水流流向唯一，因而管段流量也唯一，故其水力计算简单。树状网水力计算步骤：

（1）计算比流量；

（2）计算管段沿线流量；

（3）计算管网节点流量；

（4）按连续性方程确定管段流量；

（5）选择经济流速，确定管径；

（6）计算管段水头损失；

（7）选定最不利点，确定最不利点服务水头，并由该点推求管网各节点水压；

（8）计算泵站扬程和水塔高度或高地水池位置。

4.1.4 主要调节构筑物

输配水系统的调节构筑物，主要用以平衡供水、配水的负荷变化和调节水压的作用。常用的形式有清水池、高地水池、水塔加压泵站和调节水池泵站等。调节构筑物的设置方式对配水管网的造价以及经常电费有较大的影响，设计时应多方案比较。各种调节方式的适用条件见表 4.1-11。

各种调节方式的适用条件

表 4.1-11

序号	调节方式	适用条件
1	在水厂设置清水池	供水范围不大的中小型水厂，经济技术比较后无必要在管网内设置调节水池； 需昼夜连续供水，并可用水泵调节负荷的小型水厂
2	配水管网前设调节水池泵站	净水厂与配水管相距较远的大中型水厂； 无合适地形或不适宜设置高地水池
3	设置水塔	供水规模和供水范围较小的水厂或工业企业； 间歇生产的小型水厂； 无合适地形条件建造高位水池，而且调节容量较小
4	设置高位水池	有合适地形条件； 调节容量较大的水厂； 供水区的要求压力和范围变化不大
5	配水管网中设置调节水池泵站	供水范围较大的水厂，经技术经济比较适宜建造调节水池泵站； 部分地区用水压力要求较高，采用分区供水的管网； 解决管网末端或低压区的用水
6	局部地区（或）用户设调节构筑物	由城市供水的工业企业，当水压满足要求时； 局部地区地形较高，供水压力不能满足要求； 利用夜间进水以满足要求压力的居住建筑
7	利用水厂制水调节负荷变化	水厂制水能力较富裕而调节容量不够时； 当城市供水水源较多，通过经济比较，认为调度各水源的供水能力为经济时
8	水源井直接调节	地下水水源井分散在配水管网中； 通过技术经济比较设置配水厂不经济的地下供水； 当水源井直接供管网而能解决消毒接触要求时

确定调节水量，可根据用水曲线与供水曲线，将连续逐时水量之差绝对值最大者确定为厂外调节水量（网中调节水量）；根据供水曲线与制水曲线，将连续逐时水量之差绝对值最大者确定为厂内调节水量（清水池调节水量）。显然供水曲线的拟定，决定了厂内、外调节水量的比例。设计者可根据系统的组成及布置，合理地确定两者的比例。在无用水、供水资料情况下，也可根据经验值确定调节水量。

调节水压的确定，可根据配水管网最高用水时水力计算结果确定水塔高度、高地水池标高、加压泵站和调节水池泵站水泵扬程。

（1）清水池

清水池属于水量调节构筑物，还兼有其他作用，其有效容积应考虑各种作用所需容积。基本构造见图 4.1-1。

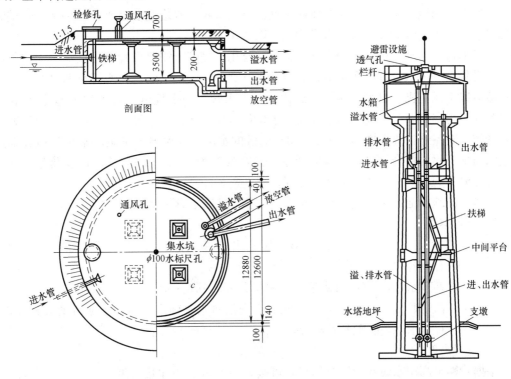

图 4.1-1 清水池   图 4.1-2 水塔

1）有效容积

$$W = W_1 + W_2 + W_3 + W_4 \tag{4.1-19}$$

式中　W——清水池有效容积，m^3；

　　　W_1——调节水量，m^3；

　　　W_2——水厂自用水量，m^3，应根据水处理工艺实际情况确定；

　　　W_3——安全贮量，m^3，为避免清水池抽空，清水池可保留一定水深的容量作为安全贮量；

　　　W_4——消防贮量，m^3，根据消防水量与消防历时确定。

当缺乏用水、供水资料，且网中不设调节构筑物时，W 可按 $10\% \sim 20\%$ 的最高日用水量确定。清水池有效容积应保证水处理消毒的接触时间。清水池的池数或分隔数，一般不少于 2 个。清水池的高程由水厂高程布置确定。

2）清水池配管及布置

清水池应配置必要的管道，即进水管、出水管、溢流管、排水管。进水管管径按最高日平均时用水量计算。出水管管径按最高日最高时用水量计算。溢水管管径同进水管，管端为喇叭口，管上不得安装阀门。排水管管径按 2h 放空计算，但不得小于 100mm。

进、出水管的布置，应保证池水经常流动，既要保证水流具有一定停留时间，又要防止水流流动不畅。溢水管的布置应杜绝一切经溢水管污染池水。

清水池还应设有通气孔，检修孔，导流墙，集水坑，水位尺等。池顶应覆盖一定厚度的土层，以抵抗地下水浮力和满足寒冷地区冬季保温的要求。

（2）水塔

水塔多采用钢筋混凝土或砖支座的钢筋混凝土水柜。水塔主要由水柜、塔架、管道和基础组成。水柜通常为圆筒形。水塔构造见图 4.1-2。

水塔的进、出水管可以分别设立，也可以合用。竖管上需要设置伸缩接头。为防止进水时水塔晃动，进水管宜设在水柜中心或适当升高。一般溢水管与排水管合并联结。其管径一般可以采用与进、出水管相同，或比进、出水管小一个规格（管径大于 DN200 时）。溢水管上不得安装阀门。设浮标水位尺或水位传示仪。塔顶应装设避雷设施。水源为地下水，冬季采暖室外计算温度为 $-8\sim-23℃$ 地区的水塔，只保温不采暖。水源为地表水或地表水与地下水的混合水时，冬季采暖室外计算温度为 $-8\sim-23℃$ 地区，以及冬季采暖室外计算温度为 $-24\sim-30℃$ 地区，除保温外还需采暖。

水塔、高地水池属于水量、水压调节构筑物还兼有贮存消防水量作用。

1）有效容积

$$W＝W_1＋W_2 \tag{4.1-20}$$

式中　W——有效容积，m^3；

　　　W_1——调节水量，m^3，当缺乏资料按 $6\%\sim8\%$ 确定；

　　　W_2——消防贮量，m^3，一般按 10min 室内消防水量确定。高地水池可增大其容积，将清水池消防贮量移至此。

2）设置高度

根据管网最高用水时水力计算结果，可按式 4.1-21 计算水塔高度。

$$H_i＝H_c＋h_n-(Z_t-Z_c) \tag{4.1-21}$$

式中　H_i——水塔高度，m；

　　　H_c——控制点要求的服务水头，m；

　　　h_n——按最高时用水量计算的从水塔到控制点的管网水头损失，m；

　　　Z_t——水塔处的地面标高，m；

　　　Z_c——控制点的地面标高，m。

3）水柜、水池配管

进水管、出水管可合用，管径按最高用水时调节构筑物出水量或最大转输时进水量计算。溢水管、排水管可分设也可合用，管径可与进出水管管径相同或小一号。其他要求见清水池。

（3）高地水池

给水工程中常用钢筋混凝土水池，一般为圆形或矩形。水池有单独的进水管和出水管，安装地位保证池内水流的循环。还应设置溢流管，其上不设置阀门。水池的排水管接到集水坑内。有效容积见式 4.1-20，当式 4.1-21 中 H_i 等于 0 时，可得高地水池标高，$Z_t＝H_c＋h_n＋Z_c$。

（4）调节泵站

调节泵站主要由调节水池和加压泵房组成。它可以灵活地布置在串联分区管网，管网低压区，城市发展新区管网或管网的前端、中部、对置位置。其设置条件为：

当水厂离供水区较远，为使出厂配水干管较均匀输水，可在靠近用水区附近建造调节水池泵站。

对于大型配水管网，为了降低水厂出水压力，可在管网的适当位置建造调节水池泵站，兼起调节水量和增加水压的作用。

对于要求供水压力相差较大，而采用分压供水的管网，也可建造调节水池泵站，由低压区进水，经调节水池并加压后供应高压区。

供水管网末端的延伸地区，为了满足要求提高水厂出水水压时，经过经济比较也可以设置调节水池泵站。

当城市不断扩展，为充分利用原有管网的配水能力，可以在边远地区的适当位置建调节水池泵站。

水池配有进水管、出水管、溢流管和排水管。进水阀一般为电动操作。水池设有人孔、通风口和检修孔。

1）调节水池容积

调节水池容积的确定与水塔和高地水池相类似，计算时应考虑夜间用水低峰时，在不影响水池附近用户用水条件下（水池进水时对管网有泄压作用），允许水池进水时间和进水量；还应考虑日间用水高峰时，需由水池向管网的水量和时间。这两个时段的进水量和供水量较大者即为水池的调节容积。具体可根据用水曲线和供水曲线分析计算。

2）加压泵站扬程

泵从清水池取水送向用户或先送入网前水塔，然后流入用户。

管网无水塔时，水泵的扬程为：

$$H_p = Z_c + H_c + h_s + h_c + h_n \tag{4.1-22}$$

式中　H_p——水泵扬程，m；

　　　Z_c——管网控制点的地面标高和清水池最低水位的高程差，m；

　　　H_c——控制点所需的最小服务水头，m；

　　　h_s——吸水管中的水头损失，m；

h_c，h_n——输水管和管网中的水头损失，m。

管网前有水塔时，Z_c为清水池最低水位和水塔最高水位的高程差。水泵扬程的计算参照公式 4.1-22。

3）工艺布置

调节水池配管和布置参见清水池。但由于水池进水时，水池附近管网水压下降，为防止影响用户和节约能量，采用地上式水池，池高一般为 5.5～6.0m。或将水池设在地势较高处。

调节水池泵站在管网中的布置，应方便水池进水，经加压的供水不应回流到调节水池。

4.1.5　给水管网附件

给水管网除了管道以外还配有各种附件，保证管网的正常工作。

（1）阀门及阀门井

阀门用来调节管线中的流量和水压。阀门的口径一般与水管的直径相同，当管径较大时，阀门的口径为管径的 0.8 倍。阀门的布置要数量少而且调度灵活。承接消火栓的水管上要安装阀门，主要管线和次要管线交接处的阀门常设在次要管线上。干管上的阀门间距一般为 500～1000m。

输配水管道上的阀门宜采用暗杆，也可以采用蝶阀，见图 4.1-3 和图 4.1-4。一般采用手动操作，直径较大时也可以采用电动。

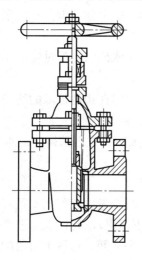

图 4.1-3　手动法兰暗杆楔式阀门

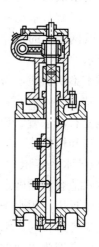

图 4.1-4　蝶阀

管道上的阀门及其他附件一般安装在阀门井内，见图 4.1-5。阀门井的尺寸应满足操作阀门及拆装管道各种附件所需最小尺寸。

阀门井一般为砖砌，也可以用石砌或钢筋混凝土建造。

阀门井的形式根据所安装的附件类型、大小和路面材料而定。直径等于或小于 300mm 的阀门，如果设置在高级路面以外（人行道或简易路面下）可以采用套筒阀门见图 4.1-6。在寒冷地区，由于阀杆头部常因漏水冻住，影响开启和关闭，一般不采用套筒。

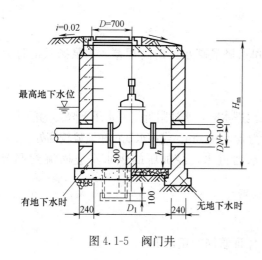

图 4.1-5　阀门井

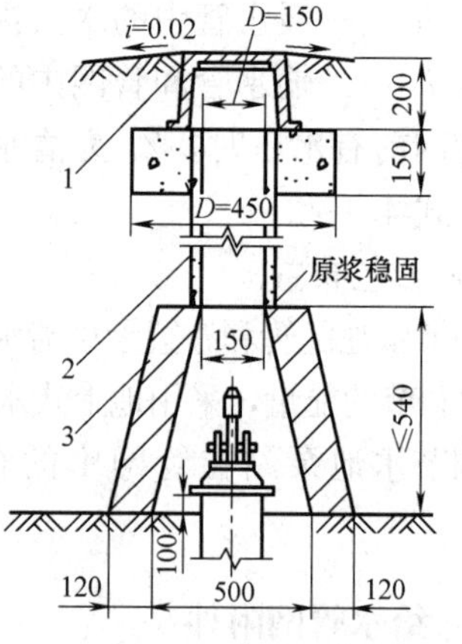

图 4.1-6　阀门套筒
1—铸铁阀门套筒；2—混凝土管；3—砖砌井

（2）排气阀

自动进气和排气的阀门设置在压力管道的隆起部分，管线投产或检修通水时，用以排除管内积聚的空气；管道需要检修、放空时进入空气，保持排水通畅；同时，在产生水锤时可以使空气自动进入，避免产生负压。

给水管道排气阀（见图 4.1-7）适用于工作压力＜1.0MPa 的工作管道。排气阀必须设置检修阀门；必须定期检修，经常养护，使进气、排气灵活；必须垂直安装，安装处环境清洁，考虑保温和防冻。

（3）排水管及泄水阀

在管道的凹处和阀门间管段的最低处，设置排水管和泄水阀，用以排除管内的沉积物或检修时放空管道。泄水阀和排水管的直径由放空时间决定。

（4）消火栓

消火栓的间距不应大于 120m。消火栓的接管直径不小于 DN100。消火栓尽可能设在交叉口和醒目处。消火栓按规定应距建筑物不小于 5m，距车行道边不大于 2m，以便消防车上水，并不应妨碍交通，一般常设在人行道边。地下式消火栓见图 4.1-8。

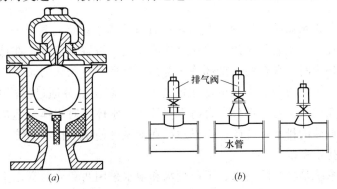

图 4.1-7　给水管道排气阀

（a）阀门构造；（b）安装方式

4.2　排水管道

4.2.1　排水系统体制

合理选择排水体制，是城市和工业企业排水系统规划和设计的重要问题。它关系到排水系统是否经济实用，能否满足环境保护要求，同时也影响排水工程总投资、初期投资和经营费用。

（1）合流制排水系统

合流制排水系统是将生活污水、工业废水和雨水用同一套管渠排除的系统。它分为直排式合流制、截流式合流制和完全式合流制。

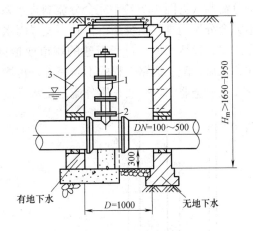

图 4.1-8　地下式消火栓

1—消火栓；2—消火栓三通；3—消火栓井

直排式合流制的排水管渠坡向水体，混合的污水未经处理由排出口直接排入水体，见图 4.2-1。因排出污水未经处理，使得受纳水体遭受污染，因此，直排式合流制排水系统一般不宜采用，原有的直排式合流制系统也逐步进行改造。

图 4.2-1 直排式合流制系统

1—支管；2—干管；3—河流

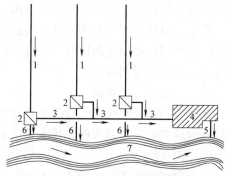

图 4.2-2 截流式合流制系统

1—合流干管；2—溢流井；3—截流主干管；
4—污水厂；5—出水口；6—溢流出水口；
7—河流

截流式合流制排水系统（见图 4.2-2），在直排式排水系统的基础上，临河岸边建造一条截流干管，并在合流干管与截流干管相交前或相交处设置溢流井，在截流干管下游设置污水厂。晴天和初雨时，混合污水全部输送至污水处理厂；雨天时，当雨水、生活污水和工业废水的混合水量超过截流干管的输水能力时，其超出部分通过溢流井直接排入水体。截流式排水系统在雨天仍有一部分混合污水直接排入水体，对水体会造成一定的污染，因此，一般用于老城区的排水系统改造，不建议在新城区使用该排水系统。

（2）分流制排水系统

分流制排水系统是将生活污水、工业废水和雨水采用两套或两套以上的管渠系统进行排放。

按照雨水不同的排除方式，分流制排水系统又分为完全分流制（见图 4.2-3）和不完全分流制（见图 4.2-4）。完全分流制排水系统具有污水排水系统和完善的雨水排除系统。不完全分流制排水系统是指暂时不设置雨水管渠系统，雨水沿着地面、道路边沟和明渠等方式泄入天然水体。对于新建的城市或地区，在建设初期，常采用不完全分流制排水方式，以后，配合道路工程的不断完善，再增设雨水管渠系统。

工业企业中，一般采用分流制排水系统，见图 4.2-5。

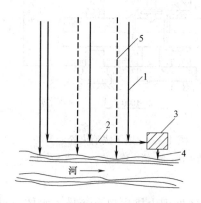

图 4.2-3 完全分流制排水系统

1—污水干管；2—污水主干管；3—污水厂；
4—出水口；5—雨水干管

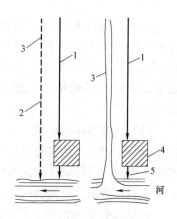

图 4.2-4 不完全分流制排水系统

1—污水管道；2—雨水管渠；
3—原有渠道；4—污水厂；5—出水口

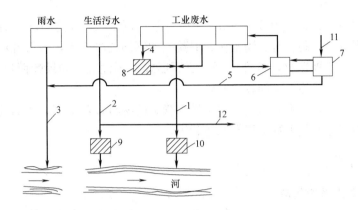

图 4.2-5　工业企业分流制排水系统

1—生产污水管道系统；2—生活污水管道系统；3—雨水管渠系统；4—特殊污染生产污水管道系统；
5—溢流管道；6—泵站；7—冷却构筑物；8—局部处理构筑物；9—生活污水厂；10—生产污水厂；
11—补充清洁水；12—排入城市污水管道

4.2.2　排水管道管材

排水管道一般采用预制的圆形管道铺设而成。但在地形平坦、埋深或出口深度受到限制的地区，也用土建材料在现场修筑的沟渠排水。

（1）混凝土管和钢筋混凝土管

混凝土管和钢筋混凝土管在排水工程中应用极为广泛，可以在专门的工厂预制，也可以现场浇制。但它抵抗酸、碱侵蚀及抗渗性能较差；管节短、接头多、施工复杂。另外，大管径管道自重，搬运不便。

混凝土管管径一般不超过 450mm，长度不大于 1m，适用于管径较小的无压管；当直径大于 400mm 时，一般做成钢筋混凝土管，长度为 1～3m，多用在埋深较大或地质条件不良的地段。

（2）陶土管

陶土管是用塑性黏土焙烧而成。根据需要做成无釉、单面釉及双面釉的陶土管。陶土管的管径一般不超过 500mm，有效长度为 400～800mm。

带釉的陶土管内外壁光滑，水流阻力小，不透水性好，耐磨蚀，抗腐蚀，特别适用于排除腐蚀工业废水或铺设在地下水侵蚀性较强的地方。陶土管质脆易碎，不宜远运，不能受内压，抗弯、抗拉强度低，不宜敷设在松土中或埋深较大的地方。陶土管管节短，需要较多的接口，增大施工费用。普通陶土排水管适用于居民区室外排水管。

（3）金属管

金属管有铸铁管和钢管，室外重力排水管道较少采用金属管，只在抗压或防渗求较高的地方采用。如泵站的进出水管，穿越河流、铁路的倒虹管。

金属管质地坚固，抗压、抗震、抗渗性能好，内壁光滑，水流阻力小，管子每节长度大，接头少；价格昂贵，并且钢管抵抗酸碱腐蚀及地下水侵蚀的能力差。金属管适用于排水管道承受高内压、高外压或对渗漏要求特别高的地方，对于地震烈度大于 8 度或地下水位高，流砂严重的地区也采用。

（4）大型排水管渠

排水管道的预制管径一般小于 2m，当设计管道断面尺寸大于 1.5m 时，可建造大型排水管渠。常用材料有砖、石、陶土块、混凝土和钢筋混凝土等，一般现场浇制、铺砌和安装。它具有便于就地取材，抗蚀性好，断面形式多等优点。如果断面尺寸小于 800mm 时不宜施工，而且现场施工时间较预制管长。

随着新型建筑材料的不断研制，用于排水管渠的材料日益增多，例如玻璃纤维钢筋混凝土、玻璃纤维离心混凝土管和聚氯乙烯管等。

4.2.3　污水管渠系统

4.2.3.1　污水管渠系统组成

污水管道由支管、干管、主干管等组成，一般沿地面由高向低布置成树状网。

污水支管汇集并输送来自居住小区污水管道系统的污水或工厂企业集中排出的废水。居住小区内污水管道系统包括：建筑物内部污水出户管、连接至户外的接户管、小区支管和小区干管。

污水干管汇集并输送污水支管排出的污水。通常按分水线划分成几个排水区域，每个排水区域通常设一根干管。

污水主干管汇集各污水干管流来的输送水，并将污水输送至污水厂。

4.2.3.2　污水管渠系统的布置形式

根据地形、竖向规划、污水厂的位置、土壤条件、河流情况以及污水种类和污染程度等，污水管道有多种布置形式，见图 4.2-6。在实际情况下，地形是影响管道定线的主要原因，定线时应充分利用地形，使管道的走向符合地形趋势。

正交式布置［图 4.2-6（a）］，在地势向水体适当倾斜的地区，各排水流域的干管与地形等高线垂直。正交布置适于排除雨水。

截留式布置［图 4-2-6（b）］，沿河岸敷设主干管，并将各干管的污水截流至污水厂。截留式布置减轻了对水体的污染，适用于分流制的污水系统、区域排水系统和截流式合流制排水系统。

平行式布置［图 4.2-6（c）］，在地势向河流方向有较大倾斜的地区，为避免因干管坡度及管内流速过大，使管道收到严重冲刷，排水干管与地形等高线平行，主干管与地形等高线成一定倾角敷设。

分区式布置［图 4.2-6（d）］，在地势高低相差很大的地区，在高地区和低地区敷设独立的管道系统。高区污水靠重力流入污水厂，低区污水用水泵抽送至污水厂。分区布置充分利用地形排水，节省能源。

分散式布置［图 4.2-6（e）］，城市周围有河流或城市中央部分地势高、地势向周围倾斜的低区，各排水流域的干管采用辐射状分散布置，各排水流域具有独立的排水系统。在地形平坦的大城市，采用分散式布置可能是比较有利的。

环绕式布置［图 4.2-6（f）］，是分散布置的发展，沿四周布置主干管，将各干管的污水截流送往污水厂。能节省建造污水厂用地，节省基建投资和运行管理费用。

4.2.3.3　污水管渠系统设计内容、方法

（1）分流制污水管渠系统

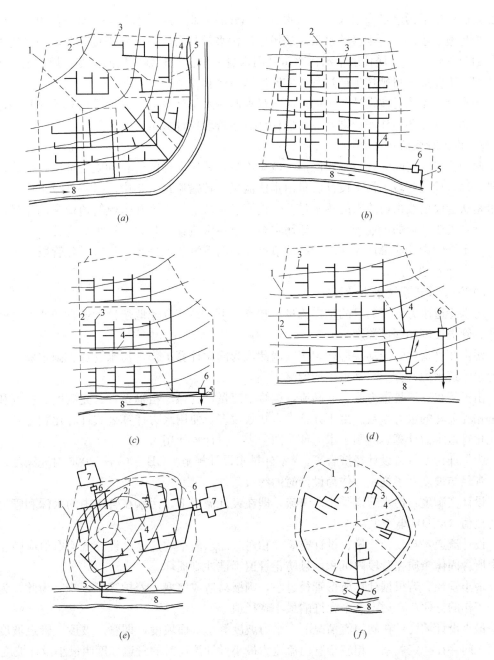

图 4.2-6　污水管道系统布置形式

（a）正交式；（b）截流式；（c）平行式；（d）分区式；（e）分散式；（f）环绕式

1—城市边界；2—排水流域分界线；3—支管；4—干管；5—出水口；6—污水处理厂；7—灌溉渠；8—河流

　　城市排水系统采用分流制时，污水管道系统仅收集和输送城市污水。污水管渠系统设计的主要内容与步骤包括：管道系统平面布置，设计流量计算，管道直径和坡度计算，管道埋设深度设计，附属构筑物设计。

　　1）污水设计流量计算

　　污水管道及其附属构筑物能保证通过的污水最大流量称为污水设计流量。城市污水量主要是居民生活污水量和纳入城市污水管道部分的工业废水，也包括工业企业职工生活污水及少量地下水渗入污水管的水量。居民生活污水量与居民生活用水量有关，一般约为用水量的70%～90%。居住区生活污水量和用水量一样也是时刻变化的，变化规律也与用水量相似。工业废水量则按生产过程中实际废水量计算。

污水管道系统是按设计年限内最高日最高时污水量计算的，一般采用直接求和的方法进行计算，并按各居住区分别计算，以便计算各管段设计流量。

2）设计管段流量计算

两个检查井之间的管段采用的污水流量不变，采用同样的管径和敷设坡度，称为设计管段。每一设计管段中污水设计流量由本段流量、转输流量、集中流量三部分组成。本段流量是从管段沿线街坊流来的污水量；转输流量是从上游管道和旁侧管道流来的流量；集中流量是工矿企业的工业废水、生活污水与淋浴污水流量、公共建筑污水流量。

污水管段设计流量计算从上游起端节点开始向下游节点进行，依次对各管段进行列表计算，直到末端节点。

3）污水管道系统水力计算

污水管道水力计算的目的是在流量已知条件下，经济合理地选择管道直径或渠道断面尺寸、管道坡度和埋设深度。

污水在管道内的流动接近均匀流，因此，为简化计算工作，污水管道、雨水管道、合流污水管道水力计算一般都采用均匀流。

由于污水管道是重力流、非满流，则管中流量、管径、粗糙系数、充满度、坡度和流速是相互关联的水力参数。由于计算中未知数较多，使用水力计算公式计算比较复杂。为了简化管道水力计算，编制了水力计算图、表，供计算使用。

为保证污水管道设计经济合理，《室外排水设计规范》GB 50014—2006对充满度、流速、管径与坡度做了规定，作为设计时的约束条件。

设计充满度：污水管道采用非满流，即在设计流量下，污水在管道中的水深和管道直径的比值（h/D）小于1。

设计流速：与设计流量、设计充满度相对应的水流平均速度。设计流速取值应防止污水中所含固体杂质在管段内沉积，且防止管道不被冲刷损坏。

最小管径：若根据计算所得管径过小，则极易造成堵塞，养护管理困难。为此，为了养护工作的方便，常规定一个允许的最小管径值。

最小设计坡度：在均匀流情况下，水力坡度等于水面坡度，即管底坡度。管道坡度和流速之间存在一定关系，相应于管内流速为最小设计流速时的管道坡度叫最小设计坡度。

覆土厚度：管道的覆土厚度指从地面到管道外顶的距离。为防止管道受地面荷载破坏，或在寒冷地区，防止管内污水冰冻和因土壤冻胀而损坏管道，根据不同情况规定一个最小覆土厚度。

污水管道埋深越大，工程造价越高，当地下水位高时更是如此，并且给管道施工带来困难。因此，须根据经济指标及施工方法定出管道埋深允许的最大埋深。当超过最大允许埋深时，应设置泵站以提高管道的位置。

污水管道设计计算过程中，既要满足上述约束条件，又要力求降低工程造价，故必须结合地形等条件综合考虑，不纯粹是水力计算问题。当地面坡度过大时，管线中途应设跌水井；地面平坦为管线很长时，为了管道埋深不致过大，应设污水泵站。

水力计算完成后，根据所求管径、管道长度、管道坡度、地面标高等，绘制管道纵剖面图。从图上可直观地看出管道埋设深度、管底标高、管顶覆土厚度、沿线管径变化及坡度等。

（2）合流制管渠系统

合流制管渠系统是用同一管渠排除城市污水和雨水的混合污水。在混合污水中，雨水比例很大，截流式合流制排水系统的设计内容与雨水管渠基本相同，但设计流量的计算不同。

1）设计流量计算

由于在截流干管上设置了溢流井，故合流管道设计流量在溢流井上游和下游不同。溢流井上游管段的设计流量应包括雨水设计流量、生活污水设计流量和工业废水设计流量。

溢流井下游管段在晴天时只将城市污水输入污水厂，经处理后排入水体。雨天时，初雨水流量较小，混合污水往往也全部输入污水厂。当雨量逐渐增大、混合污水流量超过截流管的设计输水能力时，多余混合污水从溢流井溢出，直接排入水体。溢流井下游截流管道的设计流量应包括设计管段汇水面积内的雨水设计流量、生活污水设计流量、工业废水设计流量与上游管段设计流量、通过溢流井转输至溢流井下游管段的混合污水量。

2）水力计算

截流式合流制排水管渠的水力计算包括设计流速、最小设计坡度、最小管径及管渠埋深要求等，均与雨水管渠设计基本相同，但需增加截流干管及溢流井的设计计算。同时，因晴天时旱流量小，还需要校核一下晴天时管道中流速是否满足不淤的最小流速。当不能满足这一要求时，可修改设计管段的管径和坡度。但由于合流管渠中旱流量相对较小，特别是在上游管段，旱流量校核往往不能满足最小流速的要求，此时可在管渠底设置缩小断面的流槽以保证旱流时的流速，或加强养护管理，利用雨天流量冲洗管渠，以防淤塞。

4.2.4 雨水管渠系统

1. 雨水管渠系统组成

雨水管渠系统包括收集、排放城镇雨水的雨水口、雨水支管、雨水干管、检查井、出水口等。雨水支管汇集来自雨水口的雨水并输送至雨水干管。雨水干管汇集雨水支管流来的雨水并就近排入水体。

2. 雨水管渠系统布置

城市雨水管渠系统规划布置的主要内容有：确定排水流域与排水方式，进行雨水管渠的定线，确定雨水调节池、雨水泵站及雨水排放口的位置。雨水管渠布置应尽量利用地形的自然坡度以最短的距离依靠重力排入附近的池塘、河流、湖泊等水体中。

3. 雨水管渠系统设计内容、方法

雨水管渠系统设计与污水管渠系统设计有很多相同之处，雨水管渠也是树状网形式，采用重力流，管道水力计算与污水管道相同，设计管段的概念和管段之间衔接以及管道埋深要求也与污水管道相同。

雨水流量的汇集、设计流量计算方法、设计参数和要求与污水系统不同。

（1）设计流量计算

雨水管渠设计流量与设计暴雨强度、汇水面积和径流系数有关。

设计暴雨强度指一定年限内可能出现一次的暴雨，在一定的降雨历时内，单位汇水面积的雨水量。由于各地区降雨情况不同，故各地区暴雨强度也不同。通常，各地区或各城市，均通过多年雨量记录资料并经过分析，提出各自暴雨强度计算公式。

汇水面积指某一管段所承担的汇集雨水的面积。在平时布置时，即已划分了各管段汇水面积。上游管段汇水面积小，愈往下游汇水面积愈大。任一管段汇水面积为本管段汇水面积与转输汇水面积之和。

径流系数是径流量与降雨量之比。降落在地面上的雨水，一部分渗入地下或被洼地截流，余下部分才形成径流而进入管渠。因此，不同地区或覆盖情况不同，径流系数也不同。

（2）雨水管渠水力计算

雨水管渠水力计算内容与污水管道相同，水力计算方法和水力学原理也与污水管道相同，但雨水管道按满流设计，即充满度为1。设计最小流速、最小管径和最小设计坡度，其意义与污水管道相同，但由于雨水常挟带泥沙，具体限值与污水管道略有差别。

（3）雨水径流量的调节

雨水设计流量大，雨水管渠断面尺寸大，造价高。为减小管渠断面尺寸，可在雨水管渠系统的适当位置设置雨水调节池，把雨水径流洪峰暂存其内，待洪峰径流量下降至一定程度时，再将储存在池内的水慢慢排出，这样就可降低下游雨水干管断面尺寸。如果调节池后设有雨水泵站，还可以减少泵站装机容量。有条件时，尽量利用天然洼地、池塘、公园水池等经适当修整作为调节池。

4.2.5　常用辅助构筑物

为了排除污水，管渠系统中除管渠外，还设置附属构筑物，包括检查井、雨水口、溢流井、跌水井、水封井、倒虹管、防潮门、换气井、冲洗井和出水口。

（1）检查井

为了检查、清通和连接管渠而设置检查井，如图4.2-7。常设在管渠交汇、转弯、管道尺寸或坡度变化等处，相隔一定距离的直线管渠上也设检查井。检查井间距见表4.2-1。

检查井的最大间距　　　　　　　　　表 4.2-1

管径或暗渠净高	最大间距（m）	
	污水管道	雨水（合流管道）
200～400	20	40
500～700	50	60
800～1000	70	80
110～1500	90	100
＞1500	100	120

检查井由井盖（包括盖底）、井深和井底（包括基础）三部分组成。

检查井井盖采用铸铁或钢筋混凝土材料。盖顶略高出地面。盖座采用铸铁、钢筋混凝土或混凝土材料。

检查井井身可采用砖、石、混凝土或钢筋混凝土。井身的平面形状一般为圆形，在大

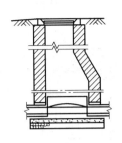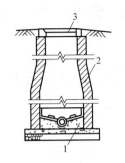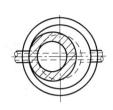

图 4.2-7 检查井
1—井底；2—井身；3—井盖

直径管道的连接处，可做成方形、矩形等形状。不需要下人的浅井，一般为直壁圆筒形，构造简单；需要下人的井构造分为工作室、渐缩部和井筒。工作室为工作人员临时操作的地方，直径不小于1m，高度一般1.8m。井筒直径一般比工作室小，但不小于0.7m。井筒与工作室之间采用锥形渐缩部连接，渐缩部高度一般为0.6~0.8m。

检查井井底采用低强度等级混凝土，基础采用碎石、卵石、碎砖夯实或低强度等级混凝土。井底设半圆形或弧形流槽，流槽直壁向上伸展，流槽顶与上、下游管道的管顶相平，或与0.85倍大管管径处相平，雨水管渠和合流管渠的检查井流槽顶与0.5倍大管管径处相平。流槽两侧至检查井壁间的底板宽度不小于20cm，向流槽有0.02~0.05的坡度。在管渠转弯或几条管渠交汇处，流槽中心线的弯曲半径按转角大小和管径大小确定，如图4.2-8所示。

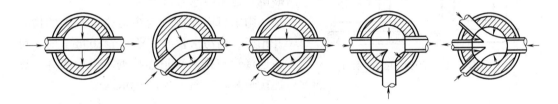

图 4.2-8 检查井底流槽的形式

（2）雨水口

雨水口是在雨水管渠或合流管渠上收集地面雨水的构筑物。地面上的雨水经雨水口通过连接管流入排水管渠。雨水口设在交叉路口、路侧边沟的一定距离处以及没有道路边石的低洼地方。雨水口的形式和数量应按汇水面积上所产生的径流量和雨水口的泄水能力来确定。雨水口包括进水、井身和连接管三部分。

进水箅可采用铸铁、钢筋混凝土或石料制成。雨水口按进水箅在街道上的设置位置可分为：边沟雨水口，进水箅稍低于边沟底水平放置，见图4.2-9；边石雨水口，进水箅嵌入边

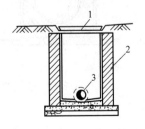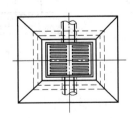

图 4.2-9 平箅雨水口
1—进水箅；2—井筒；3—连接管

石垂直放置；联合式雨水口，在边沟底和边石侧面都安放进水箅，如图 4.2-10 所示。

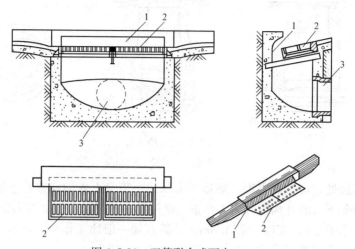

图 4.2-10 双箅联合式雨水口

1—边石进水箅；2—边沟进水箅；3—连接管

雨水口的井筒由砖砌或用钢筋混凝土预制。雨水口深度一般不大于1m，在有冻胀地区，深度可适当加大。雨水口的底部可做成有沉泥井（图 4.2-11）或无沉泥井的形式。有沉泥井的雨水口仅设在路面较差、地面有垃圾的街道或菜市场等地，截留雨水夹带的砂砾，避免淤塞管道。

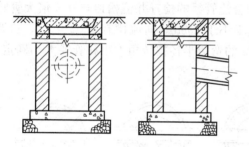

图 4.2-11 有沉泥井的雨水口

雨水口以连接管与街道排水管渠的检查井相连。当污水管道直径大于 800mm 时，可在连接管与排水管道连接处不设检查井，设连接暗井，如图 4.2-12 所示。

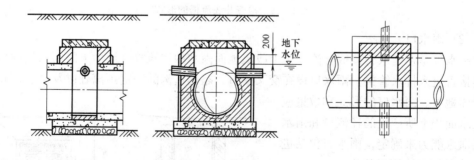

图 4.2-12 连接暗井

（3）溢流井

在合流管渠与截留干管的交接处，设置溢流井以完成截留（晴天）和溢流（雨天）的作用。简单的溢流井是在井中设置截流槽，槽顶与截流干管的管顶相平，如图 4.2-13 所示。也可采用溢流堰式或跳跃堰式溢流井，如图 4.2-14、图 4.2-15 所示。

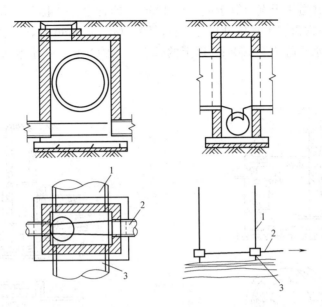

图 4.2-13　截流槽式溢流井
1—合流管渠；2—截流干管；3—排出管渠

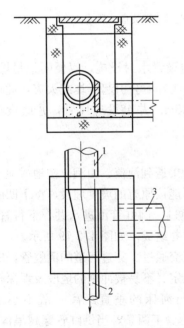

图 4.2-14　溢流堰式溢流井
1—合流管渠；2—截流干管；3—排出管渠

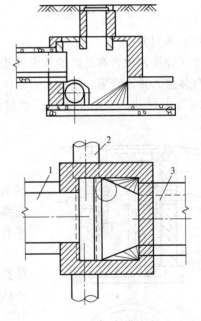

图 4.2-15　跳跃堰式溢流井
1—合流管渠；2—截流干管；3—排出管渠

（4）跌水井

当上下游管渠的管底标高落差大于 1m 时，为减小水流速度、防止冲刷，一般检查井不再适用，改用设有消能措施的跌水井连接。

跌水井有竖管式（图 4.2-16）和溢流堰式（图 4.2-17）两种形式。

竖管式跌水井适用于直径等于或小于 400mm 的管道。一般不作水力计算。当管径大于 200mm 时，一次落差不宜超过 6m。当管径为 300～400mm 时，一次落差不宜超过 4m。

溢流堰式跌水井适用于 400mm 以上的管道。它的井长、跌水水头高度及跌水方式需水力计算求得。

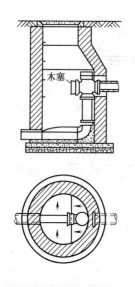

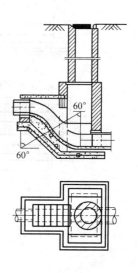

图 4.2-16　竖管式跌水井　　　　　　　图 4.2-17　溢流堰式跌水井

（5）水封井

当工业废水中含有易燃的挥发性物质时，在检查井内设置水封设施，以便隔绝易爆、易燃气体进入排水管渠，使排水管渠在进入可能遇火的场地时不会引起爆炸或火灾，此检查井成为水封井，见图 4.2-18。水封深度一般采用 0.25m。井上设通风管，井底设沉泥槽。

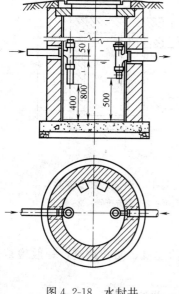

图 4.2-18　水封井

（6）倒虹管

倒虹管，即排水管渠遇到河流、山涧、洼地或地下构筑物等障碍物时，不能按原有的坡度埋设，按下凹的折线方式从障碍物下通过。倒虹管由进水井、下行管、平行管、上行管和出水井组成。如图 4.2-19 所示。

倒虹管与障碍物正交通过。穿过河道的倒虹管，应选择在河床和河岸较稳定、不易被冲刷的地段及埋深较小的部位敷设。管顶与河床的垂直距离一般不小于 1.0m。工作管线一般不少于两条，当倒虹管穿越旱沟、小河和谷地时，也可单线敷设。

防止倒虹管内污泥淤积的措施：提高倒虹管内的设计流速，一般采用 1.2～1.5m/s，条件困难时，不宜小于 0.9m/s；最小管径采用 200mm；在进水井或靠近进水井的上游管道的检查井底部设沉泥槽；折管式倒虹管的上行管与水平线夹角应不大于 30°；进水井中设闸门或闸槽，进、出水井设置井口和井盖；虹吸管内设置防沉装置。

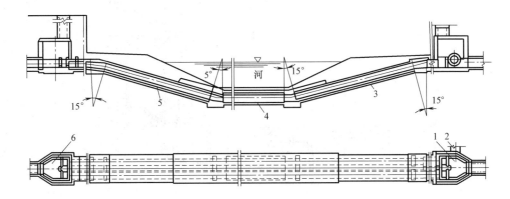

图 4.2-19 倒虹管
1—进水井；2—事故排出口；3—下行管；4—平行管；5—上行管；6—出水井

（7）防潮门

为防止潮水或河水倒灌进排水管渠，在排水管渠出水口上游的适当位置应设置潮门井。潮门井是装有防潮闸门的检查井，使潮水不会倒灌入排水管渠。当排水管渠中无水时，防潮门靠自重密闭；当上游排水管渠来水时，水流顶开防潮门排入水体；涨潮时，防潮门靠下游潮水压力见图 4.2-20。

潮门井井口应高出最高潮水位或最高河水位，也可井口用螺栓和盖板密封，以免潮水或河水从井口倒灌。

（8）冲洗井

当污水在管道内的流速不能保证自清时，为防止淤积可设置冲洗井。冲洗井一般适用于管径小于 400mm 的较小管道，冲洗管道长度一般为 250m 左右。冲洗井可人工冲洗和自动冲洗。自动冲洗井一般采用虹吸式，构造复杂，目前少用。人工冲洗井是具有一定容积的普通检查井，出流管道上设闸门，井内设溢流管。

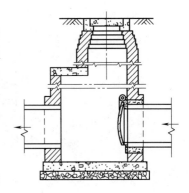

图 4.2-20 装有防潮门的潮门井

（9）换气井

污水中的有机物在管渠中沉积、厌氧发酵，会分解产生的甲烷、硫化氢、二氧化碳等气体。若与一定体积的空气混合，在点火条件下将产生爆炸或火灾。为防止事故发生，保证检修排水管渠的工作人员的安全，在街道排水管的检查井上设置通风管，使有害气体在住宅竖管抽风作用下，随空气沿庭院管道、出户管及竖管排入大气中。这种设有通风管的检查井称换气井。如图 4.2-21 所示。

（10）出水口

排水管渠排入水体的出水口的位置和形式应根据出水水质、水体的水位及其变化幅度、水流方向、下游用水情况、边岸变迁（冲、淤）情况和夏季主导风向等因素确定，并要取得当地卫生主管部门和航运管理部门的同意。排水管渠出水口一般采用淹没式，如图4.2-22 所示。污水和受水水体需充分混合时，出水口可长距离伸入水体分散出口。

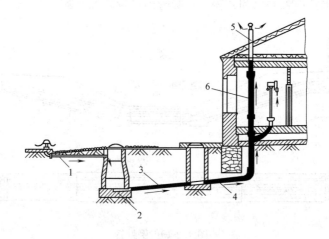

图 4.2-21 换气井

1—通气管；2—街道排水管；3—庭院管；4—出户管；5—透气管；6—竖管

雨水出水口可以采用非淹没式，一般设在常水位以上。出水口与河道连接处，一般设置护坡或土墙。出水标高比水体水面高出很多时，应考虑设置单级或多级跌水设施。

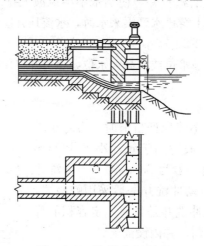

图 4.2-22 淹没式出水口

5　污水处理工程

5.1　污水水质与排放标准

5.1.1　主要污染物质

废水中的污染物质种类较多。根据废水对环境污染所造成危害的不同，可把污染物划分为固体污染物、有机污染物、油类污染物、有毒污染物、生物污染物、酸碱污染物、营养物质污染物及感官污染物等。

（1）固体污染物

水中固体污染物质的存在形态有悬浮状态、胶体状态和溶解状态三种。溶解状态的物质，主要以低分子或离子状态存在，其粒径大约在 1nm 以下。低分子物质主要是氨基酸、碳水化合物、有机酸和有机碱等。呈离子状态的主要有阳离子 H^+、K^+、Na^+、Mg^{2+}、Ca^{2+}、Fe^{2+}、Mn^{2+}、Cu^{2+}、Al^{3+}、NH_4^+ 等和阴离子 OH^-、HCO_3^-、SO_4^{2-}、Cl^-、NO_3^- 等。溶解状态杂质不会产生水的外表混浊现象。

胶体杂质多数是黏土性无机胶体和高分子有机胶体，粒径大致在 $1\sim100nm$ 之间。黏土性无机胶体是造成水质混浊的主要原因。高分子有机胶体一般是水中的植物残骸经过腐烂分解的产物，如腐殖酸、富里酸等分子量很大的物质。

呈悬浮状态的物质通常称为悬浮物，其粒径大于 100nm，这种杂质造成水质显著混浊。颗粒较重的多数是泥砂类的无机物，颗粒较轻的多数是动植物腐败而产生的有机物，也包括浮游生物（如蓝藻类、硅藻类）及微生物。水中固体污染物质主要是指固体悬浮物。

（2）有机污染物

有机污染物是指以碳水化合物、蛋白质、氨基酸及脂肪等形式存在的天然有机物及某些可生物降解的人工合成有机物，主要来自生活污水和一部分工业废水。

有机污染物排入水体后，如果没有超过水体的自净能力，有机物在水体中进行好氧分解，水中溶解氧量保持在一定水平以上，则水体原有的生态平衡没有被破坏。

如果排入水体的有机污染物过多，超过了水体的自净能力，水体将出现缺氧现象。若溶解氧长期处于 $4\sim5mg/L$ 以下，一般的鱼类就不能生存；若完全缺氧，有机污染物将转入厌氧分解，产生甲烷、硫化氢等气体，水体变黑变混，水中动植物大量死亡，产生恶臭。

（3）油类污染物

油类污染物主要来自含油废水。含油稍多时，在水面上形成油膜，破坏水体正常的充氧条件，导致水体缺氧，影响水中动植物的生长，甚至造成其死亡，恶化水体环境。

（4）有毒污染物

废水中的有毒污染物主要有无机化学毒物、有机化学毒物和放射性物质。

无机化学毒物主要是重金属及其化合物。重金属元素不易或完全不能生物降解，易于吸附在悬浮颗粒而沉淀于水底的沉积层中，长期污染水体。

有机化学毒物主要是指苯、酚、硝基物、有机农药、多氯联苯、多环芳烃等，具有较强的毒性。

放射性物质是指具有放射性核素的物质，通过自身的衰变放射出 α、β、γ 等射线，对人体造成危害。

（5）生物污染物

生物污染物是指废水中含有的致病性微生物。废水及生活污水中含有许多微生物，大部分是无害的，但其中也可能含有对人体与牲畜有害的病原菌。

（6）酸碱污染物

酸碱污染物是指废水中含有的酸性污染物和碱性污染物，具有较强的腐蚀性，能改变水体或土壤的自然环境。

（7）营养物质污染物

营养物质污染物主要指氮、磷。大量的氮、磷排入水体会造成水体富营养化，形成水华或赤潮。

（8）感官污染物

感官污染物是指在废水中能使水质产生混浊、恶臭、异味、颜色、泡沫等，引起人们感官上不愉快的污染物质。

（9）热污染

水温较高的废水，排入水体后，使水中溶解氧降低，危害水生生物生长甚至导致其死亡，形成水体热污染。

5.1.2 污水水质指标

水质指标是对水体进行监测、评价、利用以及污染治理的主要依据。在考虑和研究污水处理流程和其最终处置方法时及在废水处理装置的运行管理中，须定期对处理过程中的废水按一定的指标进行监测，使得废水排放满足国家规定的标准。

水质指标可以概括分为物理指标、化学指标和生物指标。物理指标包括固体物质、浊度、臭和味、色泽色度、温度和电导率。化学指标主要包括生化需氧量、化学需氧量、总需氧量、总有机碳、总氮、氨氮、凯式氮、总磷、pH 值、非金属无机有毒物、重金属和酚。生物指标包括大肠菌群数与大肠菌群指数、病菌和细菌总数。

（1）SS

在水质分析中，将水样在一定温度下蒸干后所残余的固体物质，其中包括溶解固体与悬浮固体。悬浮固体通常用 SS 表示，是反映废水中固体物质含量的一个常用重要水质指标，单位 mg/L。

（2）浊度

水的浊度是一种表示水样的透光性能的指标，是由于水中黏土、泥沙、微生物等细微的无机物和有机物及其他悬浮物使通过水样的光线被散射或吸收而不能直接穿透所造成的。浊度可用分光光度法和目视比色法测定，其测定结果的单位是 JTU。使用光的散射作用测定水浊度的仪器为浊度计，浊度计测定结果的单位是 NTU。

（3）臭和味

臭和味是判断水质优劣的感官指标之一。比较准确的定量方法是臭阈法，即用无臭水将待测水样稀释到接近无臭程度的稀释倍数表示臭的强度。

（4）温度

水温的变化对废水生物处理有很大影响，是一项重要指标。水温要在现场测定。

（5）色泽和色度

色泽是指废水的颜色种类，通常用文字描述，如：废水呈深蓝色、暗红色等。色度是指废水所呈现的颜色深浅程度，可用铂钴标准比色法和稀释倍数法表示。铂钴标准比色法规定，在 1L 水中含有氯化钴（$CoCl_2 \cdot 6H_2O$）2.00mg 及氯铂酸钾（K_2PtCl_6）2.491mg 时，即在 1L 水中含铂（Pt）1mg 及钴（Co）0.5mg 时产生的颜色深浅为 1 度。稀释倍数法是将废水用水稀释到接近无色时的稀释倍数。

（6）电导率

单位距离上的电导称为电导率。电导率表示水中电离性物质的总数，间接表示了水中溶解盐的含量。电导率用 K 表示。

（7）生化需氧量（BOD）

生化需氧量即生物化学需氧量，是指在温度、时间一定的条件下，微生物在分解、氧化水中有机物的过程中所消耗的溶解氧量，单位为 mg/L 或 kg/m^3。BOD 是反映水中有机物含量的最主要水质指标，BOD 值越大，说明水中有机物含量越高。BOD 超过 3～4mg/L，则表示水体已受到有机物的污染

在水质分析中，规定将水样在 20℃ 条件下，培养五天后测定水中溶解氧消耗量作为标准方法，测定结果称为五日生化需氧量，以 BOD_5 表示。如果测定时间是 20 天，则结果称作 20 天生化需氧量（也称完全生化需氧量），以 BOD_{20} 表示。

（8）化学需氧量（COD）

化学需氧量也称化学耗氧量，是指在一定条件下，用强氧化剂氧化废水中的有机物质所消耗的氧量。常用的氧化剂有重铬酸钾和高锰酸钾。我国规定的废水检验标准采用重铬酸钾作为氧化剂，在酸性条件下进行测定。所以有时记作 "CODcr"，一般简写为 COD，单位为 mg/L。

采用强氧化剂测定 COD，85%～95% 以上的有机物可被氧化，COD 与 BOD 之间的差值可粗略地表示不能被微生物所降解的有机物。BOD_5/COD 的比值称为可生化性指标，可作为该污水是否适于采用生物方法处理的判别标准，一般认为 BOD_5/COD 比值大于 0.3 的污水，适于采用生化处理。

一般说来，废水中的 $COD > BOD_{20} > BOD_5$。

（9）总需氧量（TOD）

总需氧量是指水中的还原性物质在高温下燃烧后变成稳定的氧化物时所需要的氧量，单位为 mg/L。TOD 值可以反映出水中几乎全部有机物经燃烧后变成 CO_2、SO_2、NO_x、H_2O 等时所需要消耗的氧量，比 COD 更接近于理论需氧量。

（10）总有机碳（TOC）

总有机碳是污水中有机物的总含碳量，间接表示水中有机物含量的一种综合指标，单位用碳（C）的 mg/L 来表示。污水经过二级生物处理后的 TOC 一般 $<$ 50mg/L。

（11）总氮（TN）

总氮为水中有机氮、氨氮和总氧化氮（亚硝酸氮及硝酸氮之和）的总和。

（12）氨氮（NH₃-N）

氨氮是有机氮化物氧化分解的第一步产物。氨是污水中重要的耗氧物质，在硝化细菌的作用下，氨被氧化成 NO_2^- 和 NO_3^-，所消耗的氧量称硝化需氧量。

（13）凯氏氮（TKN）

氨氮和有机氮的总和。测定的 TKN 及 NH₃-N 之差即为有机氮。

（14）总磷（TP）

总磷是污水中各类有机磷和无机磷的总和，是一项重要的水质指标。

（15）pH 值

酸度和碱度是污水的重要污染指标，用 pH 值来表示，但 pH 值不是一个定量的指标，不能说明废水中呈酸性（或呈碱性）的物质的数量。城市污水的 pH 值呈中性，一般为 6.5～7.5。pH 值的测定通常根据电化学原理采用玻璃电极法，也可以用比色法。

（16）非重金属无机有毒物质

1）氰化物（CN）

氰化物在水中的存在形式有无机氰（如氰氢酸 HCN、氰酸盐 CN^-）及有机氰化物（称为腈，如丙烯腈 C_2H_3CN）。氰化物是剧毒物质，急性中毒时抑制细胞呼吸，造成人体组织严重缺氧，对人的致死量为 0.05～0.12g。排放含氰废水的工业主要有电镀、焦炉和高炉的煤气洗涤，金、银选矿和某些化工企业等，含氰浓度约 20～70mg/L 之间。

我国饮用水标准规定，氰化物含量不得超过 0.05mg/L，农业灌溉水质标准规定为不大于 0.5mg/L。

2）砷（As）

砷是对人体毒性作用比较严重的有毒物质之一。砷化物在污水中存在形式有无机砷化物（如亚砷酸盐 AsO_2，砷酸盐 AsO_4^{3-}）以及有机砷（如三甲基砷）。工业中排放含砷废水的有化工、有色冶金、炼焦、火电、造纸、皮革等行业，其中以冶金、化工排放砷量较高。

我国饮用水标准规定，砷含量不应大于 0.04mg/L，农田灌溉标准是不高于 0.05mg/L，渔业用水不超过 0.1mg/L。

（17）重金属

重金属指原子序数在 21～83 之间的金属或相对密度大于 4 的金属。其中汞（Hg）、镉（Cd）、铬（Cr）、铅（Pb）毒性最大，危害也最大。

含汞废水排放量较大的是氯碱工业，聚氯乙烯、乙醛、醋酸乙烯的合成工业及仪表和电气工业中，排放的废水含有一定数量的汞。镉主要来自电镀、采矿、冶金、陶瓷、玻璃、塑料等工业废水。铅主要含在冶炼、采矿、化学、颜料、蓄电池工业等排放的废水中。排放含铬废水的工业企业主要有电镀、制革、铬酸盐生产以及铬矿石开采等。

我国饮用水、农田灌溉水都要求汞含量不得超过 0.001mg/L，镉含量不得超过 0.01mg/L，六价铬的浓度不得超过 0.05mg/L；农业用水与渔业用水标准规定汞含量不得超过 0.0005 mg/L，镉含量要小于 0.005mg/L。六价铬浓度应小于 0.1mg/L。渔业用水及农田灌溉水都要求铅的含量小于 0.1mg/L。

（18）酚

酚是芳香烃苯环上的氢原子被羟基（—OH）取代而生成的化合物，按照苯环上羟基数目不同，分为一元酚、二元酚、多元酚等。又可按照能否与水蒸气一起挥发而分为挥发酚和不挥发酚。酚是常见的有机毒物指标之一。

（19）大肠菌群数与大肠菌群指数

大肠菌群数是每 L 水样中含有的大肠菌群的数目，以个/L 计；大肠菌群指数是查出 1 个大肠菌群所需的最少水量，以 mL 计。大肠菌群数与大肠菌群指数是互为倒数，若大肠菌群数为 200 个/L，则大肠菌群指数为 1000/200 等于 5mL。

大肠菌群数作为污水被粪便污染程度的卫生指标，水中存在大肠菌群，就表明受到粪便的污染，并可能存在病原菌。

（20）病毒

检出大肠菌群，可以表明肠道病原菌的存在，但不能表明是否存在其他病原菌（如炭疽杆菌）及病毒，因此还需要检验病毒指标。污水中已被检出的病毒有 100 多种。检验病毒的方法主要有蚀斑测定法和数量测定法两种。

（21）细菌总数

细菌总数是大肠菌群数、病原菌、病毒及其他细菌数的总和，以每 mL 水样中的细菌菌落总数表示。细菌总数愈多，表示病原菌与病毒存在的可能性愈大。因此用大肠菌群数、病毒及细菌总数等 3 个卫生指标来评价污水受生物污染的严重程度就比较全面。

5.1.3 污水排放标准

为保护水体免受污染，当污水需要排入水体时，应符合《城镇污水处理厂污染物排放标准》GB 18918—2002。该标准规定了城镇污水处理厂出水、废气排放和污泥处置（控制）的污染物限值。适用于城镇污水处理厂出水、废气排放和污泥处置（控制）的管理。居民小区和工业企业内独立的生活污水处理设施污染物的排放管理，也按本标准执行。

根据污染物的来源及性质，将污染物控制项目分为基本控制项目和选择控制项目两类，见表 5.1-1～表 5.1-3。基本控制项目主要包括影响水环境和城镇污水处理厂一般处理工艺可以去除的常规污染物，以及部分一类污染物，共 19 项。选择控制项目包括对环境有较长期影响或毒性较大的污染物，共计 43 项。基本控制项目必须执行该标准。选择控制项目，由地方环境保护行政主管部门根据污水处理厂接纳的工业污染物的类别和水环境质量要求选择控制。

根据城镇污水处理厂排入地表水域环境功能和保护目标，以及污水处理厂的处理工艺，将基本控制项目的常规污染物标准值分为一级标准、二级标准、三级标准。一级标准分为 A 标准和 B 标准。一类重金属污染物和选择控制项目不分级。

一级标准的 A 标准是城镇污水处理厂出水作为回用水的基本要求。当污水处理厂出水引入稀释能力较小的河湖作为城镇景观用水和一般回用水等用途时，执行一级标准的 A 标准。城镇污水处理厂出水排入国家和省确定的重点流域及湖泊、水库等封闭、半封闭水域时，执行一级标准的 A 标准，排入《地表水环境质量标准》GB 3838 地表水Ⅲ类功能水域（划定的饮用水源保护区和游泳区除外）、《海水水质标准》GB 3097 海水二类功能水域时，执行一级标准的 B 标准。

城镇污水处理厂出水排入《地表水环境质量标准》GB 3838 地表水Ⅳ、Ⅴ类功能水域或《海水水质标准》GB 3097 海水三、四类功能海域，执行二级标准。

非重点控制流域和非水源保护区的建制镇的污水处理厂，根据当地经济条件和水污染控制要求，采用一级强化处理工艺时，执行三级标准。但必须预留二级处理设施的位置，分期达到二级标准。

排入城镇污水厂的工业废水和医院污水达到《污水综合排放标准》GB 8978、相关行业的国家排放标准、地方排放标准的相应规定值及地方总量的控制。

基本控制项目最高允许排放浓度（mg/L）　　　　　　　表 5.1-1

序号	基本控制项目		一级标准		二级标准	三级标准
			A 标准	B 标准		
1	化学需氧量（COD）		50	60	100	120
2	生化需氧量（BOD$_5$）		10	20	30	60
3	悬浮物（SS）		10	20	30	50
4	动植物油		1	3	5	20
5	石油类		1	3	5	15
6	阴离子表面活性剂		0.5	1	2	5
7	总氮（以 N 计）		15	20		
8	氨氮（以 N 计）		5(8)	8(15)	25(30)	
9	总磷（以 P 计）	2005 年 12 月 31 日前建设	1	1.5	3	5
		2006 年 1 月 1 日起建设的	0.5	1	3	5
10	色度（稀释倍数）		30	30	40	50
11	pH 值		6～9			
12	粪大肠菌群数（个/L）		10^3	10^4	10^4	

A. 下列情况下按去除率指标执行，当进水 COD 大于 350mg/L 时，去除率应大于 60%；BOD 大于 160mg/L 时，去除率应大于 50%。

B. 括号外数值为水温＞12℃时的控制指标，括号内数值为水温≤12℃时的控制指标。

部分一类污染物最高允许排放浓度（mg/L）　　　　　　　表 5.1-2

序号	项目	标准值	序号	项目	标准值
1	总汞	0.001	5	六价铬	0.05
2	烷基汞	不得检出	6	总砷	0.1
3	总镉	0.01	7	总铅	0.1
4	总铬	0.1			

选择控制项目最高允许排放浓度（日均值）（mg/L）　　　　表 5.1-3

序号	选择控制项目	标准值	序号	选择控制项目	标准值
1	总镍	0.05	23	三氯乙烯	0.3
2	总铍	0.002	24	四氯乙烯	0.1
3	总银	0.1	25	苯	0.1
4	总铜	0.5	26	甲苯	0.1
5	总锌	1.0	27	邻二甲苯	0.4
6	总锰	2.0	28	对二甲苯	0.4
7	总硒	0.1	29	间二甲苯	0.4
8	苯并[a]芘	0.00003	30	乙苯	0.4
9	挥发酚	0.5	31	氯苯	0.3
10	总氰化物	0.5	32	1,4-二氯苯	0.4
11	硫化物	1.0	33	1,2-二氯苯	1.0
12	甲醛	1.0	34	对硝基氯苯	0.5
13	苯胺类	0.5	35	2,4-二硝基氯苯	0.5
14	总硝基化合物	2.0	36	苯酚	0.3
15	有机磷农药（以P计）	0.5	37	间甲酚	0.1
16	马拉硫磷	1.0	38	2,4-二氯酚	0.6
17	乐果	0.5	39	2,4,6-三氯酚	0.6
18	对硫磷	0.05	40	邻苯二甲酸二丁酯	0.1
19	甲基对硫磷	0.2	41	邻苯二甲酸二辛酯	0.1
20	五氯酚	0.5	42	丙烯腈	2.0
21	三氯甲烷	0.3	43	可吸附有机卤化物（AOX以Cl计）	1.0
22	四氯化碳	0.03			

5.2 污水处理方法

5.2.1 污水处理方法分类

污水处理是采用各种手段和技术，将污水中的污染物分离出来，或将其转化为无害的物质，从而使污水得到净化。污水处理方法主要分为物理处理法、化学处理法和生物处理法三类。

（1）物理处理法

通过物理作用分离、回收污水中不溶解的悬浮状态污染物（包括油膜和油珠）的方法，可分为筛滤截留法、重力分离法和离心分离法等。筛滤截留法有栅筛截留和过滤两种处理单元，前者使用的处理设备是格栅、筛网，而后者使用的是砂滤池和微孔滤机等。属于重力分离法的处理单元有沉淀、上浮（气浮）等，相应使用的处理设备是沉砂池、沉淀池、隔油池、气浮池及其附属装置等。离心分离法本身就是一种处理单元，使用的处理装置有离心分离机和水旋分离器等。以热交换原理为基础的处理方法也属于物理处理法，其处理单元有蒸发、结晶等。

（2）化学处理法和物理化学处理法

通过化学反应和传质作用来分离、去除污水中呈溶解、胶体状态的污染物或将其转化为无害物质的方法。在化学处理法中，以投加药剂产生化学反应为基础的处理单元有混凝、中和、氧化还原等；而以传质作用为基础的处理单元则有萃取、汽提、吹脱、吸附、离子交换以及电渗析和反渗透等。而电渗析和反渗透处理单元使用的是膜分离技术。运用传质作用的处理单元既具有化学作用，又具有与之相关的物理作用，所以也可以从化学分离法中分出来，成为另一类处理方法，称为物理化学处理法。

（3）生物处理法

通过微生物的代谢作用，使污水中呈溶解、胶体状态的有机污染物转化为稳定的无害物质的方法。主要方法可分为两大类，即利用好氧微生物作用的好氧法（好氧氧化法）和利用厌氧微生物作用的厌氧法（厌氧还原法）。

污水生物处理广泛使用的是好氧生物处理法。按传统，好氧生物处理法又分为活性污泥法和生物膜法两类。活性污泥法本身就是一种处理单元，它有多种运行方式。属于生物膜法的处理设备有生物滤池、生物转盘、生物接触氧化池以及最近发展起来的生物流化床等。生物氧化塘法又称自然生物处理法。

厌氧生物处理法，又名生物还原处理法，主要用于处理高浓度有机废水和污泥。使用的处理设备主要有消化池。

由于污水中的污染物是多种多样的，因此，在实际工程中，往往需要将几种方法组合在一起，通过几个处理单元去除污水中的各类污染物，使污水达到排放标准。

5.2.2　污水处理的分级

按处理程度，污水处理（主要是城市生活污水和某些工业废水处理）一般可分为一级、二级和三级。

（1）一级处理

一级处理主要去除污水中呈悬浮状态的固体污染物质，物理处理法大部分只能完成一级处理的要求。城市污水一级处理的主要构筑物有格栅、沉砂池和初沉池。格栅的作用是去除污水中的大块漂浮物，沉砂池的作用是去除比重较大的无机颗粒，沉淀池的作用主要是去除无机颗粒和部分有机物质。经过一级处理后的污水，SS 一般可去除 $40\%\sim55\%$，BOD 一般可去除 30% 左右，达不到排放标准。一级处理属于二级处理的预处理。

（2）二级处理

二级处理是在一级处理的基础之上增加生化处理方法，其目的主要去除污水中呈胶体和溶解状态的有机污染物质。二级处理采用的生化方法主要有活性污泥法和生物膜法，其中采用较多的是活性污泥法。经过二级处理，城市污水有机物的去除率可达 90% 以上，出水中的 BOD、SS 等指标能够达到排放标准。二级处理是城市污水处理的主要工艺，应用非常广泛。

（3）三级处理

城市污水三级处理是在一级、二级处理后，进一步处理难降解的有机物、磷和氮等能够导致水体富营养化的可溶性无机物等。主要方法有生物脱氮除磷法，混凝沉淀法，砂滤法，活性炭吸附法，化学除磷法，离子交换法和电渗析法等。三级处理是深度处理的同义语，但两者又不完全相同，三级处理常用于二级处理之后。而深度处理则以污水回收、复用为目的，在一级或二级处理后增加的处理工艺，可用离子交换及电渗析等。通过三级处理或深度处理，BOD能够从30mg/L降至5mg/L以下，能够去除大部分的氮和磷等。

三级处理耗资大，管理也较复杂，但能充分利用水资源。由于目前全世界的水资源十分缺乏，因此，废水的三级处理与深度处理已成为一种发展趋势，应用越来越广泛。

5.2.3 污水处理构筑物

1. 格栅

格栅是由一组平行的金属栅条制成的金属框架，斜置在污水流经的渠道上，或泵站集水池的进口处，用以截阻大块的呈悬浮或漂浮状态的固体污染物。在污水处理流程中，格栅是一种对后续处理构筑物或水泵机组具有保护作用的处理设备。

格栅一般由相互平行的格栅条、格栅框和清渣耙三部分组成。格栅按不同的方法可分为不同的类型。

按格栅条间距的大小，格栅分为细格栅、中格栅和粗格栅三类，其栅条间距分别为4~10mm、15~25mm和大于40mm。

按清渣方式，格栅分为人工清渣格栅和机械清渣格栅两种。人工清渣格栅主要是粗格栅，如图5.2-1所示。

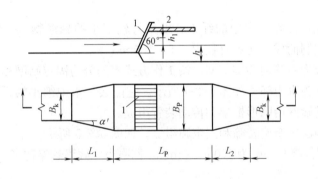

图 5.2-1　人工清除污物的格栅示意图
1—栅条；2—工作平台

按栅耙的位置，格栅分为前清渣式格栅和后清渣式格栅。前清渣式格栅要顺水流清渣和后清渣式格栅要逆水流清渣。

按形状，格栅分为平面格栅和曲面格栅。平面格栅在实际工程中使用较多。图5.2-2为平面格栅的一种。

按构造特点，格栅分为抓斗式格栅（见图5.2-3）、循环式格栅、弧形格栅、回转式格栅、转鼓式格栅和阶梯式格栅。

格栅栅条间距与格栅的用途有关。设置在水泵前的格栅栅条间距应满足水泵的要求；设置在污水处理系统前的格栅栅条间距最大不能超过40mm，其中人工清除为25~40mm，机械清除为16~25mm。

污水处理厂也可设置二道格栅，总提升泵站前设置粗格栅（50~100mm）或中格栅（10~40mm）。处理系统前设置中格栅或细格栅（3~10mm）。若泵站前格栅栅条间距不大于 25mm，污水处理系统前可不再设置格栅。

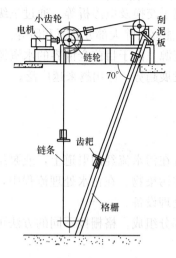

图 5.2-2 平面格栅图

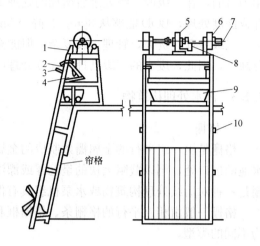

图 5.2-3 抓斗式机械格栅

1—钢丝绳；2—刮泥器；3—刮泥器螺杆；4—齿耙；
5—减速箱；6—卷扬机构；7—行车传动装置；
8—电动机；9—垃圾车；10—支座

2. 滤网

滤网用以截阻、去除污水中的纤维、纸浆等较细小的悬浮物。一般用薄铁皮钻孔制成，或用金属丝编制而成，孔眼直径为 0.5～1.0mm。

按孔眼大小分为粗筛网和细筛网，按工作方式不同分为固定筛网和旋转筛网。

固定筛网又称为水力筛，如图 5.2-4 所示。它能去除水中细小的纤维和固体颗粒，无需其他动力。旋转筛网由圆形框架和传动装置组成。

水力旋转筛网由锥筒旋转筛和固定筛组成。如图 5.2-5 所示。

电动旋转筛网的筛孔一般为 $170\mu m$～5mm，网眼小，截留悬浮物多，容易堵塞，增加清

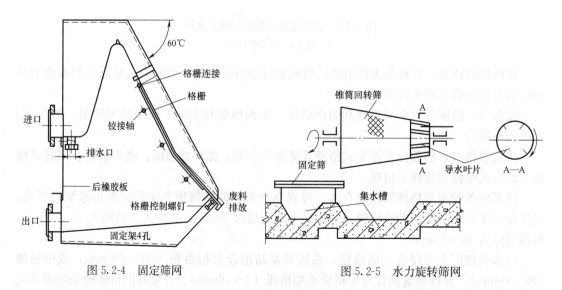

图 5.2-4 固定筛网　　　　　图 5.2-5 水力旋转筛网

洗次数。电动旋转筛网一般接在水泵的压力管上，利用泵的压力进行过滤。如图 5.2-6 所示。

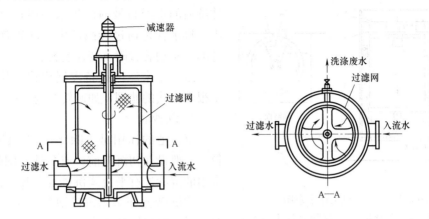

图 5.2-6　电动旋转筛网

3. 捞毛机

捞毛机有圆筒形和链板框式。圆筒形捞毛机安装在污水渠道的出口处，含有纤维杂质的污水进入筛网后，纤维被留在筛网上。如图 5.2-7 所示。常用的筛网圆筒的直径为 2200mm，筛网的宽度为 800mm。孔眼为 9.5 目/cm。筛网转速为 2.5mm/min。

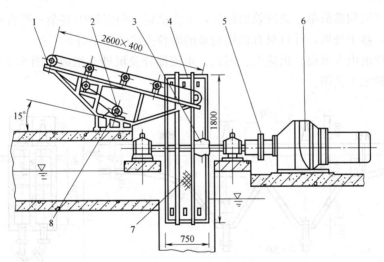

图 5.2-7　圆筒形捞毛机

1—皮带运输机构；2—筒形筛网轴承座；3—连接轮；4—筒形筛网框架；5—联轴器；
6—行星摆线针轮减速机；7—筛网；8—皮带运输机行星摆线针轮减速机

4. 微滤机

微滤机是一种截留细小悬浮物的装置，如图 5.2-8 所示。

滤前水由进水堰溢流到集水槽，并通过进口阀门流入转鼓中，转鼓的另一端是封闭的。滤网敷在转鼓周围，转鼓内水面较外侧为高，借助于转鼓滤网内外的水位差，使鼓内水能够滤流到转鼓外侧。滤后水经出水堰排出。转鼓在池内的浸水深度，为其直径的 3/5 左右。

在转鼓的正上方，与转鼓平行设置有带喷嘴的冲洗水管。每当转鼓转到对应于冲洗水

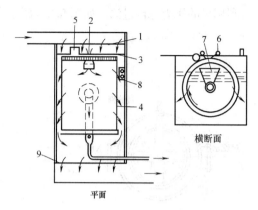

图 5.2-8　微滤机工作示意图

1—进水堰；2—进口阀门；3—放空阀门；4—转鼓；

5—驱动装置；6—冲洗水管；7—冲洗水集水管；

8—水位差测定仪；9—出水堰

管的位置时，鼓内的截留物便受到反向冲洗。冲洗后的水经转鼓内的集水斗通过排水管排出。排水管是通过转鼓的中空转轴连通到池外的。驱动装置附有变速装置。

近几年来滤网设备发展很快，陆续出现了很多形式的滤网，如旋转滤网等。

5. 沉砂池

沉砂池的作用是去除比重较大的无机颗粒。一般设在初沉池前，或泵站、倒虹管前。常用的沉砂池有平流式沉砂池、曝气沉砂池、涡流式沉砂池和多尔沉砂池等。实际工程一般多采用曝气沉砂池。

（1）平流式沉砂池

平流式沉砂池实际上是一个比入流渠道和出流渠道宽而深的渠道，平面为长方形，横断面多为矩形。当污水流过时，由于过水断面增大，水流速度下降，污水中夹带的无机颗粒在重力的作用下下沉，从而达到分离水中无机颗粒的目的。

平流式沉砂池构造简单，处理效果较好，工作稳定。但沉砂中夹杂一些有机物，易于腐化散发臭味，难于处置，并且对有机物包裹的砂粒去除效果不好。

平流式沉砂池由入流渠、出流渠、闸板、水流部分及沉砂斗组成。图 5.2-9 所示为多斗式平流式沉砂池工艺图。

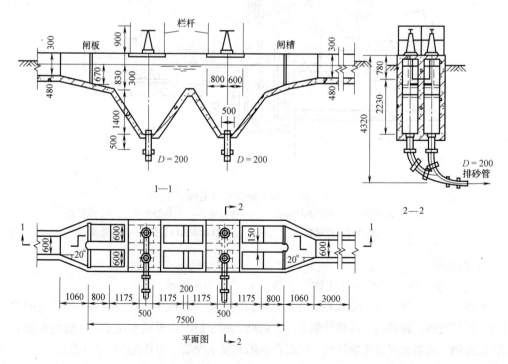

图 5.2-9　多斗式平流式沉砂池工艺图

沉渣的排除方式有机械排砂和重力排砂两类。

污水在沉砂池中的流速介于 0.3～0.15m/s 之间，在最大流量时的停留时间不小于 30s，一般为 30～60s。池的座数或分格数不少于 2。池的有效水深不大于 1.2m，一般采用 0.25～1m，每格宽度一般不小于 0.6m，超高 0.3m。进水头部一般设有消能和整流措施。池底坡度一般为 0.01～0.02。

贮砂斗的容积一般是按不超过 2d 的沉砂量考虑。对于城市污水，沉砂的含水率为 60%，容重为 1500kg/m³。

（2）圆形涡流式沉砂池

圆形涡流式沉砂池是利用水力涡流原理除砂。图 5.2-10 所示为圆形涡流式沉砂池水砂流线图。污水从切线方向进入，进水渠道末端设有一跌水堰，使可能沉积在渠道底部的砂粒向下滑入沉砂池。池内设有可调速桨板，使池内水流保持螺旋形环流，较重的砂粒在靠近池心的一个环形孔口处落入底部的沉砂斗，水和较轻的有机物被引向出水渠，从而达到除砂的目的。

沉砂的排除方式有三种，第一种是采用砂泵抽升，第二种是用空气提升器，第三种是在传动轴中插入砂泵，泵和电机设在沉砂池的顶部。

圆形涡流式沉砂池与传统的平流式曝气沉砂池相比，具有占地面积小，土建费用低的优点，对中小型污水处理厂具有一定的适用性。

圆形涡流式沉砂池有多种池型，目前应用较多的有英国 Jones & Attwod 公司的钟式（Jeta）沉砂池和美国 Smith & Love-less 公司的佩斯塔（Pista）沉砂池。

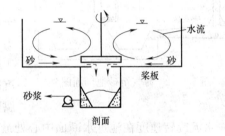

（3）多尔沉砂池

多尔沉砂池结构上部为方形，下部为圆形，装有复耙提升坡道式筛分机。图 5.2-11 所示为多尔沉砂池工艺图。多尔沉砂池属线形沉砂池，颗粒的沉淀是通过减小池内水流速度来完成的。为了保证分离出的砂粒纯净，利用复耙提升坡道式筛分机分离沉砂中的有机颗粒，分离出来的污泥和有机物再通过回流装置回流至沉砂池中。为确保进水均匀，多尔沉砂池一般采用穿孔墙进水，固定堰出水。多尔沉砂池分离出的砂粒比较纯净，有机物含量仅 10% 左右，含水率也比较低。

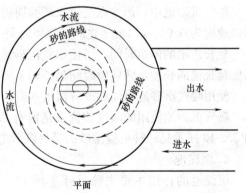

图 5.2-10 圆形涡流式沉砂池水砂流线图

（4）曝气沉砂池

普通沉砂池的最大缺点是在其截留的沉砂中夹杂有一些有机物，这些有机物的存在，使沉砂易于腐败发臭，夏季气温较高时尤甚，因此对沉砂的后处理和周围环境会产生不利影响。普通沉砂池的另一缺点是对有机物包裹的砂粒截留效果较差。使用曝气沉砂池能够在一定程度上克服上述缺点。图 5.2-12 所示是典型曝气沉砂池的剖面图。

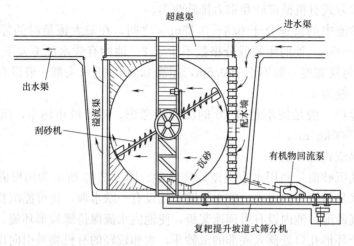

图 5.2-11 多尔沉砂池工艺图

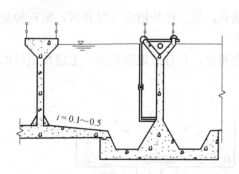

图 5.2-12 曝气沉砂池剖面图

曝气沉砂池是一长形渠道，沿渠壁一侧的整个长度方向，距池底 20～80cm 的高度处安设曝气装置，在其下部设集砂斗，池底有 $i=0.1～0.5$ 的坡度，以保证砂粒滑入。

由于曝气的作用，污水中的有机颗粒经常处于悬浮状态，砂粒互相摩擦并承受曝气的剪切力，砂粒上附着的有机污染物能够被去除，有利于取得较为纯净的砂粒。从曝气沉砂池中排出的沉砂，有机物只占 5％ 左右，一般长期搁置也不腐败。在曝气作用下，污水在池内以螺旋状向前流动，水流旋转速度在池过水断面中心处最小（几乎等于 0），而在四周处最大。

曝气沉砂池中，污水在池过水断面周边的最大旋转速度为 0.25～0.30m/s，在池内的前进速度为 0.01～0.1m/s 之间，停留时间一般在 1.5～3.0min 之间。

延长污水的停留时间，可使曝气沉砂池起到预曝气的作用。池的结构形式无须改变，只要延长池的长度，将停留时间延长到 10～20min 即可。

使用曝气沉砂池，能够改善污水水质，有利于后续处理。

曝气沉砂池使用的曝气装置多是留有 2.5～6mm 孔洞的曝气管，并多使用机械排砂，图 5.2-13 所示是一种机械排砂的曝气沉砂池。

6. 沉淀池

沉淀池的作用主要去除悬浮于污水中的可以沉淀的固体悬浮物，在不同的工艺中，所分离的固体悬浮物也有所不同。例如在生物处理前的沉淀池主要是去除无机颗粒和部分有机物质，在生物处理后的沉淀池主要是分离出水中的微生物固体。沉淀池按构

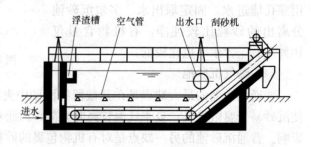

图 5.2-13 机械排砂的曝气沉砂池

造形式可分为平流式沉淀池、辐流式沉淀池和竖流式沉淀池，见图 5.2-14。另外还有斜板（管）沉淀池和迷宫沉淀池。

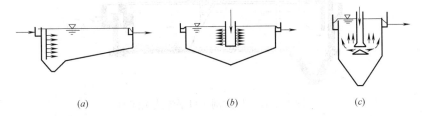

(a) (b) (c)

图 5.2-14 各种类型沉淀池
(a) 平流式沉淀池；(b) 辐流式沉淀池；(c) 竖流式沉淀池

在污水处理中，按照其在工艺中的位置又可分为初次沉淀池和二次沉淀池。初次沉淀池是城市污水一级处理的主体构筑物，用于去除污水中可沉悬浮物。二沉池的作用是将活性污泥与处理水分离，并将沉泥加以浓缩。

由于沉淀池构造的差别，各种类型的沉淀池具有不同的特点，适用于不同的条件。常用沉淀池的特点和适用条件见表 5.2-1。

沉淀池的特点及适用条件   表 5.2-1

类型	优点	缺点	适用条件
平流式	沉淀效果好； 对冲击负荷和温度变化适应性强； 施工方便； 平面布置紧凑，占地面积小	配水不易均匀； 采用机械排泥时设备易腐蚀； 采用多斗排泥时，排泥不易均匀，操作工作量大	适于地下水位较高，地质条件较差的地区； 适于大中小型污水厂
辐流式	用于大型污水处理厂，沉淀池个数较少，比较经济，便于管理； 机械排泥设备已定型，排泥较方便	池内水流不稳定，沉淀效果相对较差 排泥设备比较复杂，对运行管理要求较高； 池体较大，对施工质量要求较高	适于地下水位较高的地区； 适于大、中型污水处理厂
竖流式	占地面积小； 排泥方便，运行管理简单	池体深度较大，施工困难； 对冲击负荷和温度的变化适应性差； 造价相对较高； 池径不易过大	适于小型污水处理厂或工业废水处理站
斜（管）板	沉淀效果好； 占地面积小； 排泥方便	易堵塞； 造价高	适于原有沉淀池的挖潜或扩大处理能力； 适于作初沉池

（1）平流式沉淀池

平流式沉淀池平面呈矩形，一般由进水装置、出水装置、沉淀区、缓冲区、污泥区及排泥装置等构成。污水从池子的一端流入，按水平方向在池内流动，从另一端溢出，在进口处的底部设贮泥斗。排泥方式有机械排泥和多斗排泥两种，机械排泥多采用链带式刮泥机和桥式刮泥机。图 5.2-15 所示是使用比较广泛的一种平流式沉淀池，流入装置是横向潜孔，潜孔均匀地分布在整个宽度上，在潜孔前设挡板，其作用是消能，使污水均匀分布。挡板高出水面 $0.15 \sim 0.2\text{m}$，伸入水下的深度不小于 0.2m。也有潜孔横放的流入装置，如图 5.2-16 所示。

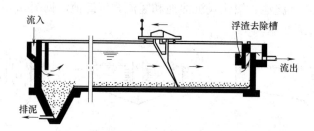

图 5.2-15 桥式刮泥机平流式沉淀池

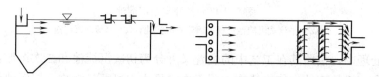

图 5.2-16 平流式沉淀池的流入装置与出流堰的一种形式

流出装置多采用自由堰形式，堰前也设挡板，以阻拦浮渣，或设浮渣收集和排除装置（见图 5.2-15）。出流堰是沉淀池的重要部件，它不仅控制沉淀池内水面的高程，而且对沉淀池内水流的均匀分布有着直接影响。单位长度堰口的溢流量必须相等。此外，在堰的下游还应有一定的自由落差，因此对堰的施工必须是精心的，尽量作到平直，少生误差。有时为了增加堰口长度，在池中间部增设集水槽（见图 5.2-16）。

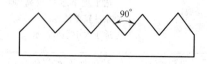

图 5.2-17 锯齿形溢流堰

目前多采用如图 5.2-17 所示的锯齿形溢流堰，这种溢流堰易于加工，也比较容易保证出水均匀。水面应位于齿高度的 1/2 处。

及时排除沉于池底的污泥是使沉淀池工作正常，保证出水水质的一项重要措施。

由于可沉悬浮颗粒多沉淀于沉淀池的前部，因此，在池的前部设泥斗，其中的污泥通过排泥管借 1.5～2.0m 的静水压力排出池外，池底坡度一般为 0.01～0.02。

图 5.2-18 所示为多斗式平流式沉淀池，这种平流式沉淀池不用机械刮泥设备，每个贮泥斗单独设排泥管，各自独立排泥，能够互不干扰，保证沉淀浓度。

平流式沉淀池沉淀效果好，对冲击负荷和温度变化适应性强，而且平面布置紧凑，施工方便。但配水不易均匀，采用机械排泥时设备易腐蚀。若采用多斗排泥时，排泥不易均匀，操作工作量大。

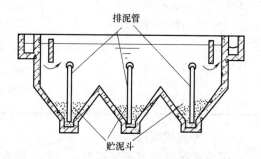

图 5.2-18 多斗式平流式沉淀池

（2）辐流式沉淀池

辐流式沉淀池一般为圆形，也有正方形。圆形辐流式沉淀池的直径一般介于 20～30m 之间，但变化幅度可为 6～60m，最大甚至可达 100m，池中心深度为 2.5～5.0m，池周深度则为 1.5～3.0m。按进出水的形式可分为中心进水周边出水、周边进水中心出水和周边进水周边出水三种类型。中心进水周边出水辐流式沉淀池应用最为广泛。

图 5.2-19 所示为中心进水周边出水辐流式沉淀池。主要由进水管、出水管、沉淀区、污泥区及排泥装置组成。在池中心处设中心管，污水从池底的进水管进入中心管，在中心管的周围常用穿孔障板围成流入区，使污水在沉淀池内向上均匀流动。流出区设于池周，由于平口堰不易做到严格水平，所以采用三角堰或淹没式溢流孔。为了拦截表面上的漂浮物质，在出流堰封设挡板和浮渣的收集、排出设备。

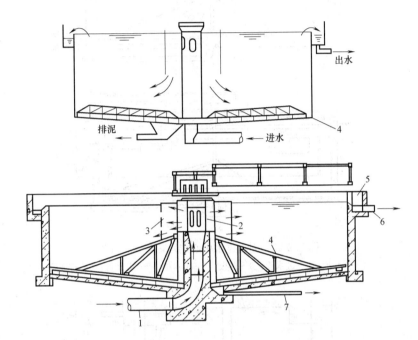

图 5.2-19 中心进水周边出水辐流式沉淀池
1—进水管；2—中心管；3—穿孔挡板；4—刮泥机；5—出水槽；6—出水管；7—排泥管

辐流式沉淀池污水从池中心处流出，沿半径的方向向池周流动，因此，其水力特征是污水的流速由大向小变化。

辐流式沉淀池一般均采用机械刮泥，刮泥板固定在桁架上，桁架绕池中心缓慢旋转，把沉淀污泥推入池中心处的污泥斗中，然后借静水压力排出池外，也可以用污泥泵排泥。当池子直径小于 20m 时，一般采用中心传动的刮泥机，当池子直径大于 20m 时，一般采用周边传动的刮泥机。刮泥机旋转速度一般为 1~3r/h，外周刮泥板的线速度不超过 3m/min，一般采用 1.5m/min。池底坡度一般采用 0.05~0.10，中央污泥斗的斜壁与水平面的倾角，方斗不宜小于 60°，圆斗不宜小于 55°。二次沉淀池的污泥多采用吸泥机排出。

辐流式沉淀池用于大型污水处理厂，沉淀池个数较少，比较经济，便于管理；机械排泥设备已定型，排泥较方便；池内水流不稳定，沉淀效果相对较差；排泥设备比较复杂，对运行管理要求较高；池体较大，对施工质量要求较高。

近几年在实际工程中也有采用周边进水中心出水（图 5.2-20）或周边进水周边出水辐流式沉淀池（图 5.2-21）。一般的辐流式沉淀池，污水是从中心进入而在池四周出流，进口处流速很大，呈紊流现象，这时原污水中悬浮物质浓度亦高，紊流状态阻碍了它的下沉，影响沉淀池的分离效果。而周边进水辐流式沉淀池与此恰恰相反，原污水从池周流入，澄清水则从池中心流出，在一定程度能够克服上述缺点。

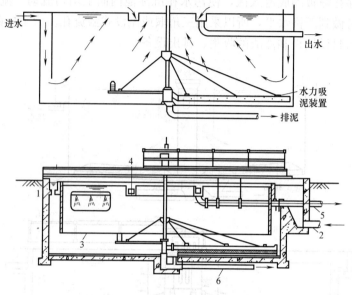

图 5.2-20 周边进水中心出水辐流式沉淀池
1—进水槽；2—进水管；3—挡板；4—出水槽；5—出水管；6—排泥管

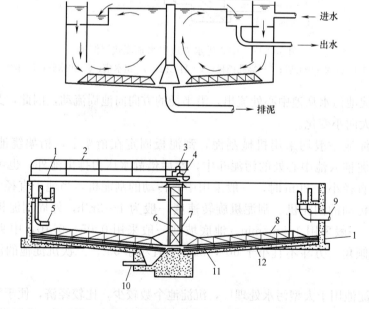

图 5.2-21 周边进水周边出水辐流式沉淀池
1—过桥；2—栏杆；3—传动装置；4—转盘；5—进水下降管；6—中心支架；7—传动器罩；
8—桁架式耙架；9—出水管；10—排泥管；11—刮泥板；12—可调节的橡皮刮板

周边进水辐流式沉淀池，原污水流入位于池周的进水槽中，在进水槽底留有进水孔，原污水再通过进水孔均匀地进入池内，在进水孔的下侧设有进水挡板，深入水面下约 2/3

处，这样有助于均匀配水。而且原污水进入沉淀区的流速要小得多，有利于悬浮颗粒的沉淀，能够提高沉淀率。这种沉淀池的处理能力比一般辐流式沉淀池高。

（3）竖流式沉淀池

竖流式沉淀池的表面多呈圆形，也有采用方形和多角形的。直径或边长一般在8m以下，多介于4～7m之间。沉淀池上部呈圆柱状的部分为沉淀区，下部呈截头圆锥状的部分为污泥区，在二区之间留有缓冲层0.3m，见图5.2-22。

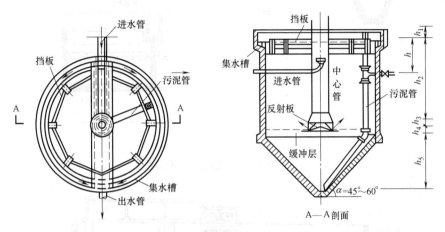

图5.2-22　竖流式沉淀池构造简图

污水从中心管流入，由下部流出，通过反射板的阻拦向四周分布，然后沿沉淀区的整个断面上升，沉淀后的出水由池四周溢出。流出区设于池周，采用自由堰或三角堰。如果池子的直径大于7m，一般要考虑设辐射式汇水槽。

贮泥斗倾角为45°～60°，污泥借静水压力由排泥管排出，排泥管直径不小于200mm，静水压力为1.5～2.0m。为了防止漂浮物外溢，在水面距池壁0.4～0.5m处安装挡板，挡板伸入水中部分的深度为0.25～0.3m，伸出水面高度为0.1～0.2m。

竖流式沉淀池排泥容易，不需要机械刮泥设备，便于管理。但是，池深大，施工难，造价高，每个池子的容量小，污水量大时不适用，水流分布不易均匀。

（4）斜板（管）沉淀池在污水处理中的应用

污水处理工程上采用的斜板（管）沉淀池，按水在斜板中的流动方向分为斜向流和横向流。斜向流又分为上向流和下向流（从水流与沉泥的相对运动方向讲，也称异向流和同向流）；异向流斜板（管）沉淀池水流自下向上，水中的悬浮颗粒是自上向下；同向流斜板（管）沉淀池水流和水中的悬浮颗粒都是自上向下；横向流又称侧向流。侧向流斜板（管）沉淀池水流沿水平方向流动，水中的悬浮颗粒是自上向下。按水流断面形状分，有斜板和斜管。在污水处理中，目前主要采用上向流斜板沉淀池。在普通沉淀池中加设斜板（管）即构成斜板（管）沉淀池，图5.2-23和图5.2-24所示分别为平流式斜板沉淀池和辐流式斜板沉淀池。

上向流斜板沉淀池的表面负荷一般比普通沉淀池提高一倍，斜板垂直净距一般为80～100mm，斜管孔径一般为50～80mm，斜板（管）斜长一般为1～1.2m，倾角一般为60°，斜板（管）区底部缓冲层高度一般为0.5～1.0m，斜板（管）区上部水深一般为0.5～1.0m。

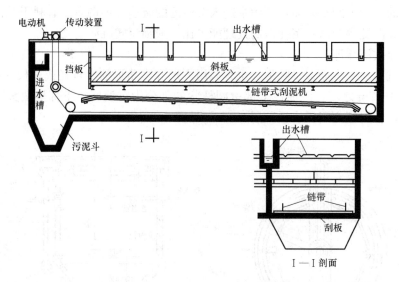

图 5.2-23 平流式斜板沉淀池

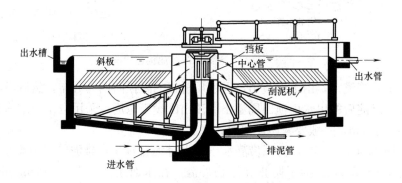

图 5.2-24 辐流式斜板沉淀池

在池壁与斜板的间隙处装有阻流板,以防止水流短路。斜板上缘一般向池子进水端后倾安装。进水方式一般采用穿孔墙整流布水,出水方式一般采用多槽出水,在池面上增设几条平行的出水堰和集水槽,以改善出水水质,加大出水量。斜板(管)沉淀池一般采用重力排泥,每日排泥次数至少 1~2 次,或连续排泥。初次沉淀池内停留时间不超过30min,二次沉淀池内停留时间不超过 60min。斜板(管)沉淀池一般设有斜板(管)冲洗设施。

斜板(管)沉淀池常用于污水处理厂的扩容改建,或在用地特别受限的污水处理厂中应用。斜板(管)沉淀池不宜于作为二次沉淀池,因为活性污泥黏度较大,容易粘附在斜板(管)上,影响沉淀效果甚至可能堵塞斜板(管)。另外,在二次沉淀池中可能会因厌氧消化产生气泡,进而影响沉淀分离效果。

7. 隔油池

隔油池是用自然上浮法分离、去除含油污水中可浮油的处理构筑物,其常用的形式有平流式隔油池、斜板式隔油池。

(1)平流式隔油池

平流式隔油池工艺构造与平流式沉淀池基本相同，平面多为矩形，但平流式隔油池出水端设有集油管。图 5.2-25 所示是传统型平流式隔油池，在我国应用较为广泛。污水从池的一端流入池内，从另一端流出。在流经隔油池的过程中，由于流速降低，相对密度小于 1.0 而粒径较大的油品杂质得以上浮到水面上，而相对密度大于 1.0 的杂质则沉于池底。在出水一侧的水面上设集油管。集油管一般是以直径为 200～300mm 的钢管制成，沿其长度在管壁的一侧开有 60° 角的开口。在构造上，集油管可以绕轴线转动。平时切口向

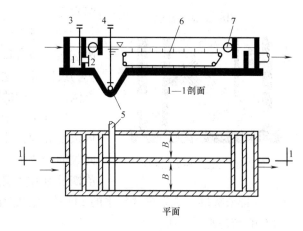

图 5.2-25 平流式隔油池
1—布水间；2—进水孔；3—进水间；4—排渣阀；
5—排渣管；6—刮油刮泥机；7—集油管

上位于水面之上，当水面浮油达到一定厚度时，转动集油管，使切口浸入水面油层之下，浮油即溢入管内，并导流到池外。

大型隔油池还设置由钢丝绳或链条牵引的刮油刮泥设备，用以推动水面浮油和刮集池底沉渣。刮集到池前部污泥斗中的沉渣，通过排泥管适时排出。排泥管直径一般为 200mm。池底有滑向污泥斗的 0.01～0.02 的坡度，污泥斗倾角 45°。

隔油池表面用盖板覆盖，以防火、防雨并保温。寒冷地区在池内设有加温管。由于刮泥机跨度规格的限制，隔油池每个格间的宽度一般为 6.0m、4.5m、3.0m、2.5m 和 2.0m。采用人工清除浮油，每个格间的宽度不超过 3.0m。

这种隔油池的优点是构造简单、便于管理、隔油效果稳定。缺点是池体大，占地面积大。这种隔油池可能去除的最小油珠粒径一般不低于 100～150μm。

（2）斜板式隔油池

早在 21 世纪初哈真（Hazen）就提出了"浅池沉淀"的理论。近年来，根据浅池沉淀理论，设计了一种波纹斜板式除油池，其构造如图 5.2-26 所示。池内设波纹状斜板，间距 20～50mm。水流向下，油珠上浮，属异向流分离装置，在波纹板内分离出来的油珠沿波纹板跨峰顶上浮，而泥渣则沿峰底滑落到池底。实践证明，这种除油池分离的最小油珠粒径可达 60μm。由于提高了单位池容的分离表面，油水分离的效果也大大得到提高。污水在这种除油池中的停留时间，只为平流式隔油池的 1/4～2/2，一般不超过 3min，能够大大地减少除油池的容积。斜板式隔油池具有处理效率高，占地面积小等优点，因此，在新建的含油污水处理工程中得到广泛应用。斜板材料要求表面光滑不沾油，重量轻、耐腐蚀，目前多采用聚脂玻璃钢。

8. 中和

含酸污水和含碱污水是两种重要的工业废液。酸性污水有的含无机酸（如硫酸、硝酸、盐酸、磷酸、氢氟酸、氢氰酸等），有的含有机酸（如醋酸、甲酸、柠檬酸等）。碱性污水中含有碱性物质，如苛性钠、碳酸钠、硫化钠及胺类等。酸性污水的危害程度比碱性

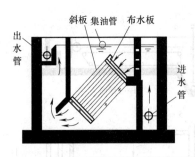

斜板 集油管 布水板

出水管

进水管

图 5.2-26 波纹斜板式除油池

污水要大。

酸含量大于 3%～5% 的高浓度含酸污水,常称为废酸液;碱含量大于 1%～3% 的高浓度含碱污水,常称为废碱液。这类废酸液、废碱液往往要采用特殊的方法回收其中的酸和碱。

酸含量小于 3%～5% 或碱含量小于 1%～3% 的低浓度酸性污水与碱性污水,由于其中酸碱含量低,回收的价值不大,常采用中和法处理,使污水的 pH 值恢复到中性附近的一定范围,消除其危害。我国《污水综合排放标准》规定排放污水的 pH 值范围应在 6～9。

(1) 酸碱污水相互中和

酸碱污水相互中和是一种既简单又经济的以废治废的处理方法。酸碱污水相互中和一般是在混合反应池内进行,池内设有搅拌装置。两种污水相互中和时,由于水量和浓度难以保持稳定,所以给操作带来困难。在此情况下,一般在混合反应池前设有均质池。

中和设备可根据酸碱污水排放规律及水质变化来确定。

当水质水量变化较小或后续处理对 pH 值要求较宽时,可在集水井(或管道、混合槽)内进行连续混合反应。

当水质水量变化不大或后续处理对 pH 值要求高时,可设连续流中和池。中和时间 t 视水质水量变化情况确定,一般采用 1～2h。

当水质水量变化较大,且水量较小时,连续流无法保证出水 pH 值要求,或出水中还含有其他杂质或重金属离子时,多采用间歇式中和池。池有效容积可按污水排放周期(如一班或一昼夜)中的污水量计算。中和池至少两座(格)交替使用。在间歇式中和池内完成混合、反应、沉淀、排泥等工序。

(2) 酸性污水的药剂中和处理

酸性污水中和剂有石灰、石灰石、大理石、白云石、碳酸钠、苛性钠、氧化镁等,常用者为石灰。当投加石灰乳时,氢氧化钙对污水中杂质有凝聚作用,因此适用于处理杂质多浓度高的酸性污水。在选择中和剂时,还应尽可能使用一些工业废渣,如化学软水站排出的废渣(白垩),其主要成分为碳酸钙;有机化工厂或乙炔发生站排放的电石废渣,其主要成分为氢氧化钙;钢厂或电石厂筛下的废石灰;热电厂的炉灰渣或硼酸厂的硼泥。

污水量少时(每小时几吨到十几吨)宜采用间歇处理,两三池(格)交替工作。污水量大时宜采用连续式处理。为获得稳定可靠的中和处理效果宜采用多级式自动控制系统。目前多采用二级或三级,分为初调和终调或初调、中调和终调。投药量由设在池出口的 pH 值检测仪控制。一般初调可将 pH 值调至 4～5。药剂中和处理工艺流程如图 5.2-27 所示。

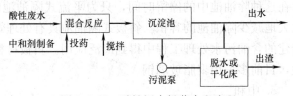

酸性废水

中和剂制备 → 混合反应 → 沉淀池 → 出水

投药 搅拌

污泥泵 → 脱水或干化床 → 出渣

图 5.2-27 酸性污水投药中和流程

酸性污水投药中和之前,有时需要进行预处理。预处理包括悬浮杂质的澄清、水质及水量的均和。前者可以减少投药量,后者可以创造稳定的处理条件。

投加石灰有干投法和湿投法两种方式。

（3）碱性污水的药剂中和处理

碱性污水中和剂有硫酸、盐酸、硝酸等。常用的药剂为工业硫酸，因为硫酸价格较低。使用盐酸的最大优点是反应物的溶解度大，沉渣量少，但出水中溶解固体浓度高。采用工业废酸更经济。有条件时，也可以采取向碱性污水中通入烟道气（含 CO_2、SO_2 等）的办法加以中和。

烟道气一般含 CO_2 量可达 24%，有的还含有少量的 SO_2 和 H_2S。烟道气如果用湿法除水膜除尘器，可用碱性污水做为除尘水进行喷淋。污水从接触塔顶淋下，或沿塔内壁流下，烟道气和污水逆流接触，进行中和反应。此法的优点是以废治废、投资省、运行费用低、节水且尚可回收烟灰及煤，把污水处理与消烟除尘结合起来，但出水的硫化物、色度、耗氧量、水温等指标都升高，还需进一步处理。

（4）过滤中和

过滤中和是指使污水通过具有中和能力的滤料进行中和反应。这种方法适用于含硫酸浓度不大于 2～3mg/L，并生成易溶盐的各种酸性污水的中和处理。当污水含大量悬浮物、油脂、重金属盐和其他毒物时，不宜采用。

具有中和能力的滤料有石灰石、白云石、大理石等，一般最常用的是石灰石。

过滤中和所使用的设备为中和滤池。中和滤池有普通中和滤池、升流式膨胀中和滤池及过滤中和滚筒。

1）普通中和滤池

普通中和滤池为固定床，水流向有平流和竖流两种，目前多用竖流式。竖流式又分升流式和降流式两种（图5.2-28）。普通中和滤池的滤料粒径一般为 30～50mm，不得混有粉料杂质。当污水中含有可能堵塞滤料的物质时，应进行预处理，过滤速度一般不大于5m/h，接触时间不小于 10min，滤床厚度一般为 1～1.5m。

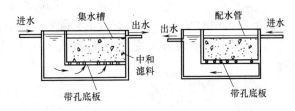

图 5.2-28 普通中和滤池

2）升流式膨胀中和滤池

升流式膨胀中和滤池，污水从滤池的底部进入，从池顶流出，流速高达 30～70m/h，再加上生成 CO_2 气体作用，使滤料互相碰撞摩擦，表面不断更新，因此中和效果较好。升流式膨胀中和滤池又可分为恒滤速和变滤速两种。恒滤速升流式膨胀中和滤池如图 5.2-29 所示。滤池分四部分：底部为进水设备，一般采用大阻力穿孔管布水，孔径 9～12mm；进水设备上面是卵石垫层，其厚度为 0.15～0.2m，卵石粒径为 20～40mm；垫层上面为石灰石滤料，粒径为 0.5～3mm，平均 1.5mm，滤料层厚度在运转初期为 1～1.2m，最终换料时为 2m，滤料膨

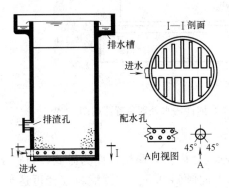

图 5.2-29 恒速升流膨胀中和滤池

胀率为 50%，滤料的分布状态是由下往上，粒径逐渐减小；滤料上面是缓冲层，高度 0.5m，使水和滤料分离，在此区内水流速逐渐减慢，出水由出水槽均匀汇集出流。

滤池的出水中由于含有大量溶解 CO_2，使出水 pH 值为 4.2～5.0，可以用甲基橙来判断滤料的效能。滤池在运行中，滤料有所消耗，应定期补充，运行中应防止高浓度硫酸污水进入滤池。否则会使滤料表面结垢而失去作用。滤池运行一定时期后，由于沉淀物积累过多导致中和效果下降，应进行倒床，更换新滤料。

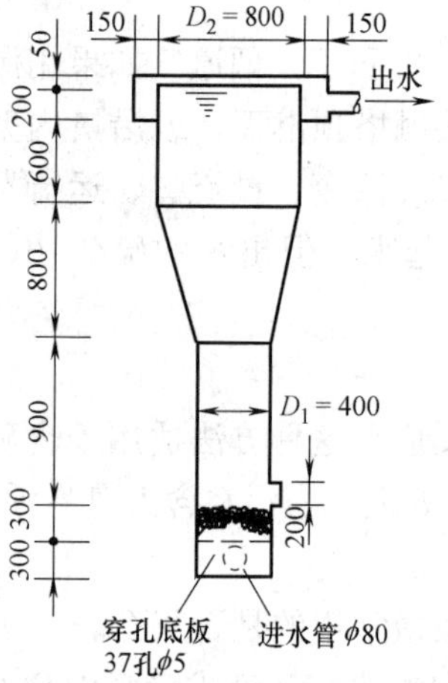

当污水硫酸浓度小于 2200mg/L 时，经中和处理后，出水 pH 值可达 4.2～5。若将出水再经脱气池，除去其中 CO_2 气体后，污水 pH 值可提高到 6～6.5。

膨胀中和滤池一般每班加料 2～4 次。当出水的 pH 值 ≤4.2 时，须倒床换料。滤料量大时，加料和倒床须考虑机械化，以减轻劳动强度。

图 5.2-30 所示为变速升流膨胀式中和滤池。滤池的滤料层截面面积是变化的。底部流速较大，可使大颗粒滤料处于悬浮状态；上部流速较小，保持上部微小滤料不致流失，从而可防止池内滤料表面形成 $CaSO_4$ 覆盖层，又可以提高滤料的利用率，还可以提高进水的含酸浓度，同时不产生堵塞。这种滤池可大大提高滤速，下部滤速可达 130～150m/h，上部滤速可达 40～60m/h。

图 5.2-30 变速升流膨胀式中和滤池

滤池出水中的 CO_2 一般由脱气池去除，方法有空气曝气、出水跌落自然曝气等。

图 5.2-31 所示为采用变速升流膨胀式中和滤池（塔）处理酸性污水的实用装置流程。

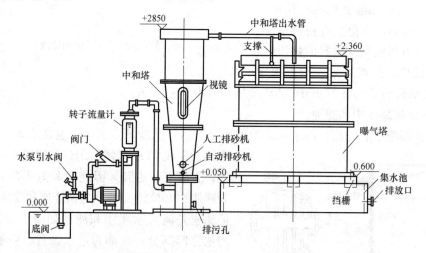

图 5.2-31 变速升流膨胀式中和滤池（塔）酸性污水处理装置流程图

3）过滤中和滚筒

过滤中和滚筒如图 5.2-32 所示。滚筒用钢板制成，内衬防腐层。筒为卧式，直径 1m 以上，长度为直径的 6～7 倍。筒和旋转轴向出水方向倾斜 0.5°～1°。滤料粒径可达十几毫米，装料体积占筒体体积的一半。筒内壁焊数条纵向挡板，带动滤料不断翻滚。为避免滤料被水带出，在滚筒出水端设穿孔滤板。出水也需脱 CO_2。这种装置的优点是进水硫酸浓度可超过极限值数倍，滤料不必破碎到很小粒径，但构造复杂，动力费用高，运行时设备噪声较大。

9. 混凝法

混凝法是污水处理中常采用的方法，可以用来降低污水的浊度和色度，去除多种高分子有机物、某些重金属物和放射性物质。此外，混凝法还能改善污泥的脱水性能。

混凝法与污水的其他处理法比较，其优点是设备简单，维护操作易于掌握，处理效果好，间歇或连续运行均可

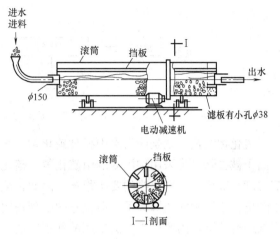

图 5.2-32 卧式过滤中和滚筒示意

以。缺点是由于不断向污水中投药，经常性运行费用较高，沉渣量大，且脱水较困难。

混凝的主要对象是污水中的细小悬浮颗粒和胶体微粒，这些颗粒很难用自然沉淀法从水中分离出去。混凝是通过向污水中投加混凝剂，使细小悬浮颗粒和胶体微粒聚集成较粗大的颗粒而沉淀，得以与水分离，使污水得到净化。

水与药剂混合后进入反应池进行反应。反应池的形式有隔板反应池，涡流式反应池等。隔板反应池有平流式、竖流式和回转式三种。

澄清池是用于混凝处理的一种设备。在澄清池内，可以同时完成混合、反应、沉淀分离等过程。其优点是占地面积小，处理效果好，生产效率高，节省药剂用量，缺点是对进水水质要求严格，设备结构复杂。

澄清池的构造形式很多，从基本原理上可分为两大类，一类是泥渣悬浮型，有悬浮澄清池和脉冲澄清池；另一类是泥渣循环型，有机械加速澄清池和水力循环加速澄清池。目前常用的是机械加速澄清池。

10. 化学沉淀

向工业废水中投加某种化学物质，使它和其中某些溶解物质产生反应，生成难溶盐沉淀下来，这种方法称为化学沉淀法。它一般用以处理含金属离子的工业废水。根据使用的沉淀剂不同，化学沉淀法可分为石灰法、氢氧化物法、硫化物法、钡盐法等。

（1）氢氧化物沉淀法

氢氧化物沉淀法就是向污水中投加含有 OH^- 的化学物质，使其与污水中的金属离子生成氢氧化物沉淀而得以去除。氢氧化物的沉淀与 pH 值有很大关系。

某矿山污水含铜 83.4mg/L，总铁 1260mg/L，二价铁 10mg/L，pH 值为 2.23，沉淀剂采用石灰乳，其工艺流程如图 5.2-33 所示。一级化学沉淀控制 pH 值 3.47，使铁先沉淀，铁渣含铁 32.84%，含铜 0.148%。第二级化学沉淀控制 pH 值在 7.5～8.5 范围，使铜沉淀，铜渣含铜 3.06%，含铁 1.38%。污水经二级化学沉淀后，出水可达到排放标准，铁渣和铜渣可回收利用。

（2）硫化物沉淀法

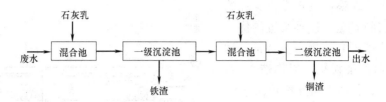

图 5.2-33　矿山污水处理工艺流程

硫化物沉淀法就是向污水中投加硫化物,与水中的金属离子生成硫化物沉淀物,使金属离子被去除。常采用的沉淀剂由硫化氢、硫化钠、硫化钾等。由于大多数金属硫化物的溶解度一般比其氢氧化物的要小很多,因此,从理论上讲,硫化物沉淀法比氢氧化物沉淀法能更完全地去除金属离子。但是它的处理费用较高,且硫化物不易沉淀,常需要投加凝聚剂进行共沉,因此,本方法采用的并不广泛,有时作为氢氧化物沉淀法的补充法。

硫化物沉淀法在含汞污水处理中得到应用。

(3) 钡盐沉淀法

钡盐沉淀法是向水中投加碳酸钡、氯化钡、硝酸钡、氢氧化钡等沉淀剂,与污水中的铬酸根进行反应,生成难溶盐铬酸钡沉淀,去除污水中的六价铬。

11. 氧化还原

利用溶解于污水中的有毒有害物质,在氧化还原反应中能被氧化或还原的性质,把它转化为无毒无害的新物质,这种方法称为氧化还原法。氧化和还原是互为依存的,在化学反应中,原子或离子失去电子称为氧化,接受电子称为还原。得到电子的物质称为氧化剂,失去电子的物质称为还原剂。

根据有毒有害物质在氧化还原反应中能被氧化或还原的不同,污水的氧化还原法又可分为氧化法和还原法两大类。在污水处理中常用的氧化剂有空气中的氧、纯氧、臭氧、氯气、漂白粉、次氯酸钠、三氯化铁等;常用的还原剂有硫酸亚铁、亚硫酸盐、氯化亚铁、铁屑、锌粉、二氧化硫、硼氢化钠等。电解时阳极也是一种氧化剂,阴极是一种还原剂。

(1) 氧化法

向污水中投加氧化剂,氧化污水中的有毒有害物质,使其转变为无毒无害的或毒性小的新物质的方法称为氧化法。氧化是最终去除污水中污染物质的有效方法之一。通过化学氧化,可以使污水中的有机物和无机物氧化分解,从而降低污水的 BOD 和 COD 值,或使污水中有毒物质无害化。

用于污水处理最多的氧化剂是臭氧(O_3)、次氯酸(HOCl)、氯(Cl_2)和空气,这些氧化剂可在不同的情况下用于各种污水的氧化处理。当采用氯、臭氧等化学氧化时,还可以达到污水去臭、去味、脱色和消毒目的。

1) 空气氧化

空气氧化就是利用空气中的氧气氧化污水中的有机物和还原性物质的一种处理方法。将空气吹入污水中,有时为了提高氧化效果,氧化要在高温高压下进行,或使用催化剂。

因空气氧化能力较弱,主要用于含还原性较强物质的污水处理,如硫化氢、硫醇、硫的钠盐和铵盐 [$NaHS$、Na_2S、$(NH_4)_2S$] 等。向污水中注入空气或蒸汽时,硫化物能被氧化成无毒或微毒的硫代硫酸盐或硫酸盐。

空气氧化法目前已用于石油炼制厂含硫废水的处理，基本流程如图 5.2-34 所示。污水经除油与除沉渣后与压缩空气及蒸汽混合，升温至 80～90℃ 后进入塔内，经喷嘴雾化，分四段进行氧化反应。空气氧化采用的设备是空气氧化塔，其直径不大于 2.5m，塔体为 4～5 段，每段高不小于 3m，塔内总压降 0.2～0.25MPa，喷嘴气流速度大于 13m/s，喷嘴水流速度大于 1.5m/s。

2）臭氧氧化

臭氧的氧化能力强，约为氯的氧化能力的 2 倍，使一些比较复杂的氧化反应能够进行；反应速度快，因此反应时间短，设备尺寸小，设备费用低；臭氧制取只需空气或氧和电力，不需要原料的贮存和运输；臭氧在水中很快分解为氧，不会造成二次污染，只增加水中溶解氧；臭氧的氧化或部分氧化产物的毒性较低，与用氯氧化含酚废水相比，它不会产生氯酚的气味；操作管理简便，只需调节

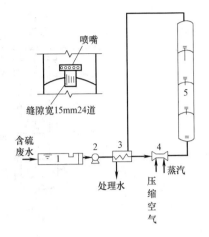

图 5.2-34 空气氧化法处理含硫废水
1—隔油池；2—泵；3—换热器；
4—射流混合器；5—空气氧化塔

电源的周波数和电压以及气体流量即可以控制臭氧的发生量。但是，电耗大、处理成本高，因此臭氧氧化主要应用于污水的深度处理。

臭氧接触反应设备，根据臭氧化空气与水的接触方式可分为气泡式、水膜式和水滴式 3 类。

① 气泡式反应器

根据在气泡式反应器内安装的产生气泡装置的不同，气泡式反应器可分为多孔扩散式、机械表面曝气式及塔板式 3 种。

多孔扩散式反应器是通过设在反应器底部的多孔扩散装置将臭氧化空气分散成微小气泡后进入水中。多孔扩散装置有穿孔管、穿孔板和微孔滤板等。根据气和水的流动方向不同可分为同向流和异向流两种。同向流反应器是最早应用的一种反应器，其缺点是底部臭氧浓度大，原水杂质的浓度也大，大部分臭氧被易于氧化的杂质消耗掉，而上部臭氧浓度小，此处的杂质较难氧化，低浓度的臭氧往往对它无能为力。因此，臭氧利用率较低，一般为 75%。当臭氧用于消毒时，宜采用同向流反应器，这样可使大量臭氧早与细菌接触，以免大部分臭氧氧化其他杂质而影响消毒效果。异向流反应器，使低浓度的臭氧与杂质浓度大的水相接触，臭氧的利用率可达 80%。目前我国多采用这种反应器。

机械表面曝气式反应器是在反应器内安装曝气叶轮，臭氧化空气沿液面流动，高速旋转的叶轮，在其周围形成水跃，使水剧烈搅动，卷入臭氧化空气，气液界面不断更新，使臭氧溶于水中。这种反应器适用于臭氧投量低的场合。此法缺点为能耗大。

塔板式反应器有筛板塔和泡罩塔，如图 5.2-35 所示。塔内设多层塔板，每层塔板上设溢流堰和降液管，水在塔板上翻过溢流堰，经降液管流到下层塔板。在塔板上开许多筛孔的称筛板塔。上升的气流通过筛孔，被分散成细小的股流，在板上的水层中形成的气泡与水接触后逸出液面，然后再与上层液体接触。板上的溢流堰使板上的水层维持一定深度，将降流管出口淹没在液层中形成水封，防止气流沿降流管上升。运行时应维持一定的

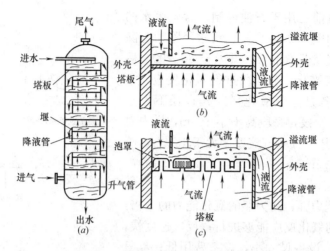

图 5.2-35 筛板塔和泡罩塔

(*a*) 板式吸收塔；(*b*) 筛板；(*c*) 泡罩

气流压力，以阻止污水经筛板下漏。

② 水膜式反应器

填料塔是一种常用的水膜式反应器，如图 5.2-36 所示。塔内装拉西环或鞍状填料。污水经配水装置分布到填料上，形成水膜沿填料表面向下流动，上升气流从填料间通过和污水逆向接触。这种反应器主要用于受传质控制的反应，不论处理规模大小以及反应快慢都能适应，但污水悬浮物高时易堵塞。

③ 水滴式反应器

喷雾塔是水滴式反应器的一种，如图 5.2-37 所示。污水由喷雾头分散成细小水珠，水珠在下落过程中，同上升的臭氧化空气接触，在塔底聚集流出，尾气从塔顶排出。这种设备简单，造价低，但对臭氧的吸收能力低，喷头易堵塞，预处理要求高，适用于受传质速率控制的反应。

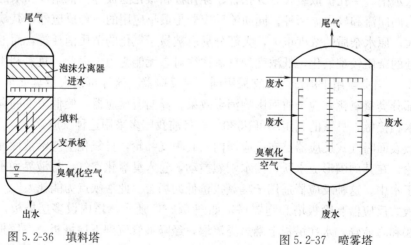

图 5.2-36 填料塔　　　　　图 5.2-37 喷雾塔

3）氯氧化

氯是最为普遍使用的氧化剂，而且氧化能力较强，可以氧化处理污水中的酚类、醛类、醇类以及洗涤剂、油类、氰化物等，还有脱色、除臭、杀菌等作用。在化学工业方面，它主要用于处理含氰、含酚、含硫化物的废水和染料废水。

氯氧化处理常用的药剂有漂白粉、漂白精、液氯、次氯酸和次氯酸钠等，工业上最常用的是漂白粉、漂白精、液氯。

4）光氧化法

光氧化法是利用光和氧化剂产生很强的氢化作用来氧化分解污水中有机物或无机物的方法。氧化剂有臭氧、氯、次氯酸盐、过氧化氢及空气加催化剂等，其中常用的为氯气。在一般情况下，光源多为紫外光，但它对不同的污染物有一定的差异，有时某些特定波长的光对某些物质比较有效。光对污染物的氧化分解起催化剂的作用。如以氯为氧化剂的光氧化法处理有机污水的原理为：氯和水作用生成的次氯酸吸收紫外光后，被分解产生初生态氧 [O]，这种初生态氧很不稳定且具有很强的氧化能力。初生态氧在光的照射下，能把含碳有机物氧化成二氧化碳和水。

光氧化的氧化能力比只用氯氧化高 10 倍以上，处理过程一般不产生沉淀物，不仅可处理有机污水，也可处理能被氧化的无机物。此法用作污水深度处理时，COD、BOD 可接近于零。

5）焚烧

焚烧是在高温下用空气中氧化处理污水的一种比较有效的方法，也是污水最后处理的手段之一。当有机废水不能用其他方法有效处理时，常采用焚烧的方法。

焚烧就是使污水呈雾状喷入高温（>800℃）燃烧炉中，使水雾完全汽化，让污水中的有机物在炉内氧化、分解成完全燃烧产物，即 CO_2 和 H_2O，而污水中的矿物质、无机盐则生成固体或熔融的粒子，可以收集。因此，焚烧的实质是对污水进行高温空气氧化。

污水的焚烧处理使用的设备是焚烧炉。焚烧炉形式很多，常用旋风式焚烧炉。

焚烧的缺点是燃料消耗大。如污水中可燃物浓度很高，发热量达 4360kJ/kg 以上时，则燃烧可自动进行，燃料消耗量较少，只需消耗少量燃料来预热焚烧室和点火。如污水中的可燃物浓度较低，燃料油消耗则较大，甚至可达 250～300kg/m³ 污水。对于低热值污水可以采用蒸发、蒸馏等方法预热处理后再行焚烧，也可借助于催化剂进行有效的焚烧处理。

丙烯腈废水毒性大、燃值高，目前国内外大都采用焚烧法处理。

（2）还原法

1）金属还原法

金属还原法是以固体金属为还原剂，用于还原污水中的污染物，特别是汞、镉、铬等重金属离子。如含汞污水可以用铁、锌、铜、锰、镁等金属作为还原剂，把污水中的汞离子置换出来，其中效果较好、应用较多的是铁和锌。

图 5.2-38 为铁屑还原法处理含汞废水的装置。含汞废水自下而上地通过铁屑滤床过滤器，与铁屑接触一定时间后从池顶排出。铁屑还原产生的铁汞沉渣可定期排放，可回收利用。

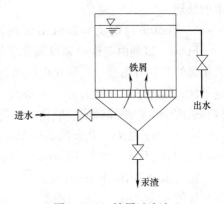

图 5.2-38　铁屑过滤池

铁屑置换时，污水的 pH 值为 6～9 最好，能使单位重量的铁屑置换更多的汞。pH<6 时，铁的溶解度增大，铁屑损失加大；pH<5 时，有氧气析出，影响铁屑的有效表面积。pH 值为 9～11 的含汞废水可用锌粒还原处理。

2）药剂还原法

药剂还原法是采用一些化学药剂作为还原剂，把有毒物转变成低毒或无毒物质，并进一步将污染物去除，使污水得到净化。常用的还原剂有亚硫酸钠、亚硫酸氢钠、焦亚硫酸钠、硫代硫酸钠、硫酸亚铁、二氧化硫、铁屑、铁粉等。

如含铬废水中六价铬的毒性很大，利用硫酸亚铁、亚硫酸氢钠、二氧化硫等还原剂可以将 Cr^{6+} 还原成 Cr^{3+}。如用硫酸亚铁还原剂，首先在 pH 值为 2.9～3.7 条件下，把废水中 Cr^{6+} 还原成 Cr^{3+}，然后投加石灰，在碱性条件下，即 pH 值为 7.5～8.5 时生成氢氧化铬沉淀。

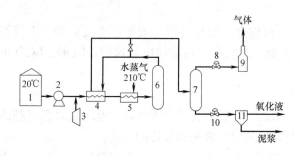

图 5.2-39　湿式氧化法流程

1—贮槽；2—高压泵；3—空气压缩机；4—热交换器；5—起动热交换器；6—反应塔；7—汽液分离器；8—压力控制阀；9—洗涤器；10—液位控制阀；11—固液分离器

（3）高级氧化新技术

1）湿式氧化

湿式氧化法一般在高温（150～350℃）高压（0.5～20MPa）操作条件下，在液相中，用氧气或空气作为氧化剂，氧化水中呈溶解态或悬浮态的有机物或还原态的无机物的一种处理方法，最终产物是二氧化碳和水。

湿式氧化法常规流程如图 5.2-39 所示。废水由贮槽经高压泵加压后，与来自空压机的空气混合，经换热器加热升温后进入反应塔进行氧化燃烧，反应后汽液混合液进入汽液分离器，分离出来的蒸汽和其他废气在洗涤器内洗涤后，可用于涡轮机发电或其他动力，而分离出来的废水则进入固液分离器，进行固液分离后排放或作进一步处理。湿式氧化法的主要设备是反应塔，属于高温高压设备。

湿式氧化法已广泛应用于炼焦、化工、石油、轻工等废水处理上，如有机农药、染料、合成纤维、还原性无机物（如 CN^-、SCN^-、S^{2-} 等）以及难于生物降解的高浓度废水的处理。

2）Fenton 试剂及类 Fenton 试剂氧化法

Fenton 试剂由亚铁盐和过氧化氢组成，过氧化氢在催化剂铁离子存在下生成氧化能力很强的羟基自由基（其氧化电位高达 +2.8V），另外羟基自由基具有很高的电负性或亲电子性，其电子亲和能力为 569.3kJ。Fenton 试剂可无选择地氧化水中的大多数有机物，特别适用于生物难降解或一般化学氧化难以奏效的有机废水的氧化处理。

除 Fenton 法外，其余的通过 H_2O_2 产生羟基自由基处理有机物的技术，如 UV/Fenton 法、UV/H_2O_2 和电/Fenton 法等称为类 Fenton 试剂法。

在废水处理中，Fenton 及类 Fenton 试剂可单独作为一种处理方法氧化有机废水，也可与其他方法联用，比如与混凝沉淀法、活性碳法、生物处理法等。用于废水的深度处理和预处理。

3）超临界水氧化技术

超临界水氧化的主要原理是利用超临界水作为介质来氧化分解有机物。在足够高的压力下，超临界水与有机物和氧或空气完全互溶，有机物可以在超临界水中均相氧化，并通过降低压力或冷却，选择性地从溶液中分离产物。

超临界水氧化处理污水的工艺流程见图5.2-40。首先，用污水泵将污水压入反应器，在此与一般循环反应物直接混合而加热，提高温度。然后，用压缩机将空气增压，通过循环用喷射器把上述的循环反应物一并带入反应器。有害有机物与氧在超临界水相中迅速反应，使有机物完全氧化，氧化释放出的热量足以将反应器内的所有物料加热至超临界状态，在均相条件下，使有机物和氧进行反应。离开反应器

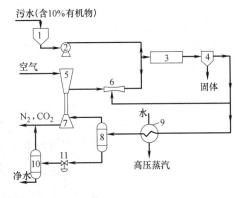

图 5.2-40 超临界水氧化处理污水流程
1—污水槽；2—污水泵；3—氧化反应器；4—固体分离器；5—空气压缩机；6—循环用喷射泵；7—膨胀机透平；8—高压气液分离器；9—蒸汽发生器；10—低压气液分离器；11—减压阀

的物料进入旋风分离器，在此将反应中生成的无机盐等固体物料从流体相中沉淀析出。离开旋风分离器的物料一分为二，一部分循环进入反应器，另一部分作为高温高压流体先通过蒸汽发生器，产生高压蒸汽，再通过高压气液分离器，在此 N_2 及大部分 CO_2 以气体物料离开分离器，进入透平机，为空气压缩机提供动力。液体物料（主要是水和溶在水中的 CO_2）经排出阀减压，进入低压气液分离器，分离出的气体（主要是 CO_2）进行排放，液体则为洁净水，作为补充水进入水槽。在含酚、硫、多氯联苯等有机物的废水处理中得到应用，取得了较好的效果。

12. 电解

电解质溶液在电流的作用下，发生电化学反应的过程称为电解。电解处理法是指应用电解的基本原理，使污水中有害物质通过电解过程在阳、阴两极上分别发生氧化和还原反应转化成为无害物质，以实现污水净化的方法。

电解法处理污水的原理可以归纳为电极表面处理过程、电凝聚处理过程、电解浮选过程、电解氧化还原过程四种。电极表面处理过程，即水中的溶解性污染物通过阳极氧化或阴极还原后，生成不可溶的沉淀物或从有毒的化合物变成无毒的物质；电凝聚处理过程，即铁或铝制金属阳极由于电解反应，形成氢氧化铁或氢氧化铝等不溶于水的金属氢氧化物活性凝聚体；电解浮选过程，即采用由不溶性材料组成的阴、阳电极对污水进行电解。当电压达到水的分解电压时，产生的初生态氧和氢对污染物能起氧化或还原作用，同时，在阳极处产生的氧气泡和阴极处产生的氢气泡吸附污水中的絮凝物，发生上浮过程，使污染物得以去除；电解氧化还原过程，即利用电极在电解过程中生成氧化或还原产物，与污水中的污染物发生化学反应，产生沉淀物去除。

常用的电极材料有铁、铝、石墨、碳等。作为电浮选用的阳极可采用氧化钛、氧化铅等。电凝聚用溶解性阳极常选用铁。槽电压、电流密度、pH 值、搅拌作用影响电解过程。

电解法是氧化还原、分解、混凝沉淀综合在一起的处理方法。该方法适用于含油、氰、酚、重金属离子等污水及污水的脱色处理等。

用于污水处理的电解槽按槽内水流情况，可分为回流式和翻腾式两种。

图 5.2-41 所示为回流式电解槽，电极板与进水方向垂直，水流沿着极板往返流动，因此水流路线长，接触时间长，死角少，离子扩散与对流能力好，电解槽的利用率高，阳极钝化现象也较为缓慢，但更换极板比较困难。

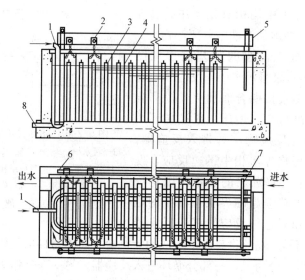

图 5.2-41 回流式电解槽

1—压缩空气管；2—螺钉；3—阳极板；4—阴极板；
5—母线；6—母线支座；7—水封板；8—排空阀

图 5.2-42 为翻腾式电解槽，槽内水流方向与极板面平行，水流沿着隔板作上下翻腾流动。这种形式电极板利用率高，排空清洗，更换极板都很方便。

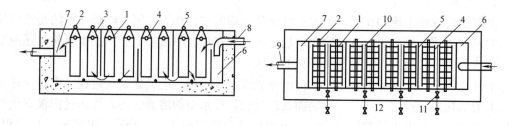

图 5.2-42 翻腾式电解槽

1—电极板；2—吊管；3—吊钩；4—固定卡；5—导流板；6—布水槽；
7—集水槽；8—进水管；9—出水管；10—空气管；11—空气阀；12—排空阀

极板电路有单极板电路和双极板电路两种，如图 5.2-43 所示。双极板电路具有极板腐蚀均匀，相邻极板相接触的机会少，即使接触也不致发生短路而引起事故。因此双极板电路便于缩小极板间距，可提高极板有效利用率，减少投资和节省运行费用，得到普遍应用。

电解法广泛应用于处理含氰、含铬、含镉的电镀废水。在国外，一些化工废水，如染料生产过程排出的废水用电解法处理，取得良好的脱色效果。

13. 吸附

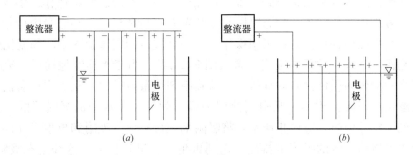

图 5.2-43　电解槽的极板电路

(*a*) 单极性电解槽；(*b*) 双极性电解槽

吸附是指利用多孔性固体吸附废水中某种或几种污染物，以回收或去除某些污染物，从而使废水得到净化的方法。

吸附是一种界面现象，其作用发生在两个相的界面上。例如活性炭与废水相接触，废水中的污染物会从水中转移到活性炭的表面上，这就是吸附作用。具有吸附能力的多孔性固体物质称为吸附剂。而废水中被吸附的物质称为吸附质。从广义而言，一切固体物质的表面都有吸附作用，但实际上，只有多孔物质或磨得极细的物质，由于具有很大的表面积，才能有明显的吸附能力，也才能作为吸附剂。废水处理过程中应用的吸附剂有活性炭、磺化煤、沸石、活性白土、硅藻土、焦炭、木炭、木屑、树脂等。活性炭是目前废水处理中普遍采用的吸附剂，已用于炼油、含酚印染、氯丁橡胶、腈纶、三硝基甲苯等废水处理以及城市污水的深度处理。

根据吸附剂表面吸附力的不同，吸附可分为物理吸附和化学吸附两种类型。物理吸附指吸附剂与吸附质之间通过范德华力而产生的吸附；化学吸附则是由原子或分子间的电子转移或共有，即剩余化学键力所引起的吸附。在水处理中，物理吸附和化学吸附并不是孤立的，往往相伴发生，是两类吸附综合的结果。

影响吸附的因素主要有吸附剂特性、吸附质特性和吸附过程的操作条件等。吸附剂种类不同，吸附效果也不同，一般是极性分子（或离子）型的吸附剂吸附极性分子（或离子）型的吸附质；非极性分子型的吸附剂易于吸附非极性的吸附质。此外，吸附剂的颗粒大小、细孔构造和分布情况以及表面化学性质等对吸附也有很大影响。

吸附质的溶解度越低，一般越容易被吸附。能降低液体表面自由能的吸附质，容易被吸附。因为极性的吸附剂易吸附极性的吸附质，非极性的吸附剂易于吸附非极性的吸附质，适当提高吸附质浓度将会提高吸附量，但浓度提高到一定程度后，再提高浓度时，吸附量虽有增加，但速度减慢。废水的 pH 值对吸附剂和吸附质的性质都有影响。共存多种吸附质时，吸附剂对某种吸附质的吸附能力比只有该种吸附质时的吸附能力低。因为物理吸附过程是放热过程，温度高时，吸附量减少，反之吸附量增加。温度对气相吸附影响较大，对液相吸附影响较小。在进行吸附时，应保证吸附剂与吸附质有一定的接触时间，使吸附接近平衡，以充分利用吸附能力。

在废水处理中，吸附操作分为静态吸附和动态吸附两种。废水在不流动的条件下，进行的吸附操作称为静态吸附操作。静态吸附操作的工艺过程是把一定量的吸附剂投入预处理的废水中，不断地进行搅拌，达到吸附平衡后，再用沉淀或过滤的方法使废水与吸附剂分开。如一次吸附后出水水质达不到要求时，往往采用多次静态吸附操作。多次吸附由于麻烦，在废水处理中应用较少。静态吸附常用装置有水池和桶等。动态吸附操作是废水在流动条件下进行的吸附操作。动态吸附操作常用的装置有固定床、移动床和流化床三种。

固定床是废水处理中常用的吸附装置（图 5.2-44）。当废水连续地通过填充吸附剂的设备时，废水中的吸附质便被吸附剂吸附。若吸附剂数量足够时，从吸附设备流出的废水中吸附质的浓度可以降低到零。吸附剂使用一段时间后，出水中的吸附质的浓度逐渐增加，当增加到一定数值时，应停止通水，将吸附剂进行再生。吸附和再生可在同一设备内交替进行，也可以将失效的吸附剂排出，送到再生设备进行再生。这种动态吸附设备中，吸附剂在操作过程中是固定的，所以叫固定床。

固定床根据水流方向又分为升流式和降流式两种。降流式固定床中，水流自上而下流动，出水水质较好，但经过吸附后的水头损失较大，特别是处理含悬浮物较高的废水时，为了防止悬浮物堵塞吸附层需定期进行反冲洗。有时在吸附层上部，设有反冲洗设备。在升流式固定床中，水流自下而上流动，当发现水头损失增大，可适当提高水流流速，使填充层稍有膨胀（上下层不要互相混合）就可以达到自清的目的。升流式固定床的优点是由于层内水头损失增加较慢，所以运行时间较长。其缺点是对废水入口处吸附层的冲洗难于降流式，并且由于流量或操作一时失误就会使吸附剂流失。

固定床根据处理水量、原水的水质和处理要求可分为单床式、多床串联式和多床并联式三种（图 5.2-45）。

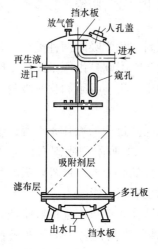

图 5.2-44　固定床

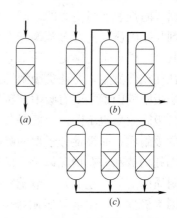

图 5.2-45　固定床吸附操作示意图
(a) 单床式；(b) 多床串联式；(c) 多床并联式

对于规模较大的废水处理多采用平流式或降流式吸附滤池。平流式吸附滤池把整个池身分为若干个小的吸附滤池区间，这样的构造，可以使设备保持连续不断地工作，某一段再生时，废水仍可进入其余区段处理，不致影响全池工作。

移动床的运行操作方式如图 5.2-46 所示。原水从吸附塔底部流入和吸附剂进行逆流接触，处理后的水从塔顶流出，再生后的吸附剂从塔顶加入，接近吸附饱和的吸附剂从塔底间歇地排出。

移动床较固定床能够充分利用吸附剂的吸附容量，水头损失小。由于采用升流式，废水从塔底流入，从塔顶流出，被截留的悬浮物随饱和的吸附剂间歇地从塔底排出，所以不需要反冲洗设备。但这种操作方式要求塔内吸附剂上下层不能互相混合，操作管理要求高。移动床适宜于处理有机物浓度高和低的废水，也可以用于处理含悬浮物固体的废水。

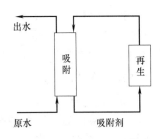

图 5.2-46 移动床吸附操作

流动床也叫做流化床。吸附剂在塔中处于膨胀状态，塔中吸附剂与废水逆向连续流动。流动床是一种较为先进的床型。与固定床相比，可使用小颗粒的吸附剂，吸附剂一次投量较少，不需反洗，设备小，生产能力大，预处理要求低。但运转中操作要求高，不易控制，同时对吸附剂的机械强度要求高。目前应用较少。

吸附剂在达到饱和吸附后，必须进行解吸再生，才能重复使用。所谓解吸再生就是在吸附剂结构不发生或者稍微发生变化的情况下将被吸附的物质由吸附剂的表面去除，以恢复其吸附性能。所以解吸再生是吸附的逆过程。

吸附剂的解吸再生方法有加热再生法、化学氧化再生法、溶剂再生法等。在废水处理中，加热再生法应用较多。

14. 离子交换

离子交换法是一种借助于离子交换剂上的离子和废水中的离子进行交换反应而除去废水中有害离子的方法。离子交换过程是一种特殊吸附过程，所以在许多方面都与吸附过程类同。但与吸附比较，离子交换过程主要吸附水中的离子化物质，并进行等当量的离子交换。在废水处理中，离子交换主要用于回收和去除废水中金、银、铜、镉、铬、锌等金属离子，对于净化放射性废水及有机废水也有应用。

在废水处理中，离子交换法设备较简单，离子的去除效率高，操作容易控制，但应用范围还受到离子交换剂品种、产量、成本的限制，对废水的预处理要求较高，离子交换剂的再生及再生液的处理有时也是一个难以解决的问题。

离子交换方式可分为静态交换与动态交换两种。静态交换是将废水与交换剂同置于一耐腐蚀的容器内，使它们充分接触直至交换反应达到平衡状态。动态交换是指废水与树脂发生相对移动，它又有柱式（塔式）与连续式之分。目前，在离子交换系统中多采用柱式交换法。

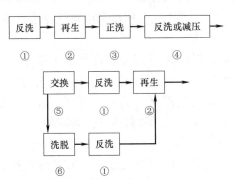

图 5.2-47 柱式离子交换法的操作步骤

离子交换树脂在失去工作能力后，必须再生才能使用。离子交换反应是一个可逆反应，树脂再生就是使离子交换反应逆向进行，以恢复树脂的离子交换性能。树脂再生常用的是化学药剂再生。

（1）柱式交换法

国内常用固定床式离子交换柱与吸附柱相同，柱式交换法的操作步骤如图 5.2-47。树脂在柱内不移动，废水通过一定高度的树脂层进行交换，在一根柱内的交换相当于多次或无数次静交换。当树脂失去交换能力以后，需进行反洗和再生。

图 5.2-47 中①起除微粒及疏松树脂层的作用，③清洗树脂颗粒表面及内部的再生剂，④将未再生完全的树脂赶离柱底，使未再生区得到稀释，避免漏泄，⑥应用于回收操作。

柱式交换法的工作是周期性进行的。交换效果受树脂对离子的选择性、树脂的再生程度、树脂层的高度、废水的流速及离子浓度等因素影响。

离子交换柱的装置类型有 5 种情况，见图 5.2-48。单床离子交换器，使用一种树脂的单床结构。多床离子交换器，使用一种树脂，由两个以上交换器组成的离子交换系统。复床离子交换器，使用两种树脂的两个交换器的串联系统。混合床离子交换器，同一交换器内填装阴阳两种树脂。联合床离子交换器，将复床与混合床联合使用。

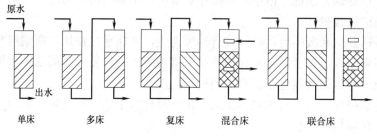

图 5.2-48　离子交换柱组合方式

（2）连续式交换法

连续式交换法是交换、再生、清洗等操作在装置的不同部位同时进行，耗竭的树脂连续进入再生柱，新生的树脂同时又连续进入交换柱。该法进行交换所需树脂量比柱式少，树脂利用率高，连续运行，效率高，但设备较复杂，树脂磨损大。连续式交换法使用的设备有移动床和流动床。

15. 气浮

气浮法就是向废水中通入空气，并以微小气泡形式从水中析出成为载体，使废水中的乳化油、微小悬浮颗粒等污染物质粘附在气泡上，随气泡一起上浮到水面，形成泡沫—气、水、颗粒（油）三相混合体，通过收集泡沫或浮渣达到分离杂质、净化废水的目的。气浮法主要用来处理废水中靠自然沉降或上浮难以去除的乳化油或相对密度近于 1 的微小悬浮颗粒。

废水处理中采用的气浮法，按水中气泡产生的方法可分为布气气浮法、溶气气浮法和电解气浮法三类。

（1）布气气浮法

布气气浮是利用机械剪切力，将混合于水中的空气粉碎成细小的气泡，以进行气浮的方法。按粉碎气泡方法的不同，布气气浮又分为扩散曝气气浮、叶轮气浮、水泵吸水管吸气气浮和射流气浮等四种。

1）扩散板曝气气浮

扩散板曝气气浮是压缩空气通过具有微细孔隙的扩散板或微孔管，使空气以细小气泡的形式进入水中，进行气浮过程，见图 5.2-49。这种方法简单易行，但

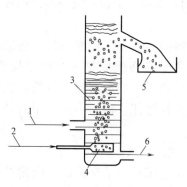

图 5.2-49　扩散板布气气浮装置示意图
1—进水；2—压缩空气；3—气浮柱；
4—扩散板；5—气浮渣；6—出水

其中空气扩散装置的微孔易于堵塞，气泡较大，气浮效果不高，这种方法近年已少用。

2）叶轮气浮

叶轮气浮设备如图 5.2-50 所示。在气浮池底部设有旋转叶轮，在叶轮的上部装着带有导向叶片的固定盖板，盖板上有孔洞。当电动机带动叶轮旋转时，在盖板下形成负压，从空气管吸入空气，废水由盖板上的小孔进入，在叶轮的搅动下，空气被粉碎成细小的气泡，并与水充分混合成为水气混合体，甩出导向叶片之外，导向叶片使水流阻力减小，又经整流板稳流后，在池体内平稳地垂直上升，进行气浮。形成的泡沫不断地被刮板刮出槽外。

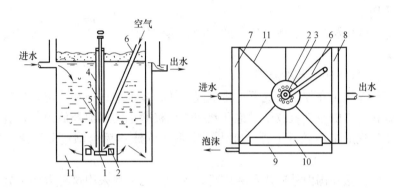

图 5.2-50　叶轮气浮设备

1—叶轮；2—盖板；3—转轴；4—轴套；5—轴承；6—进气管；
7—进水槽；8—出水槽；9—泡沫槽；10—刮沫板；11—整流板

布气气浮设备简单，易于实现，但空气被粉碎的不够充分，形成的气泡粒度较大，在供气量一定的情况下，气泡的表面积小，而且由于气泡直径大，运动速度快，气泡与被去除污染物质的接触时间短促，这些因素都使布气气浮达不到高度的去除效果。

3）水泵吸水管吸入空气气浮

水泵吸水管吸入空气气浮是最简单的一种气浮方法。这种方法设备简单，但是由于水泵工作特性的限制，吸入的空气量不能过多，一般不大于吸水量的 10%（按体积计），否则将破坏水泵吸水管的负压工作。此外，气泡在水泵内破碎的不够完全，粒度大，因此，气浮效果不好。这种方法用于处理通过除油池后的石油废水，除油效率一般在 50%～65%。

4）射流气浮

这是采用以水带气射流器向废水中混入空气进行气浮的方法。射流器的构造如图 5.2-51 所示。由喷嘴射出的高速废水使吸入室形成负压，并从吸气管吸入空气，在水气混合体进入喉管段后进行激烈的能量交换，空气被粉碎成微小气泡，然后进入扩压段（扩散段），动能转化为势能，进一步压缩气泡，增大了空气在水中的溶解度，然后进入气浮池中进行气水分离，亦即气浮过程。

（2）溶气气浮法

溶气气浮法是使空气在一定压力的作用下溶解于水中，并达到过饱和状态，然后再突然使废水减到常压，这时溶解于水中的空气便以微小气泡的形式从水中逸出，从而进行气浮过程的方法。溶气气浮的净化效果较高，在废水处理中，特别是对含油废水的处理，取

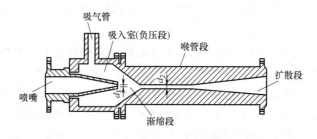

图 5.2-51 射流器构造示意图

得了广泛的应用。

根据气泡在水中析出时的所处压力的不同，溶气气浮又可分为加压溶气气浮和溶气真空气浮两种类型。

1）加压溶气气浮法的基本流程

加压溶气气浮法是在加压情况下，将空气溶解在废水中达饱和状态，然后突然减至常压，这时溶解在水中的空气就成了过饱和状态，以极微小的气泡释放出来，乳化油和悬浮颗粒就粘附于气泡周围而随其上浮，在水面上形成泡沫然后由刮泡器清除，使废水得到净化。

加压溶气气浮法在国内外应用最为广泛。炼油厂几乎都采用这种方法来处理废水中的乳化油、并获得较好地处理效果。出水含油量可在 10～25mg/L 以下。

根据废水中所含悬浮物的种类、性质、处理水净化程度和加压方式的不同，基本流程有以下 3 种。

① 全流程溶气气浮法

全流程溶气气浮法是将全部废水用水泵加压，在泵前或泵后注入空气。如图 5.2-52、图 5.2-53 所示。在溶气罐内，空气溶解于废水中，然后通过减压阀将废水送入气浮池。废水中形成许多小气泡粘附废水中的乳化油或悬浮物而逸出水面，在水面上形成浮渣。用刮板将浮渣连续排入浮渣槽，经浮渣管排出池外，处理后的废水通过溢流堰和出水管排出。

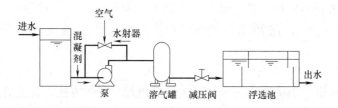

图 5.2-52 全部废水加压溶气浮选（泵前加气）

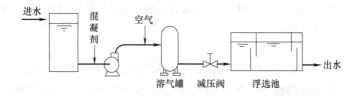

图 5.2-53 全部废水加压溶气浮选（泵后加气）

全流程溶气浮选法溶气量大,增加了油粒或悬浮颗粒与气泡的接触机会;在处理水量相同的条件下,它较部分回流溶气浮选法所需的浮选池小,从而减少了基建投资。但由于全部废水经过压力泵,增加了含油废水的乳化程度,所需的压力泵和溶气罐均较其他两种流程大,投资和运转动力消耗较大。

② 部分溶气浮选法

部分溶气浮选法是取部分废水加压和溶气,其余废水直接进入浮选池并在浮选池中与溶气废水混合,如图 5.2-54 所示。部分溶气浮选法较全流程溶气浮选法所需的压力泵小,故动力消耗低;压力泵所造成的乳化油量较全流程溶气浮选法低;浮选池的大小与全流程溶气浮选法相同,但较部分回流溶气浮选法小。

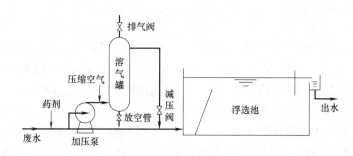

图 5.2-54　部分进水加压溶气浮选法流程

③ 部分回流溶气浮选法

部分回流溶气浮选法是取一部分除油后出水回流进行加压和溶气,减压后直接进入浮选池,与来自絮凝池的含油废水混合和浮选,如图 5.2-55 所示。回流量一般为含油废水的 25%～50%。部分回流溶气浮选法加压的水量少,动力消耗省;浮选过程中不促进乳化;矾花形成好,后絮凝也少;浮选池的容积较前两种流程大。

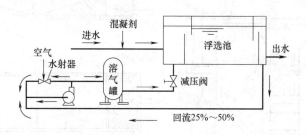

图 5.2-55　部分回流溶气浮选流程

为了提高浮选的处理效果,往往向废水中加入混凝剂或浮选剂,投加量因水质不同而异,一般由试验确定。

2) 溶气真空浮选法

溶气真空浮选法,其浮选池是在负压(真空)状态下运行,至于空气的溶解,可在常压下进行,也可在加压下进行。图 5.2-56 为溶气真空气浮示意图。溶气真空浮选池,平面多为圆形,池面压力为 30～40kPa,废水在池内停留时间为 5～20min。

由于在负压(真空)条件下运行,溶解在水中的空气,易于呈现过饱和状态,从而大量的以气泡形式从水中析出,进行浮选。析出的空气量,取决于水中的溶解空气量和真

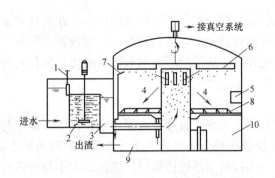

图 5.2-56　真空气浮设备示意图

1—入流调节器；2—曝气器；3—消气井；4—分离区；
5—环形出水槽；6—刮渣板；7—集渣槽；8—池底刮
泥板；9—出渣室；10—操作室（包括抽真空设备）

空度。

溶气真空浮选法，空气溶解所需压力比压力溶气低，动力设备和电能消耗较少。但浮选在负压下进行，一切设备部件，如除泡沫的设备，都要密封在浮选池内，因此，浮选池的构造复杂，给运行与维护都带来很大困难。此外，这种方法只适用于处理污染物浓度不高的废水（不高于 300mg/L），因此实际应用不多。

（3）电解气浮法

电解气浮法对废水进行电解，这时在阴极产生大量的氢气泡，氢气泡的直径很小，仅有 $20\sim100\mu m$，它们起着气浮剂的作用。废水中的悬浮颗粒粘附在氢气泡上，随其上浮，从而达到了净化废水的目的。与此同时，在阳极上电离形成的氢氧化物起着混凝剂的作用，有助于废水中的污泥物上浮或下沉。

电解气浮法能产生大量小气泡，在利用可溶性阳极时，气浮过程和混凝过程结合进行，装置构造简单。电解气浮法除用于固液分离外，还有降低 BOD、氧化、脱色和杀菌作用，对废水负荷变化适应性强，生成污泥量少，占地少，不产生噪声。

电解气浮装置可分为竖流式和平流式两种，如图 5.2-57、图 5.2-58 所示。

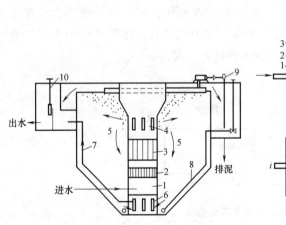

图 5.2-57　竖流式电解气浮池

1—入流室；2—整流栅；3—电极组；4—出流孔；
5—分离室；6—集水孔；7—出水管；8—排沉
泥管；9—刮渣机；10—水位调节器

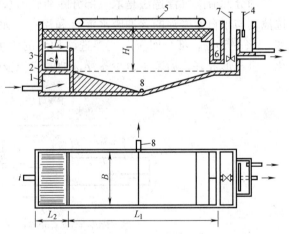

图 5.2-58　双室平流式电解气浮池

1—入流室；2—整流栅；3—电极组；4—出口水位调节器；
5—刮渣机；6—浮渣室；7—排渣阀；8—污泥排除口

16. 萃取

废水萃取处理法是指向废水中投加不溶于水或难溶于水的溶剂，使溶解于废水中的某些污染物质经过萃取剂和废水两液相间界面转入萃取剂中去，以净化废水的方法。采用的溶剂称为萃取剂，被萃取的污染物质称为溶质，萃取后的萃取剂称萃取液（萃取相），残液称为萃余液（萃余相）。

萃取分为固液萃取和液液萃取。在废水处理中采用的是液液萃取。目前已应用于含酚、含胺、含醋酸和含重金属等废水的处理。液液萃取属于传质过程，它的主要作用原理是基于传质定律和分配定律。

在废水处理中，萃取操作主要包括三个步骤：使废水与萃取剂充分接触，使杂质从废水中传递到萃取剂中；使萃取剂与废水进行分离；将萃取剂进行再生。

萃取操作方式可分为间歇萃取和连续萃取两种。目前在废水处理中常用的连续逆流萃取设备有填料塔、筛板塔、喷淋塔、外加能量的脉冲塔、转盘塔和离心萃取机等。

（1）填料塔

填料塔是一种有效的萃取设备，结构简单，如图 5.2-59 所示。塔中装有填料，常用的填料有瓷环、塑料或钢质球、木栅板等。填料的作用是使萃取剂的液滴能不断地分散和合并，不断地产生新的液面，增加传质速率，同时可避免萃取剂形成大的液滴和液流，影响传质效率。这种塔设备简单、造价低、操作容易，可以处理带腐蚀性的废水。处理能力较低，效率不高，填料容易堵塞。

（2）脉冲筛板塔

脉冲筛板塔的基本构造如图 5.2-60 所示。塔分三部分，中间部分为工作区，是进行传质的主要部位。工作区内上下排列着若干块穿孔筛板，这些筛板都固定在中间轴上。上下两个扩大部分为分离区，是轻、重液相分层的地方，从上部扩大部分排出轻液，从下部扩大部分排出重液。

脉冲筛板塔设备简单，传质效率高，流动阻力较小，生产能力比其他类型有搅拌的塔大，所以近年来在国内应用较为普遍。

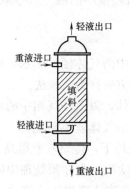

图 5.2-59　填料萃取塔

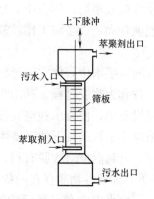

图 5.2-60　脉冲筛板塔

（3）转盘塔

转盘萃取塔分成三部分，上下两个扩大部分为轻、重液分离室，中间部分是工作区，如图 5.2-61 所示。在工作区的塔身上安装着许多间距相等、固定在塔体上的环形挡板，使塔内形成多级的分离空间。在每一对固定环形挡板的中间位置，均有一块固定在中央旋转轴上的圆盘，称为转盘。转盘的直径一般均比固定环的开孔直径稍小些。当转盘随中心轴旋转时，产生的剪应力作用于液体，致使分散相破裂而成为许多小的液滴，因而增加了分散相的持留量并加大了两相间的接触面积。这种塔在重液相与轻液相引入塔内时不需要任何分布装置，但有的塔将进料口装在塔身的切线方向。

转盘塔的生产能力大。一般认为，凡是溶质不难于萃取，在萃取要求不太高而处理量又较大的情况下，采用转盘塔是有利的。

（4）离心萃取机

离心萃取机，见图 5.2-62，外形为圆筒形卧式转鼓，转鼓内有许多层同心圆筒，每层都有许多孔口。轻液由外层的同心圆筒进入，重液由内层的同心圆筒进入，转鼓高速旋转（1500～3000r/min）产生的离心力，使重液由里向外，轻液由外向里流动，进行连续的对流混合与分离。在离心萃取机中产生的离心力约为重力的 1000～4000 倍（当转鼓半径为0.4m 时），所以可在转子外圈及中心部分的澄清区产生纯净的出流液。

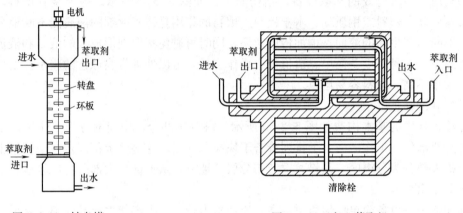

图 5.2-61　转盘塔　　　　　　　　图 5.2-62　离心萃取机

离心萃取机效率高、体积小，特别是用于液体的比重差很小的液—液萃取更为有利。但是，电能消耗大，设备加工比较复杂。

17. 吹脱

把空气通入废水中，使空气与废水接触，溶解于废水中的气体便从废水传递到空气中去，这种过程称为吹脱过程。利用吹脱原理来处理废水的方法称为吹脱法。

在吹脱设备中，使废水和空气接触，并不断地排出气体，以改变气相中的浓度，始终保持实际浓度小于该条件下的平衡浓度，这样废水中溶解的气体就不断地转入气相，使废水得到处理。升高温度对吹脱有利。气液相在充分滞流条件下，传质效率很高。在不同的pH 值条件下，挥发性物质存在的状态不同。为避免影响吹脱，应在预处理中除去废水中油类物质。若废水中含有表面活性物质在吹脱前应采取措施消除泡沫。溶解于水中的气体，如 H_2S、CS_2、CO_2、NH_3、HCN、丙烯腈等一类物质可用吹脱法加以去除。

废水处理中常用的吹脱设备有吹脱池和吹脱塔。

（1）吹脱池

吹脱池一般为矩形水池，废水在池内流动，不断地向池中通入空气，使废水与空气充分接触，溶解于水中的气体便转移到空气中去。

我国某维尼纶厂排出的酸性废水经石灰中和后，废水中含有大量的二氧化碳，废水的pH 值为 4.2～4.5，不能满足生化处理对水质的要求，因此，采用吹脱池去除废水中的二氧化碳。

该厂的吹脱池如图 5.2-63 所示。水深 1.5m，曝气强度为 $25\sim30m^3/(m^2 \cdot h)$，需空气量 $5m^3/m^3$ 废水，吹脱时间 $30\sim40min$。经吹脱后游离 CO_2 浓度可降到 $120\sim140mg/L$，出水 pH 值可提高到 $6\sim6.5$。

(2) 吹脱塔

为提高吹脱效率，便于气体回收，以及防止对大气的污染，常用塔式吹脱设备。吹脱塔的形式有填料塔（如图 5.2-64）、筛板塔等。填料塔常用的填料有瓷环、栅板等。废水自塔顶喷下，空气自塔底通入，在塔内废水与空气进行逆流接触，废水吹脱后从塔底经水封管排出。自塔顶排出的气体可进行回收或进一步处理。

填料塔的塔体大、传质效率不如筛板塔高，当废水中悬浮物高时，易发生堵塞现象。

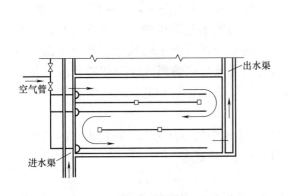

图 5.2-63 吹脱池

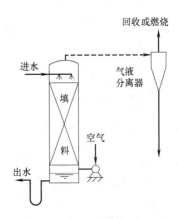

图 5.2-64 填料吹脱塔

18. 汽提

把水蒸气通入废水中，当废水的蒸汽压超过外界压力时，废水就开始沸腾，加速了挥发物质从液相转入汽相的过程。另外当水蒸气以气泡形式穿过水层时，水与气泡之间形成自由表面，这时液体就不断地向气泡内蒸发扩散，当气泡上升到液面时就破裂而放出其中挥发性物质。这种用蒸汽进行蒸馏的方法称为汽提法。

废水中的挥发性物质，如挥发酚、甲醛、苯胺、硫化氢、氨等可用汽提法进行分离。汽提一般采用动态连续逆流操作。常用的汽提设备有填料塔、浮阀塔、泡罩塔、筛板塔等。

(1) 含酚废水处理

图 5.2-65 所示是用于处理含酚废水的两段填料汽提塔。汽提塔分上下两段，上段称汽提段，通过逆流接触方式用蒸汽脱除废水中的酚；下段称再生段，同样通过逆流接触，用碱液从蒸汽中吸收酚。其工作过程如下：废水经换热器加热到 100℃后，送到汽提段，由汽提塔顶部淋下，在汽提段内与 105℃的蒸汽逆流接触，废水

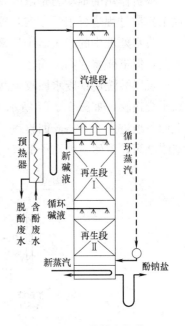

图 5.2-65 填料汽提塔

157

中的挥发酚向汽提相传递，被蒸汽带到塔外，成为含酚蒸汽。脱酚后的废水经水封管并经换热器降温后送到下一处理工序。含酚蒸汽用鼓风机送到再生段，与102℃的10%浓度NaOH溶液进行逆流接触，经化学吸收生成酚钠盐回收其中的酚，净化后的蒸汽进入汽提段循环使用。为了补充热量的损失，需不断补充新鲜蒸汽。为了提高酚钠盐的浓度，循环碱液往往回流到再生段，饱和后再回收酚。塔中填料多采用木制栅板。这种设备传质效率不高，仅75%左右。这种方法比较简单，适用于高浓度含挥发酚废水的处理，汽提后的废水含酚浓度可降到400mg/L以下，还应进一步处理。

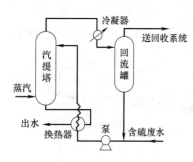

图 5.2-66　汽提脱硫工艺流程

（2）含硫废水处理

石油炼厂含硫废水采用蒸汽汽提法脱硫流程如图5.2-66所示。含硫废水经热交换器（与汽提后的出水进行热交换）预热到95℃左右后，从顶部进入汽提塔，蒸汽从塔底送入与废水逆流接触。在蒸汽上升的过程中，不断地把废水中挥发出来的硫化氢和氨带走。从塔顶排出的含硫化氢与氨的蒸汽经冷却器分离出凝结水进入回收系统回收硫化氢和氨。从冷却器分离出来的水返回塔内。

汽提法除了能回收硫化氢与氨外，还可以脱除废水中的一部分酚。汽提出来的硫化氢可以用来制取硫化钠、硫磺、硫酸，而且可以回收副产品氨水。

19. 渗析

有一种半渗透膜，它能允许水中或溶液中的溶质通过。用这种膜将浓度不同的溶液隔开，溶质即从浓度高的一侧透过膜而扩散到浓度低的一侧，这种现象称为渗析作用，也称扩散渗析、浓差渗析或扩散渗透。

渗析作用的推动力是浓度差，即依靠膜两侧溶液浓度差而引起溶质进行扩散分离的。这个扩散过程进行很慢，需时较长，当膜两侧的浓度达到平衡时，渗析过程停止。

废水处理中的渗析多采用离子交换膜，主要用于酸、碱的回收，回收率可达70%～90%，但不能将它们浓缩。

现以酸洗钢铁废水回收硫酸为例介绍扩散渗析的原理。扩散渗析器中的薄膜全部为阴离子交换膜，如图5.2-67所示。含硫酸废水自下而上地进入第1、3、5、7原液室，水自上而下地进入2、4、6回收室。原液室中含酸废水的 Fe^{2+}、H^+、SO_4^{2-} 离子浓度比回收室浓度高，虽然三种离子都有向两侧回收室的水中扩散的趋势，但由于阴离子交换膜的选

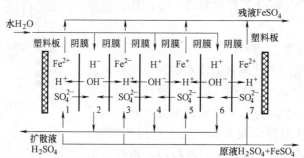

图 5.2-67　渗析原理示意图

择透过性，硫酸根离子易通过阴膜，而氢离子和亚铁离子难于通过。又由于回收室中 OH^- 离子浓度比原液室中的高，回收室中的 OH^- 离子通过阴膜而进入原液室，与原液室中的 H^+ 离子结合成水，结果从回收室下端流出的为硫酸，从原液室上端排出的主要是 $FeSO_4$ 残液。

20. 电渗析

电渗析的原理是在直流电场的作用下，依靠对水中离子有选择透过性的离子交换膜，使离子从一种溶液透过离子交换膜进入另一种溶液，以达到分离、提纯、浓缩、回收的目的。电渗析工作原理如图 5.2-68 所示。C 为阳离子交换膜（简称阳膜），A 为阴离子交换膜（简称阴膜），阳膜只允许阳离子通过，阴膜只允许阴离子通过。纯水不导电，而废水中溶解的盐类所形成的离子却是带电的，这些带电离子在直流电场作用下能作定向移动。以废水中的盐 NaCl 为例，当电流按图示方向流经电渗析器时，在直流电场的作用下，Na^+ 和 Cl^- 分别透过阳膜（C）和阴膜（A）离开中间隔室，而两端电极室中的离子却不能进入中间隔室，结果使中间隔室中 Na^+ 和 Cl^- 含量随着电流的通过而逐渐降低，最后达到要求的含量。在两旁隔室中，由于离子的迁入，溶液浓度逐渐升高而成为浓溶液。

21. 反渗透

有一种膜只允许溶剂通过而不允许溶质通过，如果用这种半渗透膜将盐水和淡水或两种浓度不同的溶液隔开，如图 5.2-69 所示，则可发现水将从淡水侧或浓度较低的一侧通过膜自动地渗透到盐水或浓度较高的溶液一侧，盐水体积逐渐增加，在达到某一高度后便自行停止，此时即达到了平衡状态。这种现象称为渗透作用。当渗透平衡时，溶液两侧液面的静水压差称为渗透压。如果在盐水面上施加大于渗透压的压力，则此时盐水中的水就会流向淡水侧，这种现象称为反渗透。

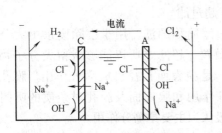

图 5.2-68 电渗析工作原理

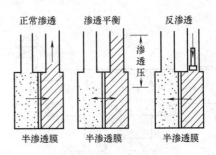

图 5.2-69 反渗透原理

任何溶液都具有相应的渗透压，但要有半透膜才能表现出来。渗透压与溶液的性质、浓度和温度有关，而与膜无关。

反渗透不是自动进行的，为了进行反渗透作用，就必须加压。只有当工作压力大于溶液的渗透压时，反渗透才能进行。在反渗透过程中，溶液的浓度逐渐增高，因此，反渗透设备的工作压力必须超过与浓水出口处浓度相应的渗透压。温度升高，渗透压增高。所以溶液温度的任何增高必须通过增加工作压力予以补偿。

为了满足不同水处理对象对溶液分离技术的要求，实际工程中常将组件进行多种组合。组件的组合方式有一级和多级（一般为二级）。在各个级别中又分为一段和多段。一级是指一次加压的膜分离过程，多级是指进料必须经过多次加压的分离过程。反渗透常用如图 5.2-70 所示的组合方式。

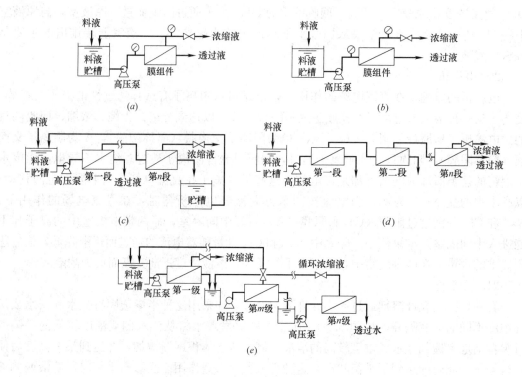

图 5.2-70 反渗透工艺组合方式
(a) 一级一段循环式；(b) 一级一段连续式；(c) 一级多段循环式；
(d) 一级多段连续式；(e) 多级多段循环式

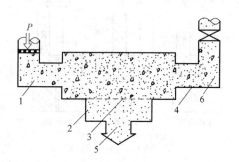

图 5.2-71 超滤工作原理
1—超滤进口溶液；2—超滤透过膜的溶液；
3—超滤膜；4—超滤出口溶液；5—透过超
滤膜的物质；6—被超滤膜截留下的物质

22. 超过滤

超过滤简称超滤，用于去除废水中大分子物质和微粒。超滤之所以能够截留大分子物质和微粒，是膜表面孔径机械筛分作用，膜孔阻塞、阻滞作用和膜表面及膜孔对杂质的吸附作用。一般认为主要是筛分作用。

超滤工作原理如图 5.2-71 所示。在外力的作用下，被分离的溶液以一定的流速沿着超滤膜表面流动，溶液中的溶剂和低分子量物质、无机离子，从高压侧透过超滤膜进入低压侧，并作为滤液而排出；而溶液中高分子物质、胶体微粒及微生物等被超滤膜截留，溶液被浓缩并以浓缩液形式排出。由于它的分离机理主要是借机械筛分作用，膜的化学性质对膜的分离特性影响不大，因此可用微孔模型表示超滤的传质过程。

超滤与反渗透的共同点在于，两种过程的动力同是溶液的压力，在溶液的压力下，溶剂的分子通过薄膜，而溶解的物质阻滞在隔膜表面上。两者区别在于，超过滤所用的薄膜（超滤膜）较疏松，透水量大，除盐率低，用以分离高分子和低分子有机物以及无机离子等，能够分离的溶质分子至少要比溶剂的分子大 10 倍，在这种系统中渗透压已经不起作用了。超过滤的去除机理主要是筛滤作用。超过滤的工作压力低（0.07~0.7MPa）。反渗透所用的薄膜（反渗透膜）致密，透水量低，除盐率高，具有选择透过能力，用以分离分子大小大致相同的溶剂和溶质，所需的工作压力高（大于 2.8MPa），其去除机理，在反渗透膜上分离过程伴随有半透膜、溶解物质和溶剂之间复杂的物理化学作用。

23. 活性污泥法

活性污泥法是以活性污泥为主体的污水生物处理技术。活性污泥主要是由大量繁殖的微生物群体所构成，它易于沉淀与水分离，并能使污水得到净化、澄清。

活性污泥的评价指标有 MLSS、MLVSS、SV、SVI、污泥龄。混合液悬浮固体浓度 MLSS，又称混合液污泥浓度，它表示的是在曝气池单位容积混合液内所包含的活性污泥固体物的总重量；混合液挥发性悬浮固体浓度 MLVSS，表示混合液活性污泥中有机固体物质的浓度，MLSS 和 MLVSS 都是表示活性污泥中微生物量的相对指标，对于城市污水，MLVSS/MLSS 应为 0.75 左右；污泥沉降比 SV，又称 30min 沉淀率，混合液在量筒内静置 30min 后所形成的沉淀污泥与原混合液的体积比，以％表示，污泥沉降比 SV 能够反映正常运行曝气池的活性污泥量，处理城市污水一般将 SV 控制在 20％~30％之间；污泥容积指数 SVI，简称污泥指数，指曝气池出口处混合液经 30min 静沉后，1g 干污泥所形成的沉淀污泥所占有的容积，以 mL 计，SVI 值能较好地反映出活性污泥的松散程度（活性）和凝聚、沉淀性能，一般认为，生活污水的 SVI<100 时，沉淀性能良好；污泥龄，是曝气池中工作着的活性污泥总量与每日排放的剩余污泥量之比值，单位是 d，在运行稳定时，剩余污泥量也就是新增长的污泥量，因此污泥龄也就是新增长的污泥在曝气池中平均停留时间，或污泥增长一倍平均所需的时间。

活性污泥法是需氧的好氧过程。供氧不足会出现厌氧状态，妨碍正常的代谢过程，滋长丝状菌。一般混合液溶解氧的浓度为 2mg/L 左右为宜。参与活性污泥处理的微生物，在其生命活动过程中，需要不断地从其周围环境的污水中吸取碳源、氮源、无机盐类及某些生长素等所必需的营养物质，一般应满足 BOD：N：P＝100：5：1。对于好氧生物处理，pH 值一般以 6.5~9.0 为宜。对于生化过程，一般认为水温在 20~30℃时效果最好，35℃以上和 10℃以下净化效果即行降低。对于大型污水处理厂，如水温能维持 6~7℃，采取提高污泥浓度和降低污泥负荷率等措施，活性污泥仍能有效地发挥其净化功能。重金属、H_2S 等无机物质和氰、酚等有机物质对细菌的毒害作用，或是破坏细菌细胞某些必要的生理结构，或是抑制细菌的代谢进程。

（1）曝气池

活性污泥法的核心处理构筑物是曝气池。曝气池是活性污泥与污水充分混合接触，将污水中有机物吸收并分解的生化场所。

从曝气池中混合液的流动形态分，曝气池可以分为推流式、完全混合式和循环混合式；从平面形状可分为长方廊道形、圆形或方形、环形跑道形；从采用的曝气方法可分为鼓风曝气式、机械曝气式以及两者联合使用的联合式；从曝气池与二次沉淀池的关系可分为分建式和合建式。

1）推流式曝气池

推流式曝气池为长方廊道形池子，常采用鼓风曝气，扩散装置排放在池子的一侧，见

图 5.2-72。这样布置可使水流在池中呈螺旋状前进，增加气泡和水的接触时间。为了帮助水流旋转，池侧面两墙的墙顶和墙脚一般都外凸呈斜面。为了节约空气管道，相邻廊道的扩散装置常沿公共隔墙布置。

长方廊道形鼓风曝气池多用于大中型污水处理厂。曝气池的池长可达 100m，廊道长度和宽度之比应大于 5，甚至大于 10。宽深比不大于 2，常在 1.5~2 之间。池深常在 3~5m。曝气池出水设备可用溢流堰或出水孔，通过出水孔的水流流速一般为 0.1~0.2m/s。在曝气池半深处或距池底 1/3 深处以及池底处设置放水管。

2）完全混合式曝气池

完全混合式曝气池混合液在池内充分混合循环流动，因而污水与回流污泥进入曝气池立即与池中所有混合液充分混合，使有机物浓度因稀释而迅速降至最低值。完全混合式曝气池对入流水质水量的适应能力强，但受曝气系统混合能力的限制，池型和池容都需符合规定，当搅拌混合效果不佳时易发生短流。

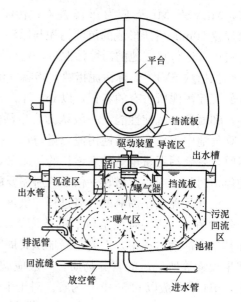

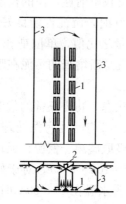

图 5.2-72　推流式曝气池

1—扩散器；2—空气管；3—隔墙

图 5.2-73　圆形曝气沉淀池剖面图

曝气和沉淀两部分合建在一起的这类池子称"合建式完全混合曝气池"或"曝气沉淀池"。它布置紧凑，流程短，有利于新鲜污泥及时回流，并省去一套污泥回流设备，因此在小型污水处理厂，特别是在工业废水处理得到广泛应用。

表面叶轮曝气的完全混合式曝气沉淀池见图 5.2-73。由曝气区、导流区、沉淀区和回流区四部分组成。池平面为圆形，入口在中心，出口在池周。在曝气区内污水和回流污泥同混合液得到充分而迅速的混合，经导流区流入沉淀区，澄清水经出流堰排出，沉淀下来的污泥则沿曝气筒底部四周的回流缝回流入曝气池。

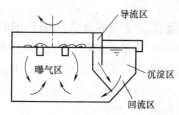

图 5.2-74　方形曝气沉淀池

平面是方形或长方形的合建式完全混合曝气沉淀池，见图 5.2-74。沉淀区仅在曝气区的一边设置，适合于曝气时间较长的污水处理。

图 5.2-75 为鼓风曝气与机械曝气联合使用曝气沉淀池，其叶轮靠近池底，叶轮下有空气扩散装置供给空气。叶轮主要起搅拌作用，而氧主要由压缩空气供给。

图 5.2-76 为长方形曝气沉淀池。图 5.2-77 为分建式完全混合长方形曝气沉淀池。由于城市污水水质水量比较均匀，可生化性好，不会对曝气池造成很大冲击，故基本上采用推流式。相比而言，完全混合式适合于处理工业废水。

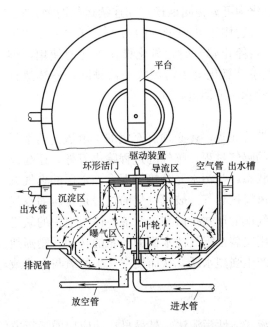

图 5.2-75　鼓风与机械联合式曝气沉淀池

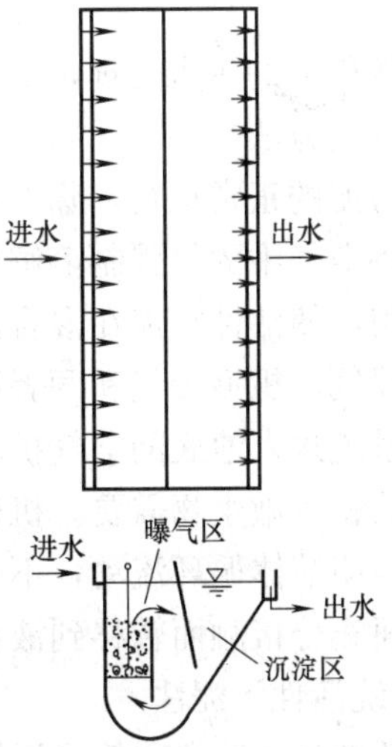

图 5.2-76　长方形曝气沉淀池

3）循环混合式曝气池

循环混合式曝气池主要是指氧化沟。氧化沟是平面呈椭圆环形或环形"跑道"的封闭沟渠，混合液在闭合的环形沟道内循环流动，混合曝气。入流污水和回流污泥进入氧化沟中参与环流并得到稀释和净化，与入流污水及回流污泥总量相同的混合液从氧化沟出口流入二沉池。处理水从二沉池出水口排放，底部污泥回流至氧化沟。氧化沟不仅有外部污泥回流，而且还有极大的内回流。因此，氧化沟是一种介于推流式和完全混合式之间的曝气池形式，综合了推流式与完全混合式优点。氧化沟不仅

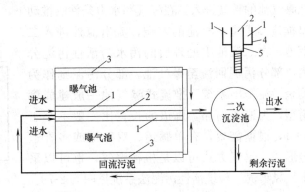

图 5.2-77　分建式完全混合长方形曝气沉淀池
1—进水槽；2—进泥槽；3—出流槽；4—进水孔；
5—进泥孔（进水孔和进泥孔沿池长分布）

能够用于处理生活污水和城市污水，也可用于处理机械工业废水。处理深度也在加深，不仅用于生物处理，也用于二级强化生物处理。氧化沟的断面可做成梯形或矩形，渠的有效

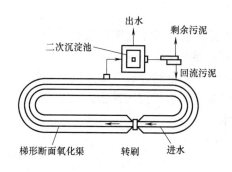

图 5.2-78　普通氧化沟处理系统

深度常为 0.9~1.5m，有的深达 2.5m。氧化沟多采用转刷供氧，转刷旋转时不仅起曝气的作用，同时还使混合液在池内循环流动。

氧化沟的类型很多，在城市污水处理中，采用较多的有卡罗塞氧化沟、T 型氧化沟和 DE 型氧化沟。图 5.2-78 为普通氧化沟处理系统。

氧化沟可分为间歇运行和连续运行两种方式。间歇运行适用于处理量少的污水，可省掉二次沉淀池，当停止曝气时，氧化渠作沉淀池使用，剩余污泥通过氧化渠中污泥收集器排除；连续运行适用于水量稍大的污水处理，需另设二次沉淀池和污泥回流系统。

（2）曝气方法

活性污泥的正常运行，除有性能良好的活性污泥外，还必须有充足的溶解氧。通常氧的供应是将空气中的氧强制溶解到混合液中去的曝气过程。曝气的过程除供氧外，还起搅拌混合作用，使活性污泥在混合液中保持悬浮状态，与污水充分接触混合。常用的曝气方法有鼓风曝气、机械曝气和两者联合使用的鼓风机械曝气。鼓风曝气的过程是将压缩空气通过管道系统送入池底的空气扩散装置，并以气泡的形式扩散到混合液，使气泡中的氧迅速转移到液相供微生物需要。机械曝气则是利用安装在曝气池水面的叶轮的转动，剧烈地搅动水面，使液体循环流动，不断更新液面并产生强烈水跃，从而使空气中的氧与水滴或水跃的界面充分接触而转移到液相中去。

1）传统活性污泥法

传统活性污泥法又称普通活性污泥法或推流式活性污泥法，是最早成功应用的运行方式，其他活性污泥法都是在其基础上发展而来的。曝气池呈长方形，污水和回流污泥一起从曝气池的首端进入，在曝气和水力条件的推动下，污水和回流污泥的混合液在曝气池内呈推流形式流动至池的末端，流出池外进入二沉池。在二沉池中处理后的污水与活性污泥分离，部分污泥回流至曝气池，部分污泥则作为剩余污泥排出系统。推流式曝气池一般建成廊道型，为避免短路，廊道的长宽比一般不小于 5：1，根据需要，有单廊道、双廊道或多廊道等形式。曝气方式可以是机械曝气，也可以采用鼓风曝气。传统活性污泥法系统见图 5.2-79。

传统活性污泥法的特征是曝气池前段液流和后段液流不发生混合，污水浓度自池首至池尾呈逐渐下降的趋势，需氧率沿池长逐渐降低。

因此有机物降解反应的推动力较大，效率较高。曝气池需氧率沿池长逐渐降低，尾端溶解氧一般处于过剩状态，在保证末端溶解氧正常的情况下，前段混合液中溶解氧含量可能

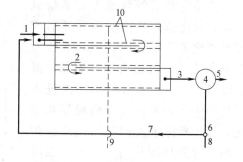

图 5.2-79　传统活性污泥法系统
1—经预处理后的污水；2—活性污泥反应器—曝气池；3—从曝气池流出的混合液；4—二次沉淀池；5—处理后污水；6—污泥泵站；7—回流污泥系统；8—剩余污泥；9—来自空压机站的空气；10—曝气系统与空气扩散装置

不足。

传统活性污泥法适用于处理净化程度和稳定程度较高的污水。可以灵活调整污水处理程度的高低。曝气池容积大，占用的土地较多，基建费用高，曝气池容积负荷一般较低，动力消耗较大，对进水水质、水量变化的适应性较低，运行效果易受水质、水量变化的影响。

2）阶段曝气活性污泥法

也称分段进水活性污泥法或多段进水活性污泥法，是针对传统活性污泥法存在的弊端进行了一些改革的运行方式。本工艺与传统活性污泥法主要不同点是污水沿池长分段注入，使有机负荷在池内分布比较均衡，缓解了传统活性污泥法曝气池内供氧速率与需氧速率存在的矛盾。曝气方式一般采用鼓风曝气。阶段曝气法流程见图5.2-80。

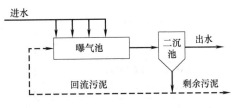

图 5.2-80　阶段曝气法流程图

曝气池内有机污染物负荷及需氧率得到均衡，一定程度地缩小了耗氧速度充氧速度之间的差距，有助于能耗的降低。活性污泥微生物的降解功能也得以正常发挥；污水分散均衡注入，提高了曝气池对水质、水量冲击负荷的适应能力；混合液中的活性污泥浓度沿池长逐步降低，出流混合液的污泥较低，减轻二次沉淀池的负荷，有利于提高二次沉淀池固、液分离效果。

阶段曝气活性污泥法分段注入曝气池的污水，不能与原混合液立即混合均匀，会影响处理效果。

3）吸附—再生活性污泥法

吸附—再生活性污泥法又称生物吸附法或接触稳定法，工艺流程如图5.2-81所示。

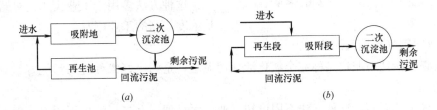

图 5.2-81　吸附—再生法工艺流程示意图
（a）分建式吸附—再生活性污泥处理系统；（b）合建式吸附—再生活性污泥处理系统

吸附—再生活性污泥法的工作过程是：污水和经过充分再生、具有很高活性的活性污泥一起进入吸附池，两者充分混合接触15～60min后，使部分呈悬浮、胶体和溶解性状态的有机污染物被活性污泥吸附，污水得到净化。从吸附池流出的混合液直接进入二沉池，经过一定时间的沉淀后，澄清水排放，污泥则进入再生池进行生物代谢活动，使有机物降解，微生物进入内源代谢期，污泥的活性、吸附功能得到充分恢复后，再与污水一起进入吸附池。

吸附—再生活性污泥法虽然分为吸附和再生两个部分，但污水与活性污泥在吸附池的接触时间较短，吸附池容积较小，而再生池接纳的只是浓度较高的回流污泥，因此，再生池的容积也不大。吸附池与再生池的容积之和仍低于传统活性污泥法曝气池的容积。

吸附—再生活性污泥法回流污泥量大，且大量污泥集中在再生池，当吸附池内活性污泥受到破坏后，可迅速引入再生池污泥予以补救，因此，具有一定冲击负荷适应能力。

由于该方法主要依靠微生物的吸附去除污水中有机污染物，因此，去除率低于传统活性污泥法，而且不宜用于处理溶解性有机污染物含量较多的污水。

曝气方式可以是机械曝气，也可以采用鼓风曝气。

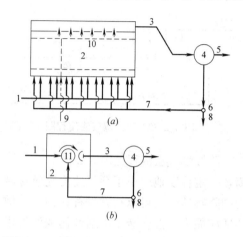

图 5.2-82 完全混合活性污泥法的工艺流程图

(a) 采用鼓风曝气装置的完全混合曝气池；

(b) 采用表面机械曝气器的完全混合曝气池

1—经预处理后的污水；2—完全混合曝气池；3—由曝气池流出的混合液；4—二次沉淀池；5—处理后污水；6—污泥泵站；7—回流污泥系统；8—排放出系统的剩余污泥；9—来自空压机站的空气管道；10—曝气系统及空气扩散装置；11—表面机械曝气器

4) 完全混合活性污泥法

完全混合活性污泥法与传统活性污泥法最不同的地方是采用了完全混合式曝气池。其特征是污水进入曝气池后，立即与回流污泥及池内原有混合液充分混合，池内混合液的组成，包括活性污泥数量及有机污染物的含量等均匀一致，而且池内各个部位都是相同的。曝气方式多采用机械曝气，也有采用鼓风曝气的。完全混合活性污泥法的曝气池与二沉池可以合建也可以分建，比较常见的是合建式圆形池。图 5.2-82 为完全混合性污泥法的工艺流程图。

完全混合活性污泥法对冲击负荷适应能力较强。在处理效果相同的条件下，其负荷率较高于推流式曝气池，节约动力消耗。容易产生污泥膨胀现象，一般情况下，处理后水质低于传统的活性污泥法。

这种方法多用于工业废水的处理，特别是浓度较高的工业废水。

5) 延时曝气活性污泥法

延时曝气活性污泥法又称完全氧化活性污泥法，是污水好氧处理与污泥好氧处理的综合构筑物。

在处理工艺方面，这种方法不用设初沉池，而且理论上二沉池也不用设，但考虑到出水中含有一些难降解的微生物内源代谢的残留物，因此，实际上二沉池还是存在的。

延时曝气活性污泥法处理出水水质好，稳定性高，对冲击负荷有较强的适应能力。可以实现氨氮的硝化过程。占地面积大，基建费用和运行费用都较高。出水中会含有不易沉降的活性污泥碎片。

延时曝气活性污泥法只适用于对处理水质要求较高、不宜建设污泥处理设施的小型生活污水或工业废水，处理水量不宜超过 $1000m^3/d$。

延时曝气活性污泥法一般都采用完全混合式曝气池，曝气方式可以是机械曝气，也可以采用鼓风曝气。

6) 纯氧曝气活性污泥法

纯氧曝气活性污泥法又称富氧曝气活性污泥法。就是利用纯度在 90% 以上的氧气代替空气进行曝气，以提高曝气池内的生化反应速度。

纯氧曝气活性污泥法一般多采用封闭式运行，但也有采用敞开方式运行的。密闭式纯氧曝气曝气池普遍采用的是多段混合推流式（图5.2-83），即每段为完全混合式，从整体上看，段与段之间又是推流式。

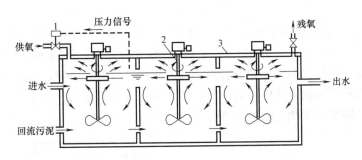

图 5.2-83　密闭式纯氧曝气曝气池构造图
1—控制阀；2—搅拌器；3—池盖

氧气、污水、回流污泥一起进入曝气池第一段的一端，再通过设于每段隔墙上部的气窗和设于每段隔墙下部的液窗，氧气和混合液依此流经其他各段。污水中的有机物和池内气相中的氧浓度逐段降低。尾气从最后一段排出，混合液进入二沉池进行泥水分离。

氧利用率可达 $80\% \sim 90\%$，曝气池内混合液的 MLSS 值可达 $4000 \sim 7000 \mathrm{mg/L}$，能够提高曝气池的容积负荷，污泥膨胀现象发生的较少，产生的剩余污泥量少。纯氧曝气池一般需要封闭，结构较复杂，热量不易损失，有产生爆炸的可能。

7）深水曝气活性污泥法

深水曝气活性污泥法采用深度在 7m 以上的深水曝气池。水深的增加使水压增大，加快了氧的传递速率，提高了混合液的饱和溶解氧浓度，有利于活性污泥微生物的增殖和对有机物的降解，同时降低了占用的土地面积。

本工艺有深水中层曝气池、深水底层曝气池两种形式。深水中层曝气池水深在 10m 左右，但空气扩散装置设在深 4m 左右处，这样仍可使用风压为 5m 的风机，为了在池内形成环流和减少底部水层的死角，一般在池内设导流板或导流筒，见图 5.2-84。深水底层曝气池水深仍在 10m 左右，空气扩散装置仍设于池底部，需使用高风压的风机，但无须设导流装置，自然在池内形成环流，见图 5.2-85。

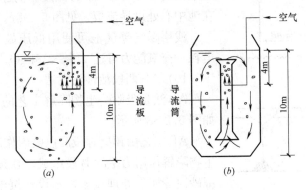

图 5.2-84　设导流板或导流筒的深水中层曝气池
(a) 设导流板；(b) 设导流筒

8）深井曝气活性污泥法

深井曝气活性污泥法又名超水深曝气活性污泥法。充氧能力强，动力效率高，占地少，处理功能不受气候条件影响，可考虑不设初次沉淀池等。适用于处理高浓度有机废水。

如图 5.2-86 所示，深井曝气池（曝气井）直径介于 1~6m。深度可达 50~100m，井中间设隔墙将井一分为二或在井中心设内井筒，将井分为内、外两部分。在前者的一侧，后者的外环部设空气提升装置，使混合液上升。而在前者的另一侧，后者的内井筒内产生降流。这样在井隔墙两侧或井中心筒内外，形成由下而上的流动。由于水深度大，氧的利用率高，有机物降解速度快，效果显著。

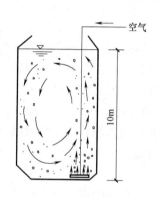

图 5.2-85　深水底层曝气池

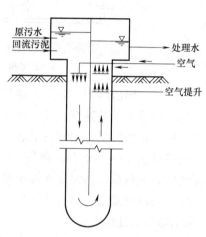

图 5.2-86　深井曝气池

9）浅层曝气活性污泥法

浅层曝气活性污泥法是气泡只有在其形成与破碎的一瞬间，有着最高的氧转移率，而与其在液体中的移动高度无关。

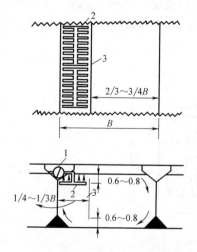

图 5.2-87　浅层曝气曝气池
1—空气管；2—曝气栅；3—导流板

浅层曝气曝气池的空气扩散装置多为由穿孔管制成的曝气栅。空气扩散装置多设置在曝气池的一侧，距水面约 0.6~0.8m 的深度。为了在池内形成环流，在池中心处设导流板，见图 5.2-87。

浅层曝气曝气池可使用低压鼓风机，有利于节省电耗，充氧能力可达 1.8~2.6kgO_2/kWh。

10）AB 两段活性污泥法

AB 法是吸附—生物降解工艺的简称。其工艺流程如图 5.2-88 所示。

AB 工艺由预处理段和以吸附作用为主的 A 段、以生物降解作用为主的 B 段组成。在预处理段只设格栅、沉砂池等简易处理设备，不设初沉池。A 段由 A 段曝气池与沉淀池构成，B 段由 B 段曝气池与二沉池构成。A、B 两段虽然都是生物处理单元，但两段完全分开，

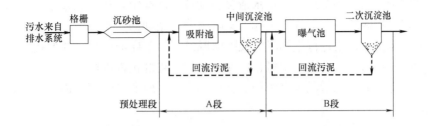

图 5.2-88　AB 法污水处理工艺流程

各自拥有独立的污泥回流系统和各自独特的微生物种群。污水先进入高负荷的 A 段，再进入低负荷的 B 段。

A 段可以根据原水水质等情况的变化采用好氧或缺氧运行方式；B 段除了可以采用普通活性污泥法外，还可以生物膜法、氧化沟法、SBR 法、A/O 法或 A²/O 法等多种处理工艺。

AB 法适于处理城市污水或含有城市污水的混合污水。

11）间歇式活性污泥法（SBR 法）

间歇式活性污泥法又称序批式活性污泥法，简称 SBR 法。图 5.2-89 为间歇式活性污泥法工艺流程。

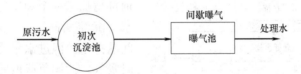

图 5.2-89　间歇式活性污泥法工艺流程

SBR 法主要特征是反应池一批一批地处理污水，采用间歇式运行的方式，每一个反应池都兼有曝气池和二沉池作用，因此不再设置二沉池和污泥回流设备，而且一般也可以不建水质或水量调节池。

SBR 法对水质水量变化的适应性强，运行稳定，适于水质水量变化较大的中小城镇污水处理，也适应高浓度污水处理。反应时间短，静沉时间也短，体积小，基建费少。处理效果好。好氧、缺氧、厌氧交替出现，能同时具有脱氮和除磷功能。

间歇式活性污泥法曝气池的运行周期由进水、反应、沉淀、排放、闲置待机五个工序组成，而且这五个工序都是在曝气池内进行，其工作原理见图 5.2-90。

进水工序是向反应器中注水，但通过改变进水期间的曝气方式，也能够实现其他功能，

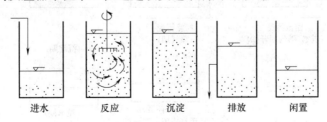

图 5.2-90　间歇式活性污泥法曝气池运行工序示意图

能。本工序所用时间，则根据实际排水情况和设备条件确定，从工艺效果上要求，注入时间以短促为宜，瞬间最好，但这在实际上有时是难以做到的。

反应工序是对有机物进行生物降解或除磷脱氮。本工序的后期，还要进行短暂的微量曝气，脱除附着在污泥上的气泡或氮，以保证沉淀过程的正常进行。

沉淀工序是完成活性污泥与水的分离。沉淀工序采取的时间基本同二次沉淀池，一般为1.5～2.0h。

排放工序首先是排放经过沉淀后产生的上清液，然后排放系统产生的剩余污泥，并保证SBR反应器内残留一定数量的活性污泥。

闲置工序，即在处理水排放后，反应器处于停滞状态，使微生物通过内源呼吸作用恢复其活性，并起到一定的反硝化作用而进行脱氮，为下一个运行周期创造良好的初始条件

① 间歇式循环延时曝气活性污泥法（ICEAS工艺）

ICEAS反应器由预反应区（生物选择器）和主反应区两部分组成，预反应区容积约占整个池子的10%左右。预反应区一般处于厌氧或缺氧状态，选择性降解废水中有机物和絮凝能力强的微生物，保证菌胶团细菌的生长，控制污泥膨胀。运行方式采用连续进水、间歇曝气、周期排水的形式。预反应区和主反应区可以合建，也可以分建，图5.2-91为合建式ICEAS反应器。

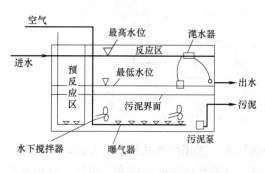

图5.2-91　合建式ICEAS反应器

ICEAS最大的特点是在SBR反应器前部增加了一个预反应区，实现了连续进水（沉淀期间、排水期间仍保持进水），间歇排水。但进水量受到限制，因强调延时曝气，污泥负荷很低。

② 循环式活性污泥法（CAST工艺）

CAST工艺是在ICEAS工艺的基础上发展而来的。CAST工艺沉淀阶段不进水，并增加了污泥回流，而且预反应区容积所占的比例比ICEAS工艺小。CAST反应池一般分为生物选择器、缺氧区和好氧区三个反应区。CAST反应池的每个工作周期可分为充水、曝气期、沉淀期、滗水期和充水-闲置期，运行工序如图5.2-92所示。

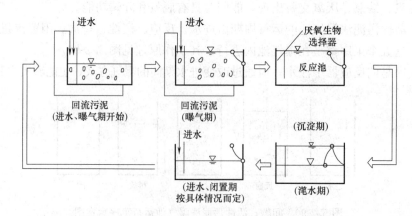

图5.2-92　CAST工艺运行工序

　　CAST 工艺将主反应区中的部分剩余污泥回流到选择器中，沉淀阶段不进水，使排水的稳定性得到保证。缺氧区的设置使 CAST 工艺具有较好的脱氮除磷效果。

　　③ 周期循环活性污泥法（CASS 工艺）

　　CASS 法与 CAST 法相同之处是系统都由选择器和反应池组成，不同之处是 CASS 为连续进水而 CAST 为间歇进水，而且污泥不回流，无污泥回流系统。CASS 反应器内微生物处于好氧—缺氧—厌氧周期变化之中，它能较好地除磷脱氮。CASS 反应池的每工作周期可分为曝气期、沉淀期、滗水期和闲置期，运行工序如图 5.2-93 所示。

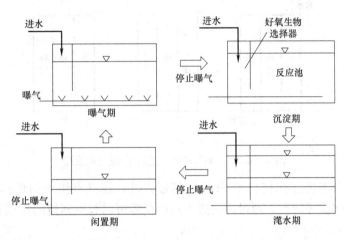

图 5.2-93　CASS 反应池的运行工序

　　④ 连续进水、连续—间歇曝气法（DAT-IAT 工艺）

　　DAT-IAT 是 SBR 法的一种变形工艺。DAT-IAT 由 DAT 和 IAT 池串联组成。DAT 池连续进水，连续曝气（也可间歇曝气），IAT 也是连续进水，但间歇曝气。处理水和剩余污泥均由 IAT 池排出。DAT-IAT 的工艺流程如图 5.2-94 所示。

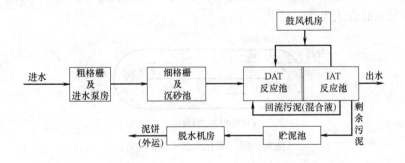

图 5.2-94　DAT—IAT 的工艺流程

　　DAT 池连续曝气，也可进行间歇曝气。IAT 按传统 SBR 反应器运行方式进行周期运转，每个工作周期按曝气期、沉淀期、滗水期和闲置期 4 个工序运行。IAT 向 DAT 回流比控制在 100%～450%。DAT 与 IAT 需氧量之比为 65：35。

　　DAT—IAT 工艺既有传统活性污泥法的连续性和高效，又有 SBR 法的灵活性，适用于水质水量变化大的中小城镇污水和工业废水的处理。

⑤ UNITANK 工艺

UNITANK 工艺系统的主体构筑物为三格条形池结构，三池连通，每个池内均设有曝气和搅拌系统，污水可进入三池中的任意一个。外侧两池设出水堰或滗水器以及污泥排放装置。两池交替作为曝气池和沉淀池，而中间池则总是处于曝气状态。在一个周期内，原水连续不断地进入反应器，通过时间和空间的控制，分别形成好氧、缺氧和厌氧的状态。UNITANK 工艺的工作原理如图 5.2-95 所示。

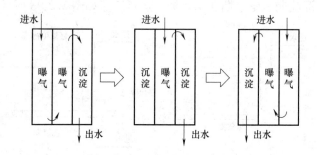

图 5.2-95　UNITANK 工艺工作原理示意图

UNITANK 工艺除了保持传统 SBR 的特征以外，还具有滗水简单、池子结构简化、出水稳定、不需回流等特点，通过改变进水点的位置可以起到回流的作用和达到脱氮、除磷的目的。

12）氧化沟

又称循环曝气池，属活性污泥法的一种变法，平面示意见图 5.2-96。图 5.2-97 为以氧化沟为生物处理单元的污水处理流程，即进入氧化沟的污水和回流污泥混合液在曝气装置的推动下，在闭合的环形沟道内循环流动，混合曝气，同时得到稀释和净化。与入流污水及回流污泥总量相同的混合液从氧化沟出口流入二沉池。处理水从二沉池出水口排放，底部污泥回流至氧化沟。氧化沟是一种介于推流式和完全混合式之间的曝气池形式，综合了推流式与完全混合式优点。

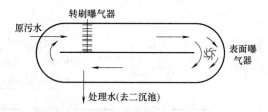

图 5.2-96　氧化沟的平面示意图

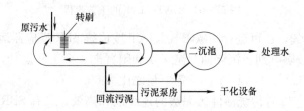

图 5.2-97　以氧化沟为生物处理单元的污水处理流程

氧化沟按其构造和运行特征可分多种类型。在城市污水处理较多的有卡罗塞氧化沟、奥贝尔氧化沟、交替工作型氧化沟及 DE 型氧化沟。

① 卡鲁塞尔氧化沟

典型的卡鲁塞尔氧化沟是多沟串联系统，一般采用垂直轴表面曝气机曝气。每组沟渠安装一个曝气机，均安设在一端。氧化沟需另设二沉池和污泥回流装置。处理系统如图 5.2-98 所示。

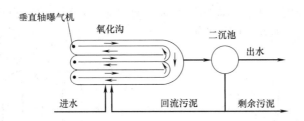

图 5.2-98　卡鲁塞尔氧化沟

沟内循环流动的混合液在靠近曝气机的下游为富氧区，而曝气机上游为低氧区，外环为缺氧区，有利于生物脱氮。表面曝气机多采用倒伞形叶轮，曝气机一方面充氧，一方面提供推力使沟内的环流速度在 0.3m/s 以上，以维持必要的混合条件。由于表面叶轮曝气机有较大的提升作用，使氧化沟的水深一般可达 4.5m。

② 奥贝尔氧化沟

奥贝尔氧化沟是多级氧化沟，一般由若干个圆形或椭圆形同心沟道组成。工艺流程如图 5.2-99 所示。

废水从最外面或最里面的沟渠进入氧化沟、在其中不断循环流动的同时，通过淹没式从一条沟渠流入相邻的下一条沟渠，最后从中心的或最外面的沟渠流入二沉池进行固液分离。沉淀污泥部分回流到氧化沟，部分以剩余污泥排入污泥处理设备进行处理。氧化沟的每一沟渠都是一个完全混合的反应池，整个氧化沟相当于若干个完全混合反应池串联一起。

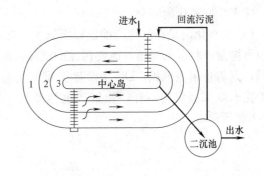

图 5.2-99　奥贝尔氧化沟系统工艺流程

奥贝尔氧化沟在时间和空间上呈现出阶段性，各沟渠内溶解氧呈现出厌氧—缺氧—好氧分布，对高效硝化和反硝化十分有利。第一沟内低溶解氧，进水碳源充足，微生物容易利用碳源，自然会发生反硝化作用既硝酸盐转化成氮类气体，同时微生物释放磷。而在后边的沟道溶解氧增高，尤其在最后的沟道内溶解氧达到 2mmg/L 左右，有机物氧化得比较彻底，同时在好氧状态下也有利于磷的吸收，磷类物质得以去除。

③ 交替工作型氧化沟

交替工作型氧化沟有 2 池（又称 D 型氧化沟）和 3 池（又称 T 型氧化沟）两种。

D 型氧化沟由相同容积的 A 和 B 两池组成，串联运行，交替作为曝气池和沉淀池，无须设污泥回流系统，见图 5.2-100。一般以 8h 为一个运行周期。此系统可得到十分优质的出水和稳定的污泥。缺点是曝气转刷的利用率仅为 37.5%。

T 型氧化沟由相同容积的 A、B 和 C 池组成。两侧的 A 和 C 池交替作为曝气池和沉淀池，中间的 B 池一直为曝气池。原水交替进入 A 池或 C 池，处理水则相应地从作为沉淀池的 C 池或 A 池流出，见图 5.2-101。T 型氧化沟曝气转刷的利用率比 D 型氧化沟高，可达 58% 左右。这种系统不需要污泥回流系统。通过适当运行，在去除 BOD 的同时，能进行硝化和反硝化过程，可取得良好的脱氮效果。

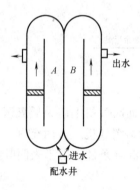

图 5.2-100　D 型氧化沟

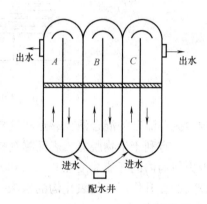

图 5.2-101　T 型氧化沟

交替工作型氧化沟必须安装自动控制系统，以控制进、出水的方向，溢流堰的启闭以曝气转刷的开启和停止。

④ DE 型氧化沟

DE 型氧化沟是在氧化沟前设置厌氧生物选择器（池）和双沟交替工作。设置生物选择池可抑制丝状菌的增殖，改善污泥的沉降性能，聚磷菌厌氧释磷。生物选择池内配有搅拌器，以防止污泥沉积。DE 型没有 T 型氧化沟的沉淀功能，大大提高了设备利用率，但必须像卡罗塞氧化沟一样，设置二沉池及污泥回流设施。DE 型氧化沟的工艺流程如图 5.2-102 所示。

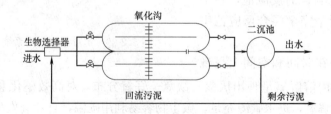

图 5.2-102　DE 型氧化沟的工艺流程

13）Linpor 工艺

Linpor 工艺是在传统工艺曝气池中投加一定量的多孔泡沫塑料颗粒作为生物膜载体，

将传统曝气池改为悬浮载体生物膜反应器。该反应器单位体积处理负荷比普通活性污泥法大，特别适用于一些超负荷污水处理厂的改建和扩建。Linpor 工作原理示意图如图 5.2-103 所示。

Linpor 工艺有 Linpor-C、Linpor-C/N、Linpor-N 三种不同运行方式。Linpor-C 工艺主要用于去除废水中的含碳有机物，Linpor-C/N 工艺主要用于同时去除废水中碳和氮，Linpor-N 工艺主要用于二级处理后的生物脱氮。

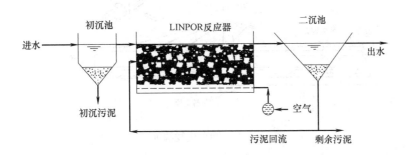

图 5.2-103　Linpor 工作原理示意图

24. 生物膜法

生物膜法是与活性污泥法并列的一种污水好氧生物处理技术。生物膜法是土壤自净的人工强化，其实质就是使细菌和菌类一类的微生物和原生动物、后生动物一类的微型动物附着在滤料或某些载体上生长繁育，并在其上形成膜状生物污泥—生物膜。污水与生物膜接触，污水中的有机污染物，作为营养物质，为生物膜上的微生物所摄取，污水得到净化，微生物自身也得到繁衍增殖。

属于生物膜处理法的工艺有生物滤池（普通生物滤池、高负荷生物滤池、塔式生物滤池）、生物转盘、生物接触氧化设备、生物流化床和曝气生物滤池等。

（1）生物滤池

生物滤池是以土壤自净原理为依据，由过滤田和灌溉田逐步发展而来的。废水长期以滴状洒布在块状滤料的表面上，在废水流经的表面上就会形成生物膜，生物膜成熟后，栖息在生物膜上的微生物即摄取废水中的有机污染物质作为营养，从而使废水得到净化。

进入生物滤池的废水，必须通过预处理，去除悬浮物、油脂等能够堵塞滤料的污染物质，并使水质均化稳定。一般在生物滤池前设初次沉淀池，但并不只限于沉淀池，根据废水的水质，也可采用其他预处理措施。滤料上的生物膜，不断脱落更新，脱落的生物膜随处理水流出，因此，生物滤池后也设沉淀池。所以采用生物滤池处理废水的工艺流程如图 5.2-104 所示。

图 5.2-104　生物过滤法基本流程

生物滤池按负荷可分为低负荷生物滤池和高负荷生物滤池。

1）普通生物滤池

普通生物滤池在平面上多呈圆形、正方形或矩形，图 5.2-105 所示是使用最广泛的采用旋转布水器的圆形生物滤池。

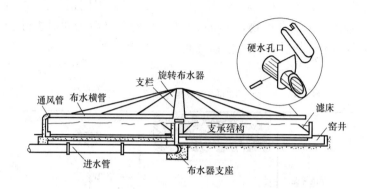

图 5.2-105   圆形生物滤池

普通生物滤池由池体、滤料、排水设备和布水装置等四部分组成。

普通生物滤池四周应采用砖石的池壁，用来维护滤料。池壁一般应高出滤料表面 0.5～0.9m。池体的底部为池底，用于支撑滤料和排除处理后的污水。滤料是生物滤池首要的组成部分，可以碎石、炉渣、焦炭等为滤料，粒径多为 5～7cm。也有由聚氯乙烯、聚苯乙烯和聚酰胺等制造的波形板式、列管式和蜂窝式等人工滤料。普通生物滤池的工作深度介于 1.8～3.0m，高负荷生物滤池则多为 0.9～2.0m。布水装置需间歇布水并布水均匀，在布水间歇时空气进入滤池，使生物膜上的有机物有氧化分解时间，以恢复生物膜的吸附能力。常用的布水装置有固定式和旋转式两种。排水设备设置在池底上，用以排出滤水，并保证滤池通风。它包括渗水装置、集水沟和总排水渠等。为保证滤池的通风，渗水装置的空隙所占面积不得少于滤池面积的 5%～8%。渗水装置使用比较广泛的是穿孔混凝土板。

普通生物滤池一般适于处理每日污水量不高于 1000m³ 的小城镇污水或有机性工业废水。处理效果良好、运行稳定、易于管理、节省能源，但占地面积大、滤料易堵塞、产生滤池蝇，恶化环境卫生、喷嘴喷洒污水，散发臭味。

2）高负荷生物滤池

高负荷生物滤池是生物滤池的第二代工艺，大幅度地提高了滤池的负荷率，其 BOD 容积负荷率高于普通生物滤池 6～8 倍，水力负荷率则高达 10 倍。

高负荷生物滤池有多种多样的流程系统，图 5.2-106 所列举的是高负荷生物滤池典型性的 3 种流程。系统（a）是采用最广泛的高负荷生物滤池处理流程，处理水回流到滤池前，可避免加大初次沉淀池的容积。系统（b）滤池出水直接回流，这样有助于生物膜的再次接种，能够促进生物膜的更新。系统（c）不设二次沉淀池为其主要特征，滤池出水回流到沉淀池。这种流程能够提高初次沉淀池的沉淀效率和节省二次沉淀池。

当原废水浓度较高，而且对处理水的要求也较高时，常采用二段滤池处理系统。二段滤池的组合方式很多，图 5.2-107 所示者为其中具有代表性的几种。在滤池之间设中间沉淀池的目的是减轻二段滤池的负荷。

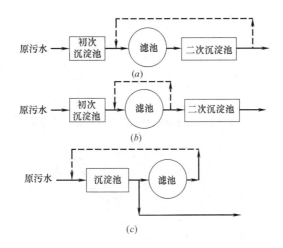

图 5.2-106　高负荷生物滤池典型流程

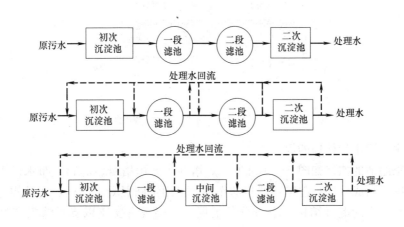

图 5.2-107　二段高负荷生物滤池流程系统

　　高负荷生物滤池表面上多为圆形。粒状滤料粒径一般为 40～100mm，滤料层高一般为 2.0m，广泛使用由聚氯乙烯、聚苯乙烯和聚酰胺等材料制成的呈波形板状、列管状和蜂窝状等人工滤料。多使用旋转式的布水装置。图 5.2-108 所示为采用旋转布水器的高负荷生物滤池平面与剖面示意图。

　　3）塔式生物滤池

　　塔式生物滤池简称塔滤，是一种新型高负荷滤池。在工艺上，塔滤与高负荷生物滤池没有根本的区别，但在构造、净化功能等方面具有一定的特征。

　　塔式生物滤池的水量负荷比较高，是高负荷生物滤池的 2～10 倍；BOD 负荷也较高，是高负荷生物滤池的 2～3 倍。滤池构造形状如塔，高达 8～24m，直径 1～3.5m，使滤池内部形成较强的拔风状态，通风良好。滤池内水流紊动强烈，废水与空气及生物膜的接触非常充分。较高水量负荷，强烈冲刷生物膜，从而使生物膜不断脱落、更新。池内的各层生长着不同种属的生物群。不需专设供氧设备，对冲击负荷有较强的适应能力，常用于高

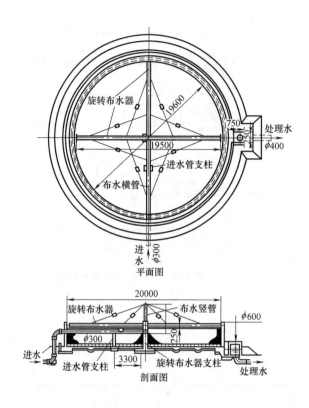

图 5.2-108 采用旋转布水器的高负荷生物滤池

浓度工业废水二段生物处理的第一段。

塔式生物滤池的构造如图 5.2-109 所示。塔滤主要由塔身、滤料、布水设备、通风装置和排水系统所组成。塔身起围挡滤料的作用，可用钢筋混凝土结构、砖结构、钢结构或钢框架与塑料板面的混合结构。塔身分若干层，每层设有支座以支承滤料和生物膜的重

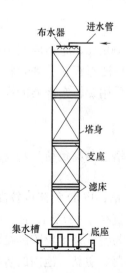

图 5.2-109 塔式生物滤池

量，另外，塔身上还开设观察窗，供观察、采样、填装滤料等使用。一般可用粒径为 10~15mm 的陶粒、焦炭、炉渣、碎石等作滤料，也可用塑料压制的滤料，形状可作成蜂窝状、波纹状等，目前多采用经酚醛树脂固化、内切圆直径为 19~25mm 的纸质蜂窝滤料和玻璃布蜂窝滤料。使用旋转布水器，布水均匀。一般采取自然通风，塔底有高度为 0.4~0.6m 的空间，周围留有通风孔，也可以采用人工机械通风。塔滤的出水汇集于塔底的集水槽，然后通过渠道送往沉淀池进行生物膜与水的分离。

（2）生物转盘

生物转盘是从传统生物滤池演变而来。生物转盘中，生物膜的形成、生长以及其降解有机污染物的机理，与生物滤池基本相同。与生物滤池的主要区别是它以一系列转动的盘片代替固定的滤料。部分盘片浸渍在废水中，通过不断转动

与废水接触，氧则是在盘片转出水面与空气接触时，从空气中吸取，而不进行人工曝气。

生物转盘装置，如图 5.2-110 所示。生物转盘的主体部分由盘片、转轴和氧化槽三部分所组成。盘片可用聚氯乙烯塑料、玻璃钢、金属等制成。盘片厚约 1～5mm，盘间距一般为 20～30mm。如果利用转盘繁殖藻类，为了使光线能照到盘中心，盘间距可加大到 60mm 以上。转盘直径一般多为 2～3m。盘片串联成组，中心贯以转轴，轴的两端安设于固定在半圆形氧化槽的支座上。转盘的表面积有 40%～50% 浸没在氧化槽内的废水中。转轴一般高出水面 10～25cm。

由电机、变速器和传动链条等组成的传动装置驱动转盘以一定的线速度在氧化槽内转动，交替和空气、废水相接触，浸没时吸附废水中的有机污染物，敞露时吸收大气中的氧。氧化槽一般多做成与圆盘外形基本吻合的半圆形，可用钢筋混凝土或钢板制作。槽底设有排泥管或放空管。

生物转盘的布置形式，根据废水的水质、水量、净化要求及现场条件等因素决定，有单轴单级（图 5.2-110）、单轴多级（图 5.2-111）和多轴多级（图 5.2-112）之分。级数的多少是根据废水净化要求达到的程度来确定的。转盘的多级布置可以避免水流短路、改进停留时间的分配。随着级数的增加，处理效果可相应提高。随着级数的递增，处理效果的增加率减慢。一般来说，转盘的级数不超过四级。

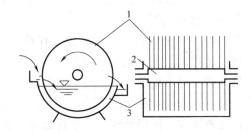

图 5.2-110　生物转盘装置示意图
1—生物转盘；2—转轴；3—氧化槽

生物转盘的进水方式一般有三种，进水方向和转盘的旋转方向一致，进水方向和转盘的旋转方向相反，进水方向垂直于盘片。

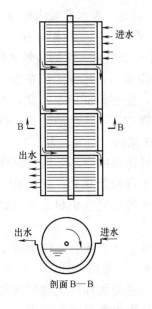

图 5.2-111　单轴四级生物转盘

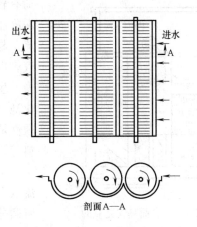

图 5.2-112　多轴多级生物转盘

179

在工作之前，生物转盘首先进行人工方法或自然方法"挂膜"，使转盘表面上形成一层生物膜，然后，废水才能连续不断地进入氧化槽。生物转盘工作中，当旋转的圆盘浸没在废水中时，生物膜上的微生物在有氧的情况下，由于生物酶的催化作用，对废水中的有机物进行氧化分解，同时排出氧化分解过程中形成的代谢产物。微生物还以有机物为养料进行自身繁殖。圆盘在旋转过程中，盘片上的生物膜不断交替地与废水、空气接触，连续不断地完成吸附—吸收—吸氧—氧化分解过程，使废水中的有机物不断分解，从而达到废水处理的目的。

由于微生物的自身繁殖，生物膜逐渐增厚，当增厚到一定程度时，在圆盘转动时形成的剪切力作用下，从盘面剥落下来，悬浮在水中，并随废水流入二次沉淀池进行分离。二次沉淀池排出的上清液即为处理后的废水，沉泥作为剩余生物污泥排入污泥处理系统。

在圆盘的转动过程中，氧化槽中的废水不断地被搅动，连续进行充氧，使脱落的生物膜在氧化槽中呈悬浮状态，在槽中的生物膜继续起着净化作用，因此，生物转盘兼有生物滤池和曝气池的功能。

与活性污泥法比较，生物转盘操作简单、剩余生物污泥量小、污泥颗粒大、含水率低、沉淀速度大、易于沉淀分离和脱水干化，设备构造简单，无通风、回流及曝气设备，运转费用低，耗电量低，可处理高浓度废水，承受 BOD 的浓度可达 1000mg/L，耐冲击能力强，废水在氧化槽内停留时间一般在 1~1.5h，BOD 去除率一般可达 90% 以上；比活性污泥法占地少，但仍然较大、盘材昂贵、基建投资大，处理含易挥发有毒废水时，对大气污染严重。

（3）生物接触氧化

生物接触氧化又名浸没式曝气滤池，也称固定式活性污泥法，它是一种兼有活性污泥和生物膜法特点的废水处理构筑物。生物接触氧化法，是在曝气池中填充块状填料，经曝气的废水流经填料层，使填料颗粒表面长满生物膜，废水和生物膜相接触，在生物膜生物的作用下，废水得到净化。

生物接触氧化法多使用蜂窝式或列管式填料，上下贯通，废水在管内流动，水力条件好，能很好地向管壁上固着的生物膜供应营养及氧，生物膜上的生物相丰富。它不仅能够有效地去除有机污染物质，还能够脱氮和除磷，可用于三级处理。生物接触氧化对冲击负荷有较强的适应能力，污泥生成量少，不产生污泥膨胀的危害，能够保证出水水质，无须污泥回流，易于维护管理，不产生滤池蝇，也不散发臭气。但填料易于堵塞、布气、布水不均匀。

生物接触氧化法的中心处理构筑物是接触氧化池，池内装入蜂窝状填料、纤维软性填料、半软性填料、纤维塑性复合填料及丝状球形悬浮填料等。

生物接触氧化法处理装置的形式很多。从水流状态分为分流式（池内循环式）和直流式两种。所谓分流式即废水充氧和同生物膜接触是在不同的格内进行的，废水充氧后在池内进行单向或双

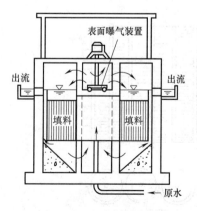

图 5.2-113 表面曝气充氧的
生物接触氧化池

向循环，如图 5.2-113、图 5.2-114 所示。

直流式接触氧化池，又称全面曝气式接触氧化池，即直接在填料底部进行鼓风充氧，如图 5.2-115 所示。国内多采用直流式。

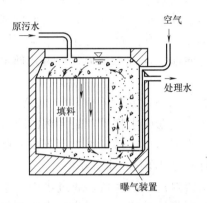

图 5.2-114 鼓风曝气充氧的生物接触氧化池

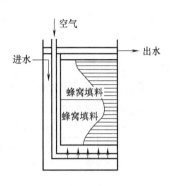

图 5.2-115 在填料下直接布气的生物接触氧化构筑物

从供氧方式分，接触氧化池可分为鼓风式、机械曝气式、洒水式和射流曝气式等几种。国内采用的接触氧化池多为鼓风式和射流曝气式。

（4）曝气生物滤池

曝气生物滤池的构造如图 5.2-116 所示。池内底部设承托层，上部是填料。在承托层设置曝气用的空气管及空气扩散装置，处理水集水管兼作反冲洗水管也设置在承托层内。

被处理的原污水，从上部进入池体，通过由填料组成的滤层，在填料表面形成由微生物栖息而成的生物膜。在污水流过滤层的同时，由池下部通过空气管向滤层进行曝气，空气由填料的间隙上升，与下流的污水相向接触，空气中的氧转移到污水中，向生物膜上的微生物提供充足的溶解氧和丰富的有机物。在微生物的新陈代谢作用下，有机污染物被降解，污水得到处理。原污水中的悬浮物及由于生物膜脱落形成的生物污泥，被填料所截留。滤层具有二次沉淀池的功能。当滤层内的截污量达到某种程度时，对滤层进行反冲洗，反冲水通过反冲水排放管排出。

图 5.2-117 所示是以曝气生物滤池为核心的废水处理工艺流程。在本工艺前应设以固液分离为主体，去除悬浮物质效果良好的前处理工艺。由曝气生物滤池排出的含有大量生物污泥的反冲洗水进入反冲洗水池，然后从反冲洗水池流入前处理工艺，固液分离后，污泥进行处理。

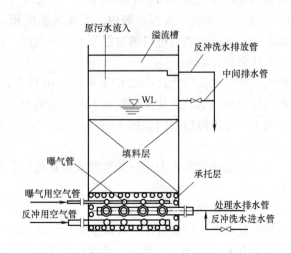

图 5.2-116 曝气生物滤池构造

从曝气生物滤池流出的处理水，进入处理水池，经投氯消毒，在接触池反应后排出。滤池的滤料层具有截留悬浮物和脱落生物膜的作用，用以代替二沉池。

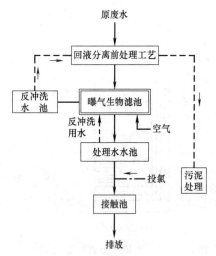

图 5.2-117 以曝气生物滤池为核心的废水处理工艺流程

曝气生物滤池反应时间短、便于维护管理、占地少、节能、空气量较少、对季节变动的适应性较强、对水量变动有较大的适应性、能够处理低浓度的废水、具有很强的硝化功能、适应的水温范围广泛，但曝气生物滤池反冲洗水量大，约占处理水量的 15%～25%。

25. 氧化塘

氧化塘又称稳定塘或生物塘，是天然的或人工修成的池塘。其构造简单，易于维护管理的，废水在其中的净化与水的自净过程十分相似。

废水在氧化塘内长时间停留，通过水中微生物的代谢作用有机污染物被降解。氧化塘内细菌与藻类是共生关系，藻类繁殖对废水处理有利。细菌代谢所需的氧气主要由塘内的藻类供给，而细菌呼吸作用产生的 CO_2、NH_3 等作为藻类光合作用的原料，向水中放出氧气。另外，可通过水面大气复氧或人工供氧，也有一些氧化塘的处理过程是厌氧的。

根据氧化塘内溶解氧的来源和塘内有机污染物降解的形式，氧化塘可分为好氧氧化塘、厌氧氧化塘、兼性氧化塘和曝气氧化塘四种。

(1) 好氧氧化塘

好氧氧化塘的水深较浅，一般只有 0.2～0.4m，阳光透过水层直接射入塘底，塘内生长有藻类，藻类的光合作用可向水中供氧并同时脱氮除磷。主要是依靠藻类供给溶解氧，其次是水面大气复氧。

好氧氧化塘承受的 BOD 负荷约为 10～20g/($m^2 \cdot d$)，废水在塘内停留一般 2～6d，BOD 去除率可达 80%～95%，塘内几乎无污泥沉积，常用于废水的二级和三级处理。处理后废水带有大量藻类，可以通过混凝沉淀、气浮、离心分离、微滤、砂滤等方法去除。

(2) 厌氧氧化塘

厌氧氧化塘水深较大，一般在 2.4～3.0m 以上，BOD 负荷达 33～56g/($m^2 \cdot d$)，仅塘表面一层极薄的水层能从大气复氧中取得溶解氧，整个塘都处于厌氧状态，塘内无藻类生长。废水在塘内停留时间长达 30～50d，净化速度慢，一定程度地降解难降解的有机物，BOD 去除率为 50%～70%。

一般厌氧氧化塘多作为预处理与好氧氧化塘组合处理，也多用于处理少量的高浓度有机废水。

(3) 兼性氧化塘

兼性氧化塘介于好氧氧化塘和厌氧氧化塘之间，具有两者的特点。兼性氧化塘水深不大，一般为 0.6～1.5m。在塘的上部水层能接受阳光，藻类进行光合作用，上层水处于好氧状态。在中部，尤其在下部，由于阳光透入深度的限制处于厌氧状态。废水中的有机物主要在好氧水层中被好氧微生物氧化分解，可沉固体及沉淀下来的老化藻类在厌氧水层中被厌氧微生物进行厌氧发酵分解。废水在塘内停留时间 7～30d，BOD 负荷 2～10g/(m²·d)，BOD 去除率 75%～90%。

（4）曝气氧化塘

曝气氧化塘是在塘面安装人工曝气设备，可以在一定的水深范围内维持好氧状态，而不依靠藻类供氧。曝气氧化塘更接近活性污泥法的延时曝气，对水质、水量的变化有较大的适应性，污泥生成量少。

曝气氧化塘的深度可达 5m，一般都在 3m 左右，停留时间 3～8d，BOD 负荷 30～60g/m³，BOD 去除率可达 90%。

氧化塘的运行方式有单级和多级两种。单级为仅有一个氧化塘或几个氧化塘并联运行。多级为几个氧化塘串联起来运行。当采用多级串联氧化塘时，每级氧化塘的作用可以各不相同。氧化塘的处理效果受光线、温度、季节等因素的影响很大，一般来说处理效果夏季高、冬季低，不能保证全年都达到处理要求。

我国北方冬季气温低，水面结冰，光合作用和水面充氧都受到障碍，氧化塘很难运行，况且水温低于 10℃不利于藻类生长，所以我国北方很少采用氧化塘。

26. 人工湿地

人工湿地污水处理技术是 20 世纪 70～80 年代发展起来的一种污水生态处理技术。利用湿地和沼泽地处理污水的方法称为湿地处理系统。湿地处理系统是利用土壤的渗滤及培植的水生植物和水生动物的综合生态效应，通过沉降作用，植物根系的阻截作用，某些物质的化学沉淀作用，土壤及植物表面的吸附与吸收作用，微生物的代谢作用等有效地去除污水中的 SS、BOD₅、N、P 等污染物质。出水水质好，氮、磷去除效率高，运行维护管理方便，投资及运行费用。

湿地分为天然湿地和人工湿地。天然湿地系统是利用天然洼地、苇塘，加以人工修整而成。天然湿地系统承担污水的负荷能力有限，只有在湿地面积足够大时才采用。

人工湿地是人工建造的、可控制的和工程化的湿地系统，其设计和建造是通过对湿地自然生态系统中的物理、化学和生物作用的优化组合来进行废水处理。根据污水在湿地中水面位置的不同，人工湿地可以分为自由水面人工湿地和潜流型人工湿地。

（1）自由水面人工湿地

自由水面人工湿地是用人工筑成水池或沟槽状，然后种植一些水生植物，如芦苇、香蒲等。水面位于湿地基质层以上，其水深一般为 0.3～0.5m。

（2）潜流型人工湿地

潜流型人工湿地的水面位于基质层以下。潜流型人工湿地由上下两层组成，上层为土壤，下层是由易于使水流通的介质组成的根系层，如粒径较大的砾石、炉渣或砂层等，在上层土壤层中种植芦苇等耐水植物。床底铺设防渗层或防渗膜，以防止废水流出该处理系统，并具有一定的坡度。潜流式湿地的优点在于其充分利用了湿地的空间，发挥了植物、微生物和基质间的协同作用，因此在相同面积情况下处理能力比自由水面人工湿地得到大幅度提高。污水基本上在地面下流动，保温效果好，卫生条件较好，这也是其近几年被大量应用的原因。缺点是比自由水面人工湿地建造费用高。

根据湿地中水流动的状态可将其分为水平流潜流式湿地、竖向流潜流式湿地和复合流潜流式湿地。

水平流潜流式湿地中，水流从进口起在根系层中沿水平方向缓慢流动，出口处设水位调节装置和集水装置，以保持污水尽量和根系层接触。潜流式湿地除了一般的湿地去除污染物机理外，而且由于植物根系对氧的传递释放，使其周围的微环境中依次呈现出好氧、缺氧及厌氧状态，因此，对氮具有较好地去除效果。

竖向流潜流式湿地的水流方向和根系层呈垂直状态，其出水装置一般设在湿地底部。与水平流潜流式湿地相比，提高氧向污水及基质中的转移效率。其表层通常为渗透性能良好的砂层，间歇进水。污水被投配到砂石床上后，淹没整个表面，然后逐步垂直渗流到底部，由底部的排水管网予以收集。在下一次进水间隙，允许空气填充到床体的填料间，这样下一次投配的污水能够和空气有良好的接触条件，提高氧转移效率，以此来提高 BOD 去除和氨氮硝化的效果。

复合流潜流式湿地是其中的水流既有水平流，也有竖向流。在芦苇床基质层中污水同时以水平流和下向垂直流的流态流入底部的渗水管中。也有两级串联的复合流湿地系统，第一级为芦苇床湿地，以水平流和下向垂直流的组合流的流态流入第二级湿地，用以去除污水中大部分的污染物和污染负荷；第二级为灯心草床湿地，以水平流和上向垂直流的组合流态经溢流出水堰流入出水渠中。

27. 膜生物反应器（MBR）

膜生物反应器是将废水生物处理技术和膜分离技术相结合而形成的一种新型、高效的污水处理技术。膜生物反应器主要由膜组件和膜生物反应器两部分构成。大量的微生物（活性污泥）在生物反应器内与基质（废水中的可降解有机物等）充分接触，通过氧化分解作用进行新陈代谢以维持自身生长、繁殖，同时使有机污染物降解。膜组件通过机械筛分、截留等作用对废水和污泥混合液进行固液分离。大分子物质等被浓缩后返回生物反应器，从而避免了微生物的流失。生物处理系统和膜分离组件的有机组合，不仅提高了系统的出水水质和运行的稳定程度，还延长了难降解大分子物质在生物反应器中的水力停留时间，加强了系统对难降解物质的去除效果。

（1）膜生物反应器类型

根据膜组件和生物反应器的组合位置不同可笼统地将膜生物反应器分为一体式、分置式和复合式三大类。

1）一体式 MBR 反应器

一体式 MBR 反应器是将膜组件直接安置在生物反应器内部，有时又称为淹没式 MBR（SMBR），它依靠重力或水泵抽吸产生的负压作为出水动力。一体式 MBR 工艺流程，如图 5.2-118 所示。

一体式膜生物反应器利用曝气产生的气液向上剪切力实现膜面的错流效应，也有在膜组件附近进行叶轮搅拌或通过膜组件自身旋转来实现错流效应。一体式膜生物反应器可减少占地面积，用抽吸泵或真空泵抽吸出水，动力消耗费用低，不使用加压泵，可避免微生物菌体受到剪切而失活。但是，清洗麻烦，膜通量低于分置式。

2）分置式 MBR 反应器

分置式 MBR 反应器的膜组件和生物反应器分开设置，通过泵与管路将两者连接在一起，如图 5.2-119 所示。反应器中的混合液由泵加压后进入膜组件，在压力的作用下过滤

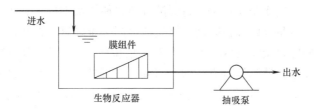

图 5.2-118 一体式 MBR 工艺流程

液成为系统的处理水，活性污泥、大分子等物质被膜截留，回流至生物反应器。分置式膜生物反应器的膜组件和生物反应器各自分开，独立运行，相互干扰较小，易于调节控制，易于清洗更换，膜通量较大，动力消耗较大，叶轮的高速旋转会使某些微生物菌体产生失活现象，结构稍复杂，占地面积也稍大。

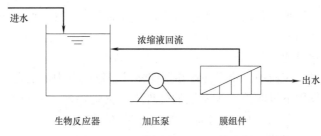

图 5.2-119 分置式 MBR 工艺流程

3）复合式 MBR 反应器

复合式 MBR 在形式上仍属于一体式 MBR，也是将膜组件置于生物反应器之中，通过重力或负压出水，所不同的是复合式 MBR 是在生物反应器中安装填料，形成复合式处理系统，其工艺流程如图 5.2-120 所示。

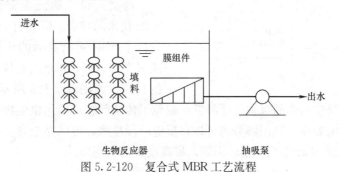

图 5.2-120 复合式 MBR 工艺流程

在复合式 MBR 中安装填料可提高处理系统的抗冲击负荷，降低反应器中悬浮性活性污泥浓度，减小膜污染的程度，保证较高的膜通量。

（2）膜生物反应器特点

MBR 反应器能够高效地进行固液分离，分离效果远好于各种沉淀池；出水水质好，出水中的悬浮物和浊度几乎为零，可以直接回用；将二级处理与深度处理合并为一个工艺；实现了污水的资源化。由于膜的高效截留作用，可以将微生物完全截留在反应器内；将反应器的水力停留时间和污泥龄完全分开，使运行控制更加灵活。反应器内微生物浓度高，耐冲击负荷。反应器在高容积负荷、低污泥负荷、长污泥龄的条件下运行，可以实现基本无剩余污泥排放。由于采用膜法进行固液分离，使污水中的大分子难降解成分在体积有限的生物反应器中有足够的停留时间，极大地提高了难降解有机物的降解效率。不必担心产生污泥膨胀的问题。由于污泥龄长，有利于增殖缓慢的硝化菌的截留、生长和繁殖，系统硝化作用得以加强。通过运行方式的适当调整亦可具有脱氮和除磷的功能。系统采用PLC 控制，可实现全程自动化控制。设备集中，占地面积小。存在膜污染、膜清洗、膜更换和能耗高的问题。

（3）膜生物反应器的工艺流程

为达到不同的处理目的，产生出很多处理工艺流程。

1）单池一体式 MBR 工艺

单池一体式膜生物反应器将膜组件直接置于生物反应器中，反应器相当于活性污泥系统的曝气池，以膜组件代替二沉池，利用真空泵或其他类型的泵进行抽吸，得到过滤液，成为系统的处理水。这种工艺流程简单，能耗少，占地小，适合于城市污水和含碳有机废水的处理。见图 5.2-118。

2）分置式 MBR 工艺

在分置式膜生物反应器中，膜组件设在反应器外，反应器中的混合液由泵加压后进入膜组件，在压力的作用下过滤液成为系统的处理水，活性污泥、大分子等物质被膜截留，回流到生物反应器，见图 5.2-119。分置式 MBR 采用的膜组件一般为平板式和管式。

3）MBR 两级脱氮工艺

采用两个生物反应器，其中一个为硝化池，另一个为反硝化池，见图 5.2-121。膜组件浸没于硝化池反应器中，两池之间通过泵输送混合液，硝化液可通过重力实现回流。反硝化反应器作为缺氧区，硝化反应器作为好氧区，实现硝化—反硝化生物脱氮的目的。

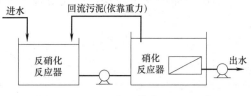

图 5.2-121 双池一体式 MBR 工艺

4）序批式 MBR 工艺

序批式膜生物反应器是 MBR 技术与 SBR 技术的结合，既具有 MBR 的优点，又发挥了 SBR 运行灵活的优势，通过好氧—厌氧交替运行，单池可实现生物脱氮和除磷的目的。如图 5.2-122 所示。序批式 MBR 工艺在进水阶段反应器内的氧被迅速降低，避免了传统前置反硝化膜生物反应器氧可以连续进入反硝化区的弊端。利用膜分离可以在反应阶段排水，可以完全省去沉淀和排水所需的时间，缩短传统 SBR 工艺的循环周期，提高设备的利用率。

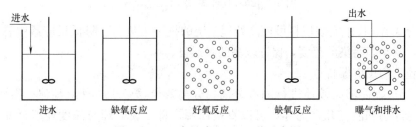

图 5.2-122 序批式 MBR 工艺示意图

（4）MBR 反应器中膜污染及防治

在 MBR 运行过程中，膜污染会造成膜渗透速率的下降，直接影响膜组件的效率和使用寿命，阻碍了其在实际中的广泛应用。

膜表面的浓差极化现象、污染物在膜表面和膜孔内的吸附沉积是膜污染堵塞的主要原因。可通过对料液进行有效处理、改善料液特性、选择合适的膜材料、膜结构、改善膜面流体力学条件、采用间歇操作等方式控制膜污染。

膜污染后可采用物理、化学方法进行清洗，如定期采用清水进行反冲洗，采用水和空气混合流体在低压下冲洗膜表面，用海绵球清洗内压管膜，用稀酸、稀碱、酯、表面活性剂、络合剂和氧化剂等化学清洗剂清洗，利用电场过滤、脉冲清洗、脉冲电解及电渗透反冲洗等方法。

5.3　城市污水处理工艺流程

现代污水处理技术，按处理程度划分，可分为一级、二级和三级处理

（1）一级处理

主要去除水中呈悬浮状态的固体污染物，物理处理方法大部分只能完成一级处理的要求。经过一级处理的污水，BOD 一般可去除 30％左右，达不到排放标准。一级处理属于二级处理的预处理。

（2）二级处理

主要去除污水中呈胶体和溶解状态的有机污染物，BOD 去除率可达 90％以上，使有机污染物达到排放标准。典型的城市污水二级生物处理流程如图 5.3-1 所示。

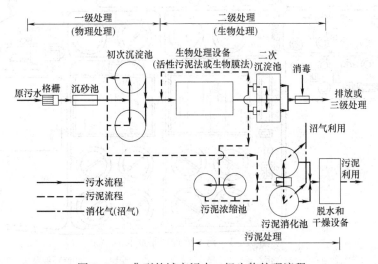

图 5.3-1　典型的城市污水二级生物处理流程

格栅主要去除大块漂浮物。沉砂池将水中的粗砂去除。初次沉淀池可去除部分悬浮物和有机物，可减轻后续生物处理的负担。生物处理构筑物主要去除有机物，在处理水量较大的污水处理厂，多采用活性污泥法。经活性污泥法处理后的水，流经二次沉淀池后，上部清液的有机物浓度已符合排放标准，可排入受纳水体。在二次沉淀池沉下来的活性污泥，部分回流到活性污泥法的曝气池前，剩余污泥和初沉污泥进入消化池进行厌氧消化。消化产生的沼气可以发电。消化的污泥脱水后可作为肥料利用，或被填埋，或被焚烧。

（3）三级处理

在一级、二级处理后，进一步处理难降解的有机物、磷和氮等能够导致水体富营养化的可溶性无机物等。主要方法有生物脱氮除磷法、混凝沉淀法、砂滤法、活性炭吸附法、离子交换法和电渗析法等。图 5.3-2 为城市污水三级处理流程。

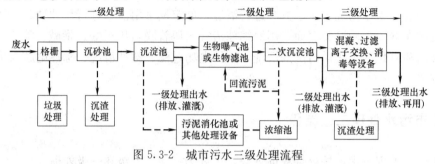

图 5.3-2 城市污水三级处理流程

5.4 污水处理厂设计

某城市污水处理厂平面布置见图 5.4-1，污水污泥处理工艺流程见图 5.4-2。

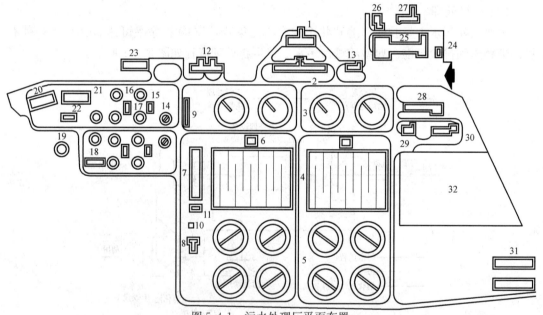

图 5.4-1 污水处理厂平面布置

1—污水泵站；2—沉砂池；3—初次沉淀池；4—曝气池；5—二次沉淀池；6—回流污泥泵房；7—鼓风机房；
8—加氯间；9—计量槽；10—深井泵房；11—循环水池；12—总变电站；13—仪表间；14—污泥浓缩池；
15—储泥池；16—消化池；17—控制室；18—沼气压缩机房；19—沼气罐；20—污泥脱水泵房；
21—沼气发电机房；22—变电所；23—锅炉房；24—传达室；25—办公化验楼；26—浴室锅炉房；
27—幼儿园；28—机修车间；29—汽车库；30—仓库；31—宿舍；32—试验场

5.4.1 污水处理厂选位

污水处理厂对周围环境卫生有很大影响，处理厂的位置对基建投资和运行管理也有影

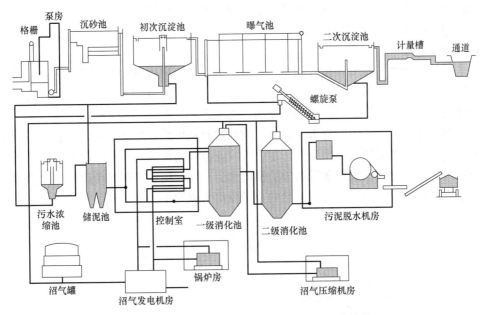

格栅　泵房　沉砂池　初次沉淀池　曝气池　二次沉淀池　计量槽　通道

螺旋泵

污水浓缩池　储泥池　控制室　一级消化池　二级消化池　污泥脱水机房

沼气罐　沼气发电机房　锅炉房　沼气压缩机房

图 5.4-2　城市污水处理厂污水污泥处理工艺流程

响，因此厂址的选择应进行详细调查和详尽的技术比较。厂址选择原则如下：

（1）厂址与规划居住区或公共建筑保持一定的卫生防护距离，以保证环境卫生的要求；

（2）厂址尽可能少占或不占农田，方便农田灌溉或消纳污泥；

（3）厂址设在受纳水体城市水源的下游；

（4）厂址尽可能设在城市夏季主导风向的下风向；

（5）厂址如果靠近水体，考虑不受洪水的威胁；

（6）充分利用地形，厂址设在有适当坡度的城市下游地区，地质条件好，地下水位较低地区，考虑交通运输或水电供应等条件；

（7）结合城市总体规划，考虑远景发展，留有扩建余地。

5.4.2　污水处理厂设计原则

（1）污水处理厂设计总原则

首先必须确保处理后污水符合水质要求；采用的各项设计参数必须可靠；应做到经济合理，节能；工艺流程先进、可靠；注意近远期结合；考虑安全运行的条件；注意环境保护、绿化和美观；便于于施工、维护和管理。

（2）处理单元构筑物的平面布置

各处理单元构筑物的平面布置应满足功能要求和水力要求，力求紧凑，结合地形和地质条件，减少土方量，构筑物间距为 5～10m，应满足特殊要求构筑物的间距。小型污水厂的构筑物间距一般为 1～2m。

（3）管、渠的平面布置

管、渠布置应紧凑，便于处理构筑物的连接，直通、便捷和利于维护。

（4）辅助建筑物的平面布置。

辅助建筑物的平面布置应满足功能要求和使用要求,厂区绿化率不少于 30%,适当布置车行道和人行道,车行道满足双向行要求。

(5) 污水处理厂高程布置

污水厂污水处理流程高程布置的主要任务是确定各处理构筑物和泵房的标高,确定处理构筑物之间连接管渠的尺寸及其标高,通过计算确定各部位的水面标高,从而能够使污水沿处理流程在处理构筑物之间通畅地流动,保证污水处理厂的正常运行。

高程布置原则为:考虑处理水在常年绝大多数时间里能重力流排入水体;尽量减少各处理构筑物和连接管渠的水头损失。考虑最大时流量、雨天流量和事故时流量的增加。并留有一定余地;考虑规模发展水量增加的预留水头;处理构筑物间避免跌水等浪费水头的现象;全程水头损失及原污水提升泵站的全扬程都力求缩小。

6 污水厂污泥处理系统

6.1 污泥的分类与性质

污泥是城市污水和工业废水处理过程中的产物。有的污泥是从废水中直接分离出来的，如沉砂池中的沉渣，初次沉淀池中的沉淀物，隔油池和气浮池中的油渣等；有的污泥是在处理过程中产生的，如酸性废水石灰中和产生的化学污泥，废水混凝处理产生的沉淀物，废水生物处理产生的剩余活性污泥或生物膜。污泥中常含有大量的有害有毒物质，如细菌、寄生虫卵、病原微生物、重金属离子及合成有机物等。这些物质需及时处理，以保证污水处理厂的处理效果，消除二次污染，保护环境。污泥中也含有有用物质，如有机物、植物营养素（氮、磷、钾）及水分等。因此，污泥处理还能够使有用物质能够得到综合利用，变害为利。

6.1.1 污泥的分类

（1）按含有的主要成分，污泥分为有机污泥和无机污泥。

有机污泥是以有机物为主要成分，典型的有机污泥是剩余生物污泥（活性污泥、生物膜和厌氧消化污泥等），也有油泥及废水中固体有机物沉淀形成的污泥等。有机污泥中有机物含量高，容易腐化发臭，污泥颗粒细小，往往呈絮凝体状态，相对密度小，持水性能强，含水率高，不易下沉、压密、脱水，有的污泥还含有病原微生物，但有机污泥流动性好，便于管道输送。

无机污泥亦称泥渣，是以无机物为主要成分，如无机废水处理过程的沉渣，混凝沉淀和化学沉淀物、电石渣、煤泥等。无机污泥相对密度大，固体颗粒大，易于沉淀、压密、脱水，颗粒持水性差，含水率低，污泥稳定性好，不腐化，但流动性差，不易用管道输送。

（2）按产生的来源，污泥可分为生污泥、熟污泥和化学污泥。

生污泥包括初次沉淀污泥，来自初次沉淀池；腐殖污泥，来自生物膜法的二次沉淀池；剩余活性污泥，来自活性污泥法的二次沉淀池。

熟污泥包括初次沉淀污泥、腐殖污泥、剩余活性污泥经消化处理后的污泥。

化学污泥是用化学法如中和、混凝等法处理废水所产生的污泥。

6.1.2 污泥性质指标

（1）含水率

污泥含水率即污泥中所含水分的重量与污泥总重量之比的百分数。污泥的含水率一般都很高，相对密度接近于1。废水污泥处理，应首先减少污泥的含水率，提高污泥固体浓度，减小污泥体积，为进一步处理和利用污泥提供方便。

（2）挥发性固体和灰分

挥发性固体能够近似地表示污泥中有机物含量，又称灼烧减量。灰分表示无机物含量，又称为灼烧残渣。

（3）污泥的可消化程度

污泥中的挥发性固体，有一部分是能被消化分解的，另一部分是不易或不能被消化分解的，如纤维素等。污泥的可消化程度表示污泥中挥发性固体被消化分解的百分数。

（4）湿污泥容重

湿污泥重量等于其中所含水分重量与干固体重量之和。湿污泥的容重等于湿污泥重量与同体积水重量的比值。

（5）污泥的肥分

污泥的肥分是指污泥中含有氮、磷、钾和植物生长所必需的其他微量元素。污泥中的有机腐殖质，是良好的土壤改良剂，可改善土壤的结构性能，提高保水能力和抗蚀性能。

（6）污泥的燃烧值

废水污泥尤其是剩余活性污泥、油泥等，含有大量可燃烧的成分，燃烧时具有一定热值。燃烧值可用每公斤干污泥燃烧时所能发出的热量表示（kJ/kg）。污泥燃烧值越高，越有利于焚化处理。

一般有机污泥的热值相当于（或稍差于）劣质煤，因此，采用高热值的污泥焚烧时，一般可不外加燃料。

6.2　污泥的处理与处置

污泥的处理与处置是废水处理过程中的重要环节。

污泥处理方案的选择，应根据污泥的性质与数量；投资情况与运行管理费用；环境保护要求及有关法律与法规；城市农业发展情况及当地气候条件等情况，综合考虑后选定。

污泥处理若以消化处理为主体，可采用生污泥→浓缩→消化→自然干化→最终处置；生污泥→浓缩→自然干化→堆肥→最终处置；生污泥→浓缩→消化→最终处置三种方案。消化过程产生的生物能即沼气，可作为能源利用，如用作燃料或发电。

污泥处理若以堆肥、农用为主，可采用生污泥→浓缩→消化→机械脱水→最终处置；生污泥→湿污泥池→最终处置两种方案。当污泥符合农用肥料条件及附近有农、林、牧或蔬菜基地时可考虑采用。

污泥处理若以干燥焚烧为主，可采用生污泥→浓缩→机械脱水→干燥焚烧→最终处置。当污泥不适于进行消化处理或不符合农用条件，或受污水处理厂用地面积的限制等地区可考虑采用。焚烧产生的热能，可作为能源。

6.2.1　污泥的处理方法

污泥的处理方法有污泥浓缩、污泥消化、污泥脱水（干化）、污泥干燥、污泥焚烧等。

（1）污泥浓缩

污泥浓缩是指污泥增稠，降低污泥的含水率，缩小污泥的体积。经浓缩后的污泥仍然保持流体的特性。废水处理构筑物中产生的污泥，其含水率很高，一般为 96%～99.8%，其体积很大，对污泥的处理、利用及运输都造成困难，必须先进行浓缩。当污泥的含水率由 99%降到 96%时，其体积可缩小到原来体积的 1/4。对于污泥消化来说，可以减少消化池的容积和加温污泥所需的热量；对于进行机械脱水来说，则可以减少混凝剂投加量与脱水设备的数量。

污泥浓缩的方法主要有重力浓缩法、气浮浓缩法和离心浓缩法。

1）重力浓缩法

重力浓缩是一种重力沉降过程，依靠污泥中的固体物质的重力作用进行沉降与压密。重力浓缩是在浓缩池内进行的，它的操作与一般沉淀池相似。根据运行情况，污泥浓缩池分为间歇式和连续式两种。

间歇式污泥浓缩池是一种圆形水池，底部有污泥斗。工作时，先将污泥充满全池，经静置沉降，浓缩压密，池内将分为上清液、沉降区和污泥层，定期从侧面分层排出上清液，浓缩后的污泥从底部泥斗排出。图 6.2-1 为间歇式污泥浓缩池。间歇式浓缩池主要用于污泥量小的处理系统。浓缩池一般不少于两个，一个工作，另一个进入污泥，两池交替使用。

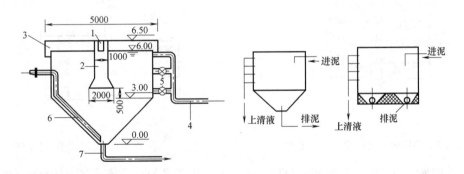

图 6.2-1　间歇式污泥浓缩池

1—污泥入流槽；2—中心管；3—出水堰；4—上清液排出管；5—闸门；6—吸泥管；7—排泥管

连续式浓缩池与沉淀池构造相类似。分为竖流式和辐流式两种。图 6.2-2 所示为带刮泥机与搅动装置的连续式重力浓缩池。

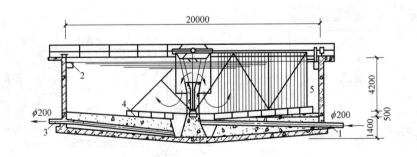

图 6.2-2　带刮泥机与搅动装置的连续式重力浓缩池

1—中心进泥管；2—上清液溢流堰；3—排泥管；4—刮泥机；5—搅动栅

刮泥机附设的竖向栅条,随刮泥机一起转动,起搅动作用,可促进污泥的浓缩过程。

无机沉渣经过浓缩后,固体物浓度可达25%～50%。图6.2-3所示为多层辐射式连续重力浓缩池,适用于土地紧缺的地区。

2)气浮浓缩法

气浮浓缩是采用压力溶气气浮方法,通过压力溶气罐溶入过量空气,然后突然减压释放出大量的微小气泡,并附着在污泥颗粒周围,使其相对密度减小而强制上浮,从污泥表层获得浓缩。气浮法适用于相对密度接近于1的活性污泥的浓缩,如活性污泥、生物过滤法污泥。

气浮浓缩工艺流程如图6.2-4所示,与废水的气浮处理基本相同。流程中主要装置是气浮浓缩池,池内装有在水面排出浓缩污泥的机械。进行气浮时,由循环泵抽出循环液流,在5～7MPa压力下向循环液流充气,充气的循环液流与污泥流混合进入气浮池,污泥粒子浮于水面形成浓缩污泥层,表面浓缩污泥层用机械排出。

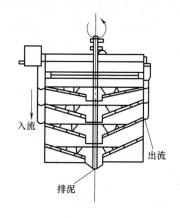

图6.2-3 多层辐射式连续重力浓缩池

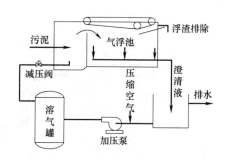

图6.2-4 气浮浓缩工艺流程

气浮浓缩池有多种结构形式,目前,生产上采用较多的有平流式气浮浓缩池和竖流式气浮浓缩池,如图6.2-5所示。平流式气浮浓缩池的废水从池下部进入气浮接触区,然后经格板进入气浮分离区进行分离后,从池底集水管排出。浮在水面上的浮渣用刮渣板刮入集渣槽后排出。竖流式气浮浓缩池的废水从中心管进入气浮池,从池底集水管排出。水面上的浮渣用刮渣板收集排出。

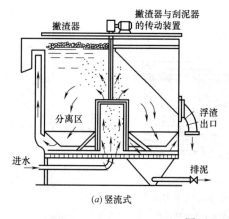

(a)竖流式

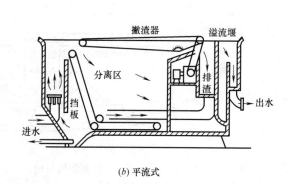

(b)平流式

图6.2-5 气浮浓缩池工艺图

3）离心浓缩法

离心浓缩法是利用污泥中的固体（污泥）与其中的液体（水）之间的密度有很大的不同，因此在高速旋转的离心机中具有不同的离心力，从而可以使二者分离。一般离心浓缩机可以连续工作，污泥在离心浓缩机中的水力停留时间仅为 3min，出泥的含水率可以达到 96% 以下。

（2）污泥的厌氧消化

污泥和酿造厂废水、屠宰厂废水、食品发酵工业等高浓度有机废水中有机物含量相当高，一般采用厌氧消化法，即在无氧条件下，利用兼性菌及专性厌氧细菌降解有机污染物，分解的主要产物是以甲烷为主（即沼气）。污泥厌氧消化过程主要在消化池中完成。

污泥厌氧消化是一个非常复杂的过程，目前较为公认的厌氧消化机理的理论模式是三阶段厌氧消化理论，其模式见图 6.2-6。

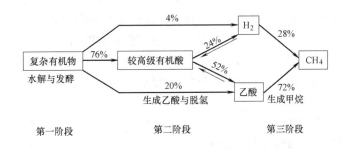

图 6.2-6　有机物厌氧消化模式

第一阶段为水解酸化阶段，即在水解与发酵细菌作用下，使碳水化合物，蛋白质与脂肪水解与发酵转化成单糖、氨基酸、脂肪酸、甘油及二氧化碳、氢等。水解与发酵细菌包括细菌、真菌和原生动物，大多数为专性厌氧菌，也有不少兼性厌氧菌。第二阶段为产氢产乙酸阶段，即在产氢产乙酸菌的作用下，把第一阶段的产物转化成氢、二氧化碳和乙酸。参与反应的微生物是产氢产乙酸菌以及同型乙酸菌，其中有专性厌氧菌和兼性厌氧菌。第三阶段为产甲烷阶段，即通过两组生理上不同的产甲烷菌的作用产生甲烷，一组把氢和二氧化碳转化成甲烷，另一组乙酸产生甲烷。参与反应菌种是甲烷菌或称为产甲烷菌。常见的甲烷菌有甲烷杆菌、甲烷球菌、甲烷八叠球菌、甲烷螺旋菌四类。

甲烷菌是绝对厌氧细菌，适宜的 pH 值范围是 6.8～7.8，最佳 pH 值为 6.8～7.2。甲烷细菌可分为中温（30～35℃）及高温（50～60℃）两类，在消化过程中，甲烷细菌要求保持温度恒定。甲烷细菌的世代都较长，一般约为 4～6d 繁殖一代，为了缩短消化时间，采取每日定量地将新鲜污泥投配到消化池内的熟污泥中，进行混合消化，这样既能使甲烷细菌迅速接种，又能利用消化液的缓冲能力，可以保证消化池处于碱性消化阶段，使甲烷细菌在最佳的条件下，发挥其分解功能。新鲜污泥投入消化池后，应该及时加以搅拌，使新、熟污泥充分接触，整个消化池内的温度、底物、甲烷细菌均匀分布，打碎消化池液面上的浮渣层，加速污泥气的释放。一般碳氮比为（10～20）：1 时，消化效果较好。重金属离子和某些阴离子等有毒物质的浓度低于毒阈浓度下限，对甲烷细菌生长有促进作用；在毒阈浓度范围内，有中等抑制作用，如果浓度是逐渐增加，甲烷细菌可被驯化，超过毒阈浓度上限，对甲烷细菌有强烈的抑制作用。甲烷细菌的专一性很强，每种甲烷细菌只能代谢特定的底物，有机物分解往往不完全。甲烷细菌都能氧化分子状态的氢，并利用 CO_2 作为电子接受体。

碱性消化阶段控制着厌氧消化的整个过程，消化池中的碱度要求保持在 2000mg/L 以上，最高为 3000mg/L。厌氧消化产生的气体中，甲烷约占 50%～75%，二氧化碳约占 20%～30%，其余是氨、氢、硫化氢等气体，是一种很好的燃料，发热量一般为 21～25MJ/m³。消化后污泥体积一般可减少 60%～70%，重量可减少 40% 左右。消化污泥可进一步干化或直接用作肥料。消化时间长，处理构筑物容积大，并且必须密闭与空气隔绝并控制消化温度。

1) 消化池的构造

消化池由集气罩、池盖、池体与下锥体等四部分所组成，并附有进泥管、排泥管、污泥气管（沼气管），上清液（泥水）排放管及搅拌与加温设备等。新鲜污泥用污泥泵，经进泥管、水射器进入消化池，同时起搅拌作用。根据运行的需要或搅拌方法的不同，也可通过中位管进泥。排泥管用于排放熟污泥或作为搅拌污泥的吸泥管。这些管子的直径一般是 150～200mm。由于施工方法不同而有许多种污泥加热和搅拌设备。

消化池的基本池形有圆柱形和蛋形两种，见图 6.2-7。

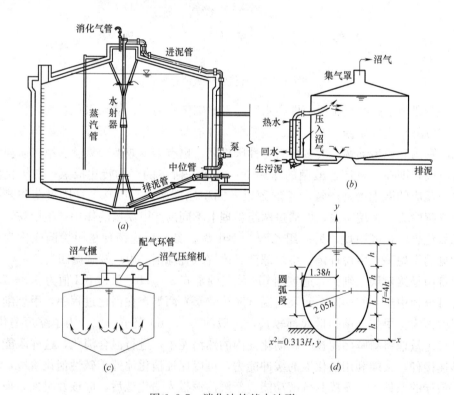

图 6.2-7　消化池的基本池形

消化池还可以分为固定盖式和浮动盖式两种，如图 6.2-8 和图 6.2-9 所示。固定盖式也称定容式，即消化池的容积是一定的。固定盖式消化池由于构造简单，造价低，运行管理比较简便，因此，得到非常广泛地应用。浮动盖式也称动容式，即消化池的容积是可变的，这种消化池的池盖用钢板焊制，可随着消化池内沼气压力的增减或污泥面的升降而升降，运行较安全，但其构造复杂，造价高，运行管理麻烦，尚未得到普遍应用。

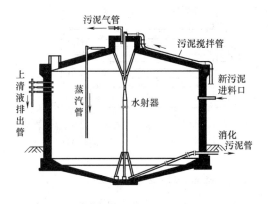

图 6.2-8　固定盖消化池

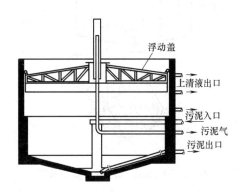

图 6.2-9　浮动盖消化池

2）消化池运行方式

① 投配、排泥与溢流系统

生污泥（包括初沉污泥、腐殖污泥及经浓缩的剩余活性污泥），需先排入消化池的污泥投配池，然后用污泥泵抽送至消化池。污泥投配池一般为矩形、至少设两个，池容根据生污泥量及投配方式确定，常用 12h 的贮泥量设计。投配池应加盖、设排气管及溢流管。如果采用消化池外加热生污泥的方式，则投配池可兼作污泥加热池。

消化池的排泥管设在池底，依靠消化池内的静水压力将熟污泥排至污泥的后续处理装置。

消化池的投配过量、排泥不及时或沼气产量与用气量不平衡等情况发生时，沼气室内的沼气受压缩，气压增加甚至可能压破池顶盖。因此消化池必须设置溢流装置，及时溢流，以保持沼气室压力恒定。溢流装置必须绝对避免集气罩与大气相通。溢流装置常用形式有倒虹管式、大气压式及水封式等 3 种。

② 污泥加热

污泥加热方法有池内蒸汽直接加热和池外预热两种。

池内蒸汽直接加热法是利用插在消化池内的蒸汽竖管直接向消化池内送入蒸汽，加热污泥。这种加热方法比较简单，热效率高。但竖管周围的污泥易被过热，影响甲烷细菌的正常活动，消化污泥的含水率稍有提高。

池外预热法，是把新鲜污泥预先加热后，投配到消化池中。池外预热法可分为投配池内预热与热交换器预热两种。投配池内预热法，即在投配池内，用蒸汽把新鲜污泥预热到所需温度后，一次投入消化池。图 6.2-10 为投配池内预热法示意图。

热交换器预热法，在消化池外，用热交换器将新鲜污泥预热后，送入消化池。热交换器一般采用套管式，以热水为热媒。套管式热交换器如图 6.2-11 所示。新鲜污泥从内管通过，热水从套管通过。热交换的形式有逆流和顺流交换两种。

③ 消化池的搅拌

搅拌的方法一般有泵加水射器搅拌法，消化气循环搅拌法和螺旋桨搅拌法等。

泵加水射器搅拌法的装置由污泥泵和水射器（也称射流泵）组成。水射器如图 6.2-12

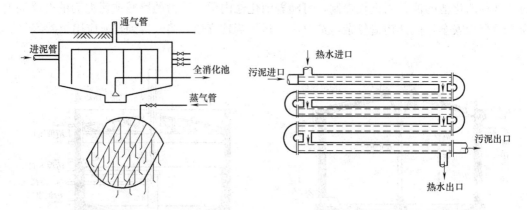

图 6.2-10 投配池内预热法示意图　　　　图 6.2-11 套管式热交换器

所示。由喷嘴、吸入室（混合室）、喉管、扩散管组成。通过污泥泵的抽送，污泥以高速
从喷嘴射出，使水射器的吸入室形成负压，将消化池内的熟污泥吸入，
与污泥混合，在经过一段时间的运行后，即可达到消化池内污泥搅拌的
目的。

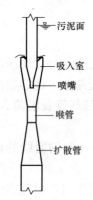

　　　螺旋桨搅拌法，即在消化池顶盖上安装电机、带动池内的螺旋桨转
动，形成负压，通过导流筒将污泥抽升上来，又从导流筒上端溢出，如
此反复循环。达到搅拌混合目的。穿过池盖的轴设有气密装置，防止空
气进入消化池内。螺旋桨搅拌装置如图 6.2-13 所示。

　　　沼气循环搅拌法，即利用消化池产生的沼气，用空压机压回消化池
中，进行气体搅拌。搅拌系统由沼气管、贮气柜、空压机、稳压罐、竖
管、堵头及消化池组成，如图 6.2-14 所示。沼气通过插入消化池的竖
管进入消化池。

图 6.2-12 水射器

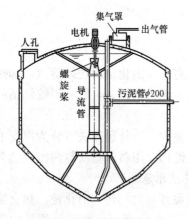

图 6.2-13 螺旋桨搅拌装置

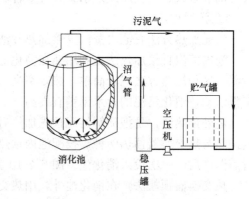

图 6.2-14 污泥气循环搅拌

　　④ 沼气的贮存
　　由于产气量和用气量经常不平衡，因此，一般都设置贮气柜，用来调节沼气量。贮气
柜有低压浮盖式和高压球形罐两种。如图 6.2-15，图 6.2-16 所示。

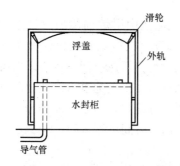

图 6.2-15 低压浮盖式湿式贮气罐

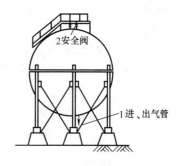

图 6.2-16 高压球形罐贮气柜

3）污泥厌氧消化工艺

污泥厌氧消化工艺主要有一级消化、两级消化、两相厌氧消化和厌氧接触消化等。

一级污泥消化工艺是在单级（单个）消化池内进行搅拌和加热，完成消化过程。一级污泥消化较完整的工艺流程如图 6.2-17 所示。污泥加热采用新鲜污泥在投配池内预热和消化池内蒸汽直接加热相结合的方法，其中以池外预热为主；消化池搅拌采用沼气循环搅拌方式；消化池产生的沼气供锅炉燃烧，锅炉产生蒸汽除供消化池加热外，并入车间热网供生活用汽。

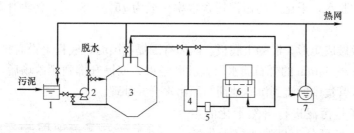

图 6.2-17 一级污泥消化较完整的工艺流程图
1—投配污泥池；2—污泥泵；3—消化池；4—稳压罐；
5—沼气压缩机；6—贮气柜；7—锅炉

污泥先在第一消化池中消化到一定程度后，再转入第二消化池，利用余热进一步分解有机物。这种运行方式叫做二级消化。

二级消化过程中，污泥的消化在两个池子中完成，其中第一级消化池有集气罩，加热、搅拌设备，不排除上清液，与前述的固定盖式消化池完全相同。所不同的是消化时间短，约为 7～10d。第一级消化池排出的污泥进入第二级消化池。第二消化池不加热、不搅拌，仅利用余热继续进行消化，消化温度约 20～26℃，二级消化还可以起到污泥浓缩作用。第二消化池有敞开式和密闭式两种。密闭式的可回收沼气约 2～3m³/m³ 污泥。二级消化池的总容积大致等于一级消化池的容积，两级各占 1/2。所需加热的热量及搅拌设备、电耗都较省。

两相厌氧消化是根据消化机理进行设计。目的是使各相消化池具有更适合于消化过程三个阶段各自的菌种群生长繁殖的环境。两相消化法把水解与发酵阶段、产氢产乙酸阶段和产甲烷阶段分别在两个消化池中进行，使各自都有最佳环境条件。两相消化具有池容积小，加温与搅拌能耗少，运行管理方便，消化更彻底。

厌氧接触消化，即采用回流熟污泥的方法，增加消化池中甲烷细菌的数量与停留时间，相对降低挥发物与细菌数的比值，从而加快分解速度。厌氧接触消化池如图 6.2-18 所示。厌氧接触消化系统中设有污泥均衡池，真空脱气器与熟污泥的回流设备。新鲜污泥经均衡池后连续投配到消化池。消化污泥连续地从池底排出经脱气池进入沉淀池。沉淀池的上清液不断排除，沉淀污泥用泵连续地回流到消化池进行搅拌，多余污泥排掉。由于消化池中甲烷细菌数量增多，加速了有机物的分解速度，消化时间可缩短到 12～24h。

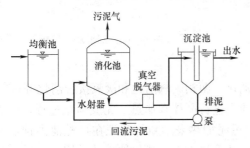

图 6.2-18 厌氧接触消化池

（3）污泥脱水、干化

污泥经浓缩或消化后，含水率约 95%～97%，体积很大，可用管道输送，为了综合利用和进一步处置，须对污泥进行脱水处理。经脱水后的污泥，其含水率将小于 85%，从而失去流体特性，形成泥饼。污泥脱水方法有自然干化和机械脱水两种。

1）污泥的自然干化

自然干化可分为晒砂场与干化场两种。晒砂场用于沉砂池沉渣的脱水，干化场用于初次沉淀污泥、腐殖污泥、消化污泥、化学污泥及混合污泥的脱水，干化后的污泥饼含水率一般为 75%～80%，污泥体积可缩小到 1/10～1/2。

晒砂场一般做成矩形，混凝土底板，四周有围堤或围墙。底板上设有排水管及一层厚 800mm，粒径 50～60mm 的砾石滤水层。沉砂经重力或提升排到晒砂场后，很容易晒干。渗出的水由排水管集中回流到沉砂池前与原污水合并处理。

污泥干化场是污泥进行自然干化的主要构筑物。干化场可分为自然滤层干化场与人工滤层干化场两种。前者适用于自然土质渗透性能好，地下水位低的地区。人工滤层干化场的滤层是人工铺设的。又可分为敞开式干化场与有盖式干化场两种。

人工滤层干化场的构造如图 6.2-19 所示。它是由不透水底层、排水系统、滤水层、输泥管、隔墙及围堤等部分组成。如果是有盖式的，还有支柱和顶盖。不透水底板由 200～400mm 厚的黏土或 150～300mm 厚三七灰土夯实而成，也可用 100～150mm 厚的素混凝土铺成。底板具有 0.01～0.03 的坡度坡向排水系统。排水管道系统用 100～150mm 陶土管或盲沟做成，管口接头处不密封，以便进水。管中心距 4～8m，坡度 0.002～0.003，排水管起点

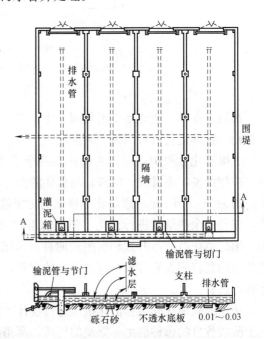

图 6.2-19 人工滤层干化场

覆土深（至砂层顶面）为 0.6m 左右。滤水层下层用粗矿渣或砾石，厚 200～300mm，上层用细矿渣或砂，厚 200～300mm。隔墙与围堤，把整个干化场分隔成若干分块，轮流使用，以便提高干化场的利用率。

2）机械脱水

① 机械脱水前的预处理

机械脱水前预处理的目的是改善污泥脱水性能，提高脱水设备的生产能力。方法包括化学调理法、淘洗法、热处理法及冷冻法等。

化学调理法是在污泥中加入混凝剂，助凝剂等化学药剂，使污泥颗粒絮凝，比阻降低，改善脱水性能。常用的混凝剂有无机混凝剂及其高分子聚合电解质，有机高分子聚合电解质和微生物混凝剂等。

淘洗调节法仅适用于消化污泥。淘洗法分为单级、两级或多级及逆流淘洗法等，见图 6.2-20。

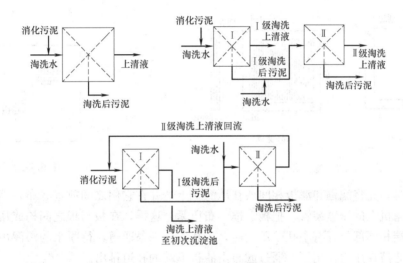

图 6.2-20　污泥的淘洗流程

两级或多级淘洗法用两个或多个淘洗池，污泥先在Ⅰ池中淘洗后，再抽送到Ⅱ池中淘洗，每次都用新鲜水淘洗。逆流淘洗法是在两个池中进行，污泥先在Ⅰ池中用Ⅱ池回流的上清液淘洗后，再抽送到Ⅱ池用新鲜水淘洗。淘洗后的水再回流到初次沉淀池处理。热处理法和冷冻法，由于成本高、设备复杂，国内尚无应用实例。

② 机械脱水的基本原理

污泥机械脱水方法有真空吸滤法、压滤法和离心法等，其基本原理是相同的。污泥机械脱水是以过滤介质（多孔性物质）两面的压力差作为推动力，使污泥中的水分强制通过过滤介质（称滤液），固体颗粒被截留在介质上（称滤饼），从而达到脱水的目的。造成压力差推动力的方法有四种，依靠污泥本身厚度的静压力（如污泥自然干化场的渗透脱水），在过滤介质的一面造成负压（如真空吸滤脱水），加压污泥把水分压过过滤介质（如压滤脱水），造成离心力（如离心脱水）。

③ 机械脱水方法

机械脱水方法有真空过滤脱水、压滤脱水、滚压脱水、微孔挤压脱水、离心脱水等

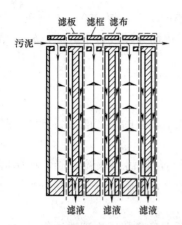

图 6.2-21 滤框、滤板和滤布
组合后的工作状况

方法。

真空过滤脱水目前应用较少，使用的机械称为真空过滤机，可用于经预处理后的初次沉淀池、化学污泥及消化污泥等的脱水。

压滤脱水使用的机械叫板框压滤机。它的构造简单，过滤推动力大，但操作比较麻烦，不能连续运行，产率较低。滤框、滤板和滤布组合后的工作状况如图 6.2-21所示，由滤板和滤框相间排列而成，见图 6.1-22。在滤板的两面覆有滤布，见图 6.2-23。滤框是接纳污泥的部件。滤板的两侧面上凸条与凹槽相间，凸条承托滤布，凹槽接纳滤液。凹槽与水平方向的底槽相连，把滤液引向出口。滤布目前多采用合成纤维织布，有多种规格。

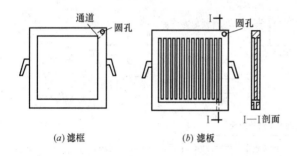

图 6.2-22 滤板和滤框

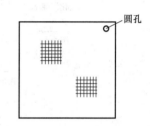

图 6.2-23 滤布

在过滤时，先将滤框和滤板相间放在压滤机上，并在它们之间放置滤布，然后开动电机，通过压滤机上的压紧装置，把板、框、布压紧，这样，在板与板之间构成压滤室。在板与框的上端相同部位开有小孔。压紧后，各孔连成一条通道，待脱水的污泥由该通道进入压滤室。滤液在压力作用下，通过滤布由滤板下端的孔道排出。

板框压滤机整套设备布置如图 6.2-24 所示。在过滤时，先开动压紧装置将板、框、布压紧，使滤布和框、板的接触面不漏泥。接着用污泥泵把污泥输入气压馈泥罐，同时开启罐上的出泥阀，使污泥流进压滤机内。待气压馈泥罐中的泥面达到一定高度后，停止输泥，随即渐渐开启罐上的压缩空气阀，让压缩空气流入罐内，使泥面上的气压缓缓提升（减轻污泥的固体颗粒渗入织物纤维）到0.5～1.5MPa，并维持 1～30h（通常为 2h左右），泥液在压力下渗过滤布，与污泥分离，滤框中的污泥这时成为固态的泥饼。过滤结束后，关闭罐上的压缩空气阀和出泥阀，同时开启通向压滤机的压缩空气阀，使泥饼吹风 5～l0min，进一步脱水。最后，放松压滤机的压紧部件，拆开滤板和滤框，泥饼即从滤布上落下，残留在滤布上的污泥，用铲刀铲除。压滤机就这样周而复始

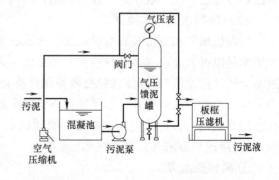

图 6.2-24 板框压滤机整套设备布置

地工作，滤布在使用一个时期后取下清洗一次。

用于污泥滚压脱水的设备是带式压滤机。其主要特点是把压力施加在滤布上，用滤布的压力和张力使污泥脱水，而不需要真空或加压设备，动力消耗少，可以连续生产。这种脱水方法，目前应用广泛。带式压滤机基本构造见图6.2-25。

带式压滤机由许多不同规格的轴排列起来，相邻轴之间有滤布穿过而组成的。此外还有污泥混合筒、驱动装置、滤带张紧装置、滤带调偏装置、滤带冲洗装置、滤饼剥离及排水设备等。进行污泥脱水时，首先将投加混凝剂的污泥送入污泥混合筒。进行充分地混合反应，促其絮凝，然后流入上滤带的重力脱水段，依靠重力脱掉污泥中的游离水，使污泥失去流动性，便于后面的挤压。加长重力脱水段长度，可以提高重力脱水效率，所以，污泥经上滤带的重力脱水后，经翻转机构将污泥落入下滤带的重力脱水段继续重力脱水，然后，上、下滤带合并，将污泥夹在中间进入压榨脱水段，施加压力进行脱水。污泥水穿过滤带进入排水系统流走。最后，上、下滤带分开，滤饼经刮刀剥离落下，沾在滤带上的污泥经冲洗滤带后随滤液排走，滤带冲洗干净后又转入下一个循环，带式压滤机就这样周而复始地进行工作。

滚压的方式有两种，一种是滚压轴上下相对，压榨的时间几乎是瞬时，但压力大，见图6.2-25（a）；另一种是滚压轴上下错开，见图6.2-25（b），依靠滚压轴施于滤布的张力压榨污泥，压榨的压力受张力限制，压力较小，压榨时间较长，但在滚压的过程中对污泥有一种剪切力的作用，可促进泥饼的脱水。

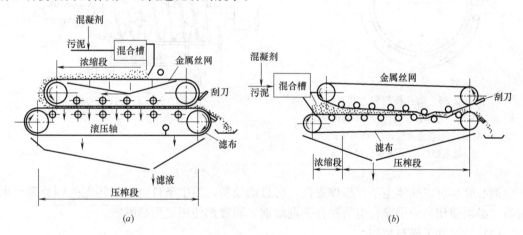

图6.2-25 带式压滤机
（a）滚压轴上下相对；（b）滚压轴上下错开

用于微孔挤压脱水的设备是微孔挤压脱水机，其形如转鼓真空过滤机，但无真空设备，微孔挤压脱水机如图6.2-26所示。它由滤布、转鼓、剥离带、刮刀、压液辊及洗涤装置等组成。

所用的滤布是用聚乙烯（PVA）为主要原料制成的特种海绵，具有强烈的吸水性能。当滤布与污泥槽内的污泥接触时，污泥中的水分便被滤布吸收，污泥则浓集在滤布的表面。随着转鼓和剥离带的旋转，浓集的污泥在转鼓与剥离带之间被挤压（压力可以调整），含水率进一步降低。同时，由于滤布与剥离带之间的附着力差，滤饼便被转沾到剥离带上，再由刮刀刮除。为了防止孔眼堵塞，滤布用洗涤水冲洗，再由压液辊榨出其中吸附着的水分，因此可连续地运转。

如果温度低，滤布将硬化，可浇上 50℃ 以下的热水柔软之。孔眼堵塞时，可用 3%～4% 的草酸溶液洗涤再生。

用于污泥离心脱水的设备是离心机。按分离因数，离心机可分为高速离心机（分离因数 α 为 3000）、中速离心机（分离因数 α 为 1500～3000）、低速离心机（分离因数 α 为 1000～1500）。按离心机的几何形状，有转筒式离心机（包括圆锥形、圆筒形、锥筒形三种）、盘式离心机、板式离心机等。在污泥脱水中，常用的是中、低速转筒式离心机。

转筒式离心机的构造如图 6.2-27 所示。它主要由转筒、螺旋输送器及空心轴所组成。螺旋输送器与转筒由驱动装置传动，向同一个方向转动，但两者之间有一个小的速差，依靠这个速差的作用，使输送器能够缓缓地输送浓缩的泥饼。污泥由空心轴送入转筒后，在高速旋转产生的离心力作用下，相对密度较大的污泥颗粒浓集于转筒的内壁，相对密度较小的液体汇集在浓集污泥的面层，形成一个液相层，进行固液分离。分离液从筒体的末端流出，浓集的污泥在螺旋输送器的缓慢推动下，刮向锥体的末端排出，并在刮向出口的过程中，继续进行固—液分离和压实固体。

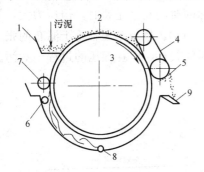

图 6.2-26 微孔挤压脱水机

1—污泥槽；2—滤布；3—转鼓；4—剥离带；

5—刮板；6—洗涤水管；7—压液辊；

8—滤液出口；9—滤饼出口

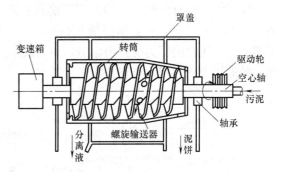

图 6.2-27 转筒式离心机

离心脱水可以连续生产，操作方便，可自动控制，卫生条件好，但污泥的预处理要求较高，必须使用高分子聚合电解质作为混凝剂，通常都使用聚丙烯酰胺。

（4）污泥的干燥与焚烧

污泥经浓缩和脱水之后，含水率约在 60%～80%，可经过热干燥进一步脱水，使含水率降至 20% 左右。有机污泥可以焚烧，一方面去除水分，同时还可以氧化污泥中的有机物。经焚烧后，污泥变成稳定的灰渣，可用作筑路材料或其他建材填充料等。

污泥干燥是一个单独的污泥处理方法，它可以大大减少污泥的体积，使污泥便于运输和综合利用。它也是焚烧的预处理措施。一些污泥焚烧装置专门设有污泥干燥段，污泥先干燥到一定的含水率（一般为 10%～30%）后，才能很好地燃烧，否则湿污泥将在焚烧炉内结块，泥块内有机物的温度低，不能达到充分燃烧，从而产生大气污染。由于热力干燥的费用较大，所以工业废水污泥一般不进行单独的干燥处理，而是把它们作为回收污泥中有效成分的一个工艺过程。

焚烧是目前最终处置含有毒物质有机污泥比较好的方法。因为这些污泥不能用作肥料，同时本身又不稳定，具有较高的热值。在焚烧过程中不需投加过多的燃料，甚至经常是点火之前辅之以燃料，点火后污泥自动燃烧。

污泥焚烧时，水分蒸发消耗大量能量，为了减少能量消耗，应尽可能在焚烧前减少污泥的含水率。一般的焚烧装置同污泥的干化是合为一体的。焚烧过程可分为四个阶段，首先将污泥加热到 80～100℃，使除内部结合水之外的全部水分蒸发掉；继续升温至 180℃，进一步蒸发内部结合水；加热到 300～400℃，干化的污泥发生分解，析出可燃气体，开始燃烧；加热到 1000～1200℃，可燃固体成分完全燃烧。

污泥焚烧炉的形式有多种，在国内主要是回转炉、立式炉、立式多段炉及流化床炉等。

① 回转焚烧炉

回转焚烧炉又称转窑，是一个大圆柱筒形，外围有钢箍、钢箍落在传动轮轴上，由转动轮轴带动炉体旋转。回转炉可分为逆流回转炉和顺流回转炉两种炉型。在污泥焚烧中，常用逆流回转炉，如图 6.2-28 所示。炉体内壁衬以重型硬面耐火砖并设有径向炒板，促使污泥翻动。炉体的进料端比出料端略高，炉身具有一个倾斜度，炉料可以沿炉体长度方向移动。回转炉的前段约 1/3 炉长长度为干燥带；后段约 2/3 炉长长度为燃烧带。

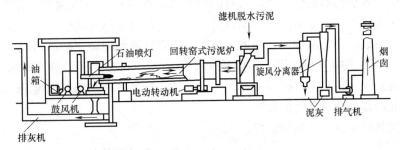

图 6.2-28　回转窑式污泥系统的流程和设备

回转炉投入运转之前，先用石油气或燃料油燃烧预热炉膛，然后投入脱水后的污泥饼。污泥从炉体高端进入，从低端排出，燃料油从低端喷入，所以低端始终具有最高温度，而高端温度较低。随着炉体转动，污泥从高端缓缓向低端移动。首先在干燥带内，污泥进行预热干燥，达到临界含水率 10%～30% 后，污泥的温度和热气体的湿球温度一样约160℃，进行恒速蒸发，然后温度开始上升，达到着火点，在燃烧带内经干馏后的污泥着火燃烧，污泥颗粒径约 3～10mm 时，其燃烧受内部扩散控制，所以气体与颗粒的相对速度越大或灰尘越薄，燃烧速度越快。燃烧带的温度可达 700～900℃。

回转炉也可以用作干燥污泥用，此时炉内温度一般为 300℃，所产生的臭气通过炉内脱臭装置进行处理或在脱臭装置内高温燃烧。回转炉干燥污泥时，污泥与热风是并流的。热风从 700℃ 降到 120℃，然后用排风机排走。图 6.2-29 为回转圆筒式干燥器流程。

回转炉对污泥数量及性状变化适应性强，炉子结构简单，炉内具有耐火材料，驱动装置在炉外；温度容易控制，可以进行稳定焚烧；污泥与燃气逆流移动，能够充分利用燃烧废气显热。

② 立式焚烧炉

立式焚烧炉具有固定的炉膛，构造简单，像立式锅炉的炉膛一样，但无热能回收。外壳为钢板焊制，内衬有耐火材料，可以连续生产，也可以间断生产，其构造如图 6.2-30

所示。这种焚烧炉适用于石油化工厂等既富有余热，又能够利用除油池和浮选池的油渣作为辅助燃料的工厂。

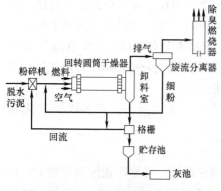

图 6.2-29 回转圆筒式干燥器流程

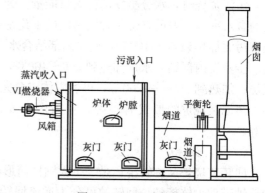

图 6.2-30 立式焚烧炉

③ 立式多段焚烧炉

立式多段焚烧炉见图 6.2-31。立式多段焚烧炉是一个内衬耐火材料的钢制圆筒，一般分成 6～12 层。各层都有旋转齿耙，所有的耙都固定在一根空心转轴上，转数为 1r/min。空气由轴的中心鼓入，一方面使轴冷却，另一方面把空气预热到燃烧所需的温度。齿耙用耐高温的铬钢制成，泥饼从炉的顶部进入炉内，依靠齿耙的耙动，翻动污泥，并使污泥自上逐层下落。顶部二层为干燥层、温度约 480～680℃，可使污泥含水率降至 40% 以下。中部几层为焚烧层，温度达 760～980℃。下部几层为缓慢冷却层，温度为 260～350℃，这几层主要起冷却并预热空气的作用。

这种炉型热效率高，污泥搅动好。

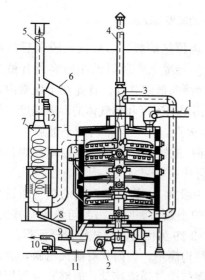

图 6.2-31 立式多段焚烧炉

1—泥饼；2—冷却空气鼓风机；3—浮动风门；
4—废冷却气；5—清洁气体；6—无水时旁通风道；
7—旋风喷射洗涤器；8—灰浆；9—分离水；
10—砂浆；11—灰桶；12—感应鼓风架；13—轻油

④ 流化床焚烧炉

流化床焚烧炉的特点是利用硅砂为热载体，在预热空气的喷射下，形成悬浮状态。泥饼首先经过快速干燥器，使含水率降低到 40% 左右。干燥器的热源是流化床焚烧炉排出的烟道气（800℃），干燥器出口烟气温度约 150℃，焚烧炉排出的烟气热量可被充分利用。干燥后的泥饼用输送带从焚烧炉顶加入。落到流化床上的泥饼，被流化床灼热的砂层（约 700℃）搅拌混合，全部分散气化，产生的气体在流化床的上部焚烧。在焚烧部位，由炉壁沿切线方向高速吹入二次空气，使与烟气旋流混合，焚烧温度可达 850℃，焚烧温度不能太高，否则硅砂发生熔结（熔化后结块）现象。流化床的流化空气用鼓风机鼓入，焚烧灰与燃烧气一起飞散出去，用一次旋流分离器加以捕集。流化床焚烧炉流程见图 6.2-32。

流化床结构简单，接触高温的金属部件少，故障也少；硅砂污泥接触面积大，热传导效果好；可以连续运行。但是，操作较复杂，运行效果不够稳定，动力消耗较大。

6.2.2 污泥的处置与利用

污泥的处置与利用是最终消除水污染的一个重要措施。污泥焚烧可以消除有机污染物，但污泥中无机物、重金属离子污染问题并不能得到解决。所以，污泥焚烧后的灰分亦应该合理处置。

污泥最终处置方式很多，污泥的利用途径更是多种多样。污泥最终处置与利用可归纳成图 6.2-33。农肥利用、建筑材料利用、填地与填海造地利用以及排海为最终处置与利用的主要方法。

① 污泥的农肥利用

城市污水处理厂污泥含有的氮、磷、钾等非常丰富，可作为农业肥料，污泥中含有的有机物又可作为土壤改良剂。但是，在有毒物质数量方面加以一定限制。

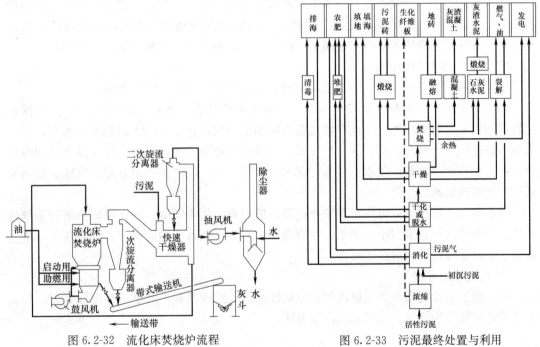

图 6.2-32　流化床焚烧炉流程　　　　　图 6.2-33　污泥最终处置与利用

② 土地处理

土地处理有改造土壤和污泥的专用处理场两种方式。用污泥改造不毛之地为可耕地，如用污泥投放于废露天矿场、尾矿场、采石场、粉煤灰堆场、戈壁滩与沙漠等地。专用的污泥处理场，污泥的施用量可达农田施用量的 20 倍以上，专用场应设截流地面径流沟及渗透水收集管，以免污染地面水与地下水。截流的地面径流与渗透水应进行适当处理，专用场地严禁种植作物。污泥投放量达到额定值后，可作为公园、绿地使用。

③ 污泥固化

污泥固化是通过物理和化学手段，利用固化剂固定废物，使之不再扩散到环境中去的一种方法。所使用的固化剂有水泥、石灰、热塑料物质、有机聚合物等。这种方法主要适用于有毒的无机物（如含重金属化合物的复杂成分污泥）。国内利用酸性废水石灰处理的污泥与黄泥掺合烧成红砖，或作为水泥的掺合料。也有利用废弃活性污泥作为塑料、橡胶的填充料。这也是污泥固化的一种形式。目前，利用污泥制作建筑材料（包括黏土砖、蒸养砖等）是比较普遍的和方便的途径。

④ 污泥堆肥

污泥堆肥是农业利用的有效途径。堆肥方法有污泥单独堆肥，污泥与城市垃圾混合堆肥两种。

污泥堆肥一般采用好氧条件下，利用嗜温菌、嗜热菌的作用，分解污泥中有机物质并杀灭传染病菌、寄生虫卵与病毒，提高污泥肥分。堆肥可分为一级堆肥阶段与二级堆肥阶段两个阶段。

污泥堆肥一般应添加膨胀剂。膨胀剂可用堆熟的污泥、稻草、木屑或城市垃圾等。膨胀剂的作用是增加污泥肥堆的孔隙率，改善通风以及调节污泥含水率与碳氮比。

⑤ 污泥中有用物质的回收

废水污泥中的污染物都是一种资源，在有可能的情况下，都应可能加以回收，即所谓再资源化。如有机污泥厌氧消化生产甲烷，并将甲烷作为燃料可制取四氯化碳或氢氰酸等。化学沉淀法去除废水中有毒金属形成的污泥中，酸化回收金属盐是十分普遍的。

⑥ 污泥填地与填海造地

不符合利用条件的污泥，或当地需要时，可用于污泥填地、填海造地。

污泥干化后，含水率约为 70%～80%。用于填地的含水率以 65% 左右为宜，可保证填埋体的稳定与有效压实。因此在填地前可添加适量的硬化剂，一方面调节含水率，另一方面可加速固化。硬化剂用石灰、粉煤灰等。填地场底部应铺设不透水层及渗出液的收集管，防止污染地下水与地面水。由于污泥的含水率不高，故渗出液量有限，可输送到污水处理厂或就地处理。

浅水海滩、海湾处，可用污泥填海造地。填海前应先建围堤。污泥填海造地时必须建围堤，不得使污泥污染海水，渗水应收集处理；同时，填海造地的污泥、焚烧灰中，重金属离子的含量应符合填海造地标准。

⑦ 其他处置方法

对于稳定的或无毒害的无机污泥常常用作填筑道路或抛弃。对于一些毒性较大、暴露于环境危害性大的污泥，也可采用深埋方法。

参 考 文 献

1 严煦世主编. 给水工程（第四版）. 北京：中国建筑工业出版社，1999

2 许保玖主编. 给水处理理论. 北京：中国建筑工业出版社，2000

3 尹士君、李亚峰编著. 水处理构筑物设计与计算（第二版）. 北京：化学工业出版社，2008

4 上海市政工程设计研究院主编. 给水排水设计手册（第3、4、5、6 册）. 北京：中国建筑工业出版社，2004

5 李亚峰主编. 给水排水工程概论. 北京：机械工业出版社，2012

6 孙慧修主编. 排水工程（上册）（第四版）. 北京：中国建筑工业出版社，1999

7 张自杰主编. 排水工程（下册）（第四版）. 北京：中国建筑工业出版社，2000